宝宝喂养全程指导

易　磊◎编著

YI LEI

浙江科学技术出版社

图书在版编目（CIP）数据

宝宝喂养全程指导 / 易磊编著. — 杭州 ： 浙江科学技术出版社，2013.9

ISBN 978-7-5341-5682-3

Ⅰ. ①宝… Ⅱ. ①易… Ⅲ. ①婴幼儿—哺育—基本知识 Ⅳ. ①TS976.31

中国版本图书馆CIP数据核字(2013)第210410号

书　　名	宝宝喂养全程指导
编　　著	易　磊

出版发行	浙江科学技术出版社 杭州市体育场路347号　邮政编码：310006 联系电话：0571-85170300-61702 E-mail:zkpress@zkpress.com
排　　版	北京明信弘德文化发展有限公司
印　　刷	北京世纪雨田印刷有限公司
经　　销	全国各地新华书店

开　　本	710×1000　1/16	**印 张**	19
字　　数	236 000	**插 页**	2
版　　次	2013年10月第1版		2013年10月第1次印刷
书　　号	ISBN 978-7-5341-5682-3	**定 价**	23.80元

责任编辑	宋　东　王巧玲	**责任印务**	徐忠雷
责任校对	刘　丹　李骁睿	**责任美编**	金　晖

长）
上限
55.1
59.5
63.2
66.4
69.1
71.3
73.2
74.8
76.3
77.6
78.9
80.2
81.5
82.7
83.9
85.1
86.3
87.4
88.5
89.5
90.6
91.6
92.5
93.5
94.3
95.3
96.1
96.9
97.6
98.4
99.2
99.9
100.6
101.4
102.1
102.8
103.4

女宝宝体重和身高评价标准（世界卫生组织推荐）

岁	月	体重（千克）			身长（厘米）		
		下限	中位数	上限	下限	中位数	上限
0	0	2.2	3.2	4	45.5	49.9	54.2
	1	2.8	4.0	5.1	49	53.5	58.1
	2	3.3	4.7	6.1	52.5	56.8	61.6
	3	3.9	5.4	7.0	54.6	59.5	64.5
	4	4.5	6.0	7.7	56.9	62.0	67.1
	5	5	6.7	8.4	58.9	64.1	69.3
	6	5.5	7.2	9.0	60.6	65.9	71.2
	7	5.9	7.7	9.6	62.2	67.6	72.9
	8	6.3	8.2	10.1	63.7	69.1	74.5
	9	6.6	8.6	10.5	65	70.4	75.9
	10	6.9	8.9	10.9	66.2	71.8	77.3
	11	7.2	9.2	11.3	67.5	73.1	78.7
1	0	7.4	9.5	11.6	68.6	74.3	80.0
	1	7.6	9.8	11.9	69.8	75.5	81.2
	2	7.8	10.0	12.2	70.8	76.7	82.5
	3	8.0	10.2	12.4	71.9	77.8	83.7
	4	8.2	10.4	12.6	72.9	78.9	84.8
	5	8.3	10.6	12.9	73.8	79.9	86.0
	6	8.5	10.8	13.1	74.8	80.9	87.1
	7	8.6	11.0	13.3	75.7	81.9	88.1
	8	8.8	11.2	13.5	76.6	82.9	89.2
	9	9.0	11.4	13.8	77.4	83.8	90.2
	10	9.1	11.5	14.0	78.3	84.7	91.1
	11	9.3	11.7	14.2	79.1	85.6	92.1
2	0	9.4	11.9	14.5	79.9	86.5	93.0
	1	9.6	12.1	14.7	80.7	87.3	93.9
	2	9.7	12.3	15.0	81.5	88.2	94.8
	3	9.9	12.4	15.3	82.3	89.0	95.7
	4	10.1	12.6	15.6	83.0	89.8	96.5
	5	10.2	12.8	15.8	83.8	90.6	97.3
	6	10.3	13.0	16.2	84.5	91.3	98.1
	7	10.5	13.2	16.4	85.2	92.1	98.9
	8	10.6	13.4	16.8	85.9	92.8	99.7
	9	10.8	13.5	17.0	86.6	93.5	100.5
	10	10.9	13.8	17.3	87.2	94.2	101.2
	11	11.0	13.9	17.7	87.8	94.9	102.0
3	0	11.2	14.1	17.9	88.2	95.3	102.4

宝宝辅食添加指南

月龄	添加内容	备注
新生儿期	浓缩鱼肝油	剂量遵医嘱
2~3 个月	菜水、果水、米汤	母乳喂养宝宝不需要添加
4~6 个月	蛋黄、米糊、烂粥、菜泥	开始添加蛋黄，应从 1/4 量开始
7~9 个月	粥或烂面片、饼干、鱼、蛋、肝泥、肉末和碎菜	饼干可以锻炼咀嚼能力，帮助牙齿生长
10~12 个月	软饭、面条、豆制品、碎肉、碎菜以及带馅食品	即使宝宝到了 1 岁，在添加辅食的同时也要保证每天的奶量约 500 毫升

宝宝辅食添加温馨提醒：

1. 开始时只能加一种食物，等宝宝适应后再加第二种。

2. 添加每种食物均由少量开始，逐渐增加。

3. 添加辅食后，要密切观察宝宝的大便情况，若发现异常，要暂停添加，大便正常后再尝试。

4. 天气炎热或者生病时，不要添加新食物。

早教游戏

语言智能开发游戏

和宝宝“聊天”

游戏目的

促进宝宝的语言理解能力，为宝宝“说话”做准备，同时发展宝宝的视觉能力，丰富父母与宝宝之间的情感交流。

游戏内容

不管是让宝宝躺着、喂宝宝吃奶，还是给宝宝换尿布，妈妈都要温柔地和宝宝说些话。比如，宝宝醒后，把他抱起来，对他说：“宝宝，睡得好吗？亲爱的宝宝，看你睡得舒服的样子妈妈感到真高兴！”给宝宝喂奶时，可以说：“宝宝饿了吧？妈妈这就给你喂奶！”宝宝哭的时候，妈妈可以轻声哄宝宝：“宝宝乖，宝宝不哭，妈妈就在身边。”

专家提示

本游戏适合 0 ~ 6 个月的宝宝，这时的宝宝虽然不会说话，但他可以收集语言信息，并在大脑中进行存储。妈妈和宝宝说话时，一定要面带微笑与宝宝近距离对视，说话时最好用标准的普通话，以便为宝宝日后学说普通话打下基础。

逻辑智能开发游戏

谁会飞

游戏目的

让宝宝通过自己所掌握的常识，判断哪些动物会飞，它们有哪些特征，训练宝宝的逻辑推理能力。

游戏内容

下面图中有小猫、小狗、鱼、小鸟、蝴蝶，让宝宝说说哪些动物会飞，并用笔把它们圈出来。

专家提示

如果宝宝不能正确指出，家长要引导宝宝：“会飞的动物都有翅膀。”如果宝宝不能准确判断，说明宝宝对动物的了解比较少，平时要多给宝宝讲动物的特征，并带宝宝多观察常见动物。本游戏适合 1~2 岁的宝宝。

人际关系智能开发游戏

排队滑滑梯

游戏目的

让宝宝学会等候和礼让，促进其人际关系智能的发展。

游戏内容

妈妈带宝宝去小区或公园等有一些婴幼儿游乐设施的公共场所，和小朋友们一起玩滑滑梯。滑滑梯时，一定要提示宝宝排队等候，不能抢先。

专家提示

游戏过程中一定要看护好宝宝，防止磕伤、摔倒，或与其他宝宝发生抓抠打架行为。本游戏适合 1 岁以上的宝宝。

听觉记忆智能开发游戏

说反义词

游戏目的

通过让宝宝说反义词，培养宝宝的听觉记忆能力。

游戏内容

让宝宝说出反义词，家长要先做一下示范。如家长说“大”，让“小”；家长说“长”，让宝宝说“家长说“上”，让宝宝说“下”等。

专家提示

如果宝宝一时说不上来，父母宝宝说出答案，解释给宝宝听。本合 2 岁以上的宝宝。

肢体协调智能开发游戏

单脚站稳

游戏目的

训练宝宝将身体的重心落在单用单脚保持身体平衡。

游戏内容

家长与宝宝面对面站立，牵的双手，然后和宝宝同时抬起左宝宝站稳后，家长先放开一只手牵着宝宝的一只手使身体站稳。过一会儿家长再放开另一只手，两人都用自己的单脚站立。为了引起宝宝的兴趣，家长可以开始数数，看谁站立的时间较长。家长可以故意表示自己坚持不住，让宝宝赢，并向宝宝喝彩，以示鼓励。

专家提示

此游戏时间不宜过长，以 10 ~ 15 分钟为宜。如果宝宝不想玩的话，就不要勉强。本游戏适合 2 岁以上的宝宝。

空间知觉智能开发游戏

找找各自的礼品盒

游戏目的

培养宝宝的空间知觉能力。

游戏内容

让宝宝仔细观察下图，分别猜猜玩具汽车、皮球、积木分别是从哪个礼品盒里取出来的，并用笔连一连。

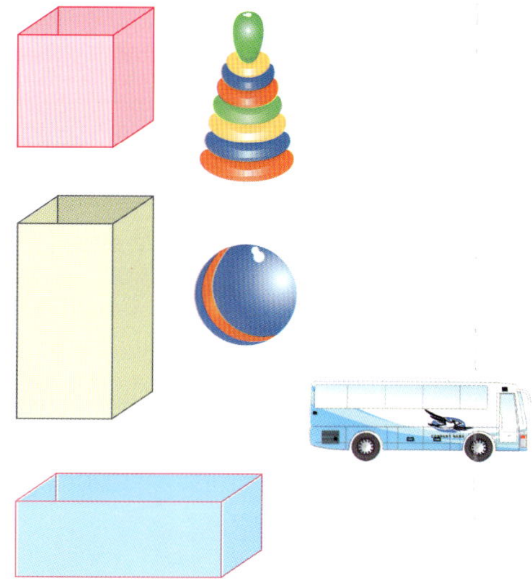

专家提示

如果宝宝不能正确判断，家长要拿实物为宝宝演示，帮助宝宝理解，并加深印象。本游戏适合 2 岁以上宝宝。

认知智能开发游戏

哪些东西不能用了

游戏目的

培养宝宝的观察力及对物品用途的认知能力。

游戏内容

小熊家里有些东西坏了，不能用了，仔细观察下图，指出哪些东西不能用了，并用笔把它们圈出来。

专家提示

如果宝宝不能正确指出，家长要提示宝宝，凳子的一条腿怎么了？钟表有没有时针、分针和秒针？启发宝宝自己去思考。本游戏适合 2 岁以上的宝宝。

温馨提醒

游戏是孩子智力发展的动力，它能激发孩子的求知欲与创造力，并且可使孩子掌握一些知识技能，形成对待事物的正确态度，促进孩子全面发展。正如高尔基所说：“游戏是孩子认识世界和改造世界的途径。”

宝宝科学喂养

精品挂图

计划内疫苗接种表

接种时间	接种疫苗	次数	可预防的疾病
出生 24 小时内	乙肝疫苗 卡介苗	第一针 初种	乙型病毒性肝炎 结核病
1 月龄	乙肝疫苗	第二针	乙型病毒性肝炎
2 月龄	脊髓灰质炎疫苗	第一剂	脊髓灰质炎（小儿麻痹症）
3 月龄	脊髓灰质炎疫苗 百白破疫苗	第二剂 第一针	脊髓灰质炎（小儿麻痹症） 百日咳、白喉、破伤风
4 月龄	脊髓灰质炎疫苗 百白破疫苗	第三剂 第二针	脊髓灰质炎（小儿麻痹症） 百日咳、白喉、破伤风
5 月龄	百白破疫苗	第三针	百日咳、白喉、破伤风
6 月龄	乙肝疫苗 流脑疫苗	第三针 第一针	乙型病毒性肝炎 流行性脑脊髓膜炎
8 月龄	麻疹疫苗	第一针	麻疹
9 月龄	流脑疫苗	第二针	流行性脑脊髓膜炎
1 岁	乙脑疫苗	第一针	流行性乙型脑炎
1.5 岁	甲肝疫苗 百白破疫苗 麻风腮疫苗	第一针 加强 第一针	甲型病毒性肝炎 百日咳、白喉、破伤风 麻疹、风疹和腮腺炎
2 岁	乙脑疫苗	第二针	流行性乙型脑炎
3 岁	甲肝疫苗（与前剂间隔 6~12 个月） 流脑疫苗	第二针 加强	甲型病毒性肝炎 流行性脑脊髓膜炎
4 岁	脊髓灰质炎疫苗	加强	脊髓灰质炎（小儿麻痹症）
6 岁	白破二联疫苗 麻风腮疫苗 乙脑疫苗	加强 加强 第三针	白喉、破伤风 麻疹、风疹和腮腺炎 流行性乙型脑炎
小学四年级	流脑疫苗	加强	流行性脑脊髓膜炎
初中一年级	乙肝疫苗	加强	乙型病毒性肝炎
初中三年级	白破二联疫苗	加强	白喉、破伤风

备注：以上内容参考北京市免疫计划程序，若与当地接种计划有出入，以当地计划为准。

男宝宝体重和身高评价标准（世界卫生组织推

岁	月	体重（千克）			身长（	
		下限	中位数	上限	下限	中位
0	0	2.4	3.3	4.3	45.9	50.
	1	2.9	4.3	5.6	49.7	54.
	2	3.5	5.2	6.8	52.9	58.
	3	4.1	6.0	7.7	55.8	61.
	4	4.7	6.7	8.5	58.3	63.
	5	5.3	7.3	9.2	60.5	65.
	6	5.9	7.8	9.8	62.4	67.
	7	6.4	8.3	10.3	64.1	69.
	8	6.9	8.8	10.8	65.7	71.
	9	7.2	9.2	11.3	67.0	72.
	10	7.6	9.5	11.7	68.3	73.
	11	7.9	9.9	12.0	69.6	74.
1	0	8.1	10.2	12.4	70.7	76.
	1	8.3	10.4	12.7	71.8	77.
	2	8.5	10.7	13.0	72.8	78.
	3	8.7	10.9	13.2	73.7	79.
	4	8.8	11.1	13.5	74.6	80.
	5	9.0	11.3	13.7	75.5	81.
	6	9.1	11.5	13.9	76.3	82.
	7	9.2	11.7	14.1	77.1	83.
	8	9.4	11.8	14.4	77.9	84.
	9	9.5	12.0	14.6	78.7	85.
	10	9.7	12.2	14.8	79.4	86.
	11	9.8	12.4	15.0	80.2	86.
2	0	9.9	12.6	15.2	80.9	87.
	1	10.1	12.8	15.5	81.7	88.
	2	10.2	12.9	15.7	82.4	89.
	3	10.3	13.0	15.9	83.2	90.
	4	10.5	13.2	16.2	83.9	90.
	5	10.6	13.4	16.5	84.7	91.
	6	10.8	13.6	16.7	85.4	92.
	7	10.9	13.7	16.9	86.2	93.
	8	11.0	13.9	17.2	86.9	93.
	9	11.1	14.1	17.4	87.6	94.
	10	11.2	14.3	17.7	88.2	95.
	11	11.3	14.4	17.9	88.8	95.
3	0	11.4	14.6	18.3	89.4	96.

前言 FOREWORD

科学喂养，宝宝健康的关键

十月怀胎，一朝分娩，企盼已久的小宝宝终于诞生了。从新生命诞生的那一天开始，作为母亲、父亲的乐趣无穷无尽，而担心也没有尽头，正如人们所说：孩子是甜蜜的负担。宝宝的喂养问题就是摆在新手父母面前的新课题。

0～3岁宝宝处于人生中的第一个生长发育高峰，为了维持这种快速生长发育的需要，宝宝对营养的需求是比较特殊的，但是，由于这个阶段的宝宝消化吸收功能极不成熟，如果喂养不当，经常会出现腹泻、便秘、呕吐甚至营养不良等一系列营养疾病，最终影响健康和发育。大多数新手父母不是营养师，也不是儿科医生，但如果能掌握基础的营养与喂养知识，耐心学习与宝宝沟通的技巧，并懂得设计科学的食谱，就等于迈出了成功育儿最关键的一步。只有做到科学喂养，才能让宝宝后天的成长更加顺利。

那么，初为人父、人母，你需要知道哪些喂养常识？宝宝不同年龄段有什么样的发育状况？用什么样的喂养方法最科学？如何为宝宝制作营养丰富而可口的食物？宝宝身体异常怎么护理？断奶需要的仅仅是狠心还是要讲究技巧……这一系列的喂养问题常常使新手父母们感到困惑。

基于此，我们组织有关专家精心编写了这本《宝宝喂养全程指导》。本书从父母角色的转换开始，根据宝宝各阶段的生长发育特点、宝宝的营养需求，详细介绍了各个阶段的喂养和护理方法，涵盖了众多关于宝宝喂养方面的知识。不仅如此，根据宝宝一个月一个样的前期发育特点，就每个月的营养需要、喂养指导、疑难解答、保健护理等做了归类说明，其中还从营养食谱的角度为新手父母提供了一套科学、实用的宝宝喂养方案。在本书的最后一章，特别介绍了宝宝在健康方面的各种问题及相应的食疗方法和预防指导，供广大新手父母参考借鉴。

本书脉络清晰，内容翔实；跨越36个月龄，从处处需要护理的新生儿讲到能够独立行动的小幼儿；谈知识也讲方法，为新手父母普及喂养知识、注意事项，并给出喂养中各种问题的解决办法，让新手父母一册在手，便能轻松应用。

最后，衷心希望本书能帮助新手父母喂养出一个聪慧、健康、活泼、可爱的宝宝！

编 者

2013年9月

目　录

第一章　初为人母，喂养常识大搜罗

Contents

Contents

第二章 0～3月，母乳是最好的食物

Contents

Contents

第三章 4～7月，辅食添加期喂养方案

Contents

Contents

Contents

Contents

第四章 8~10月，断奶期喂养方案

Contents

Contents

第五章 11~12月，过渡到成人饮食喂养方案

第六章 1~3岁，成人饮食喂养方案

Contents

Contents

第七章 异常排解，好妈妈胜过好医生

Contents

Contents

第一章

初为人母，喂养常识大搜罗

研究发现，新生儿在出生后的第2天就有了味觉，把甜的液体放到还未满月的宝宝嘴里时，他们会开心地吸吮起来；当碰到咸、酸或苦味时则会皱鼻子或者撅嘴，以表示“我不要”。4～5个月的宝宝对食物的微小改变已很敏感，随着宝宝发育，酸味、苦味、辣味等也能被接受，此时，科学喂养就是让宝宝通过不断品尝、练习，逐渐接受、习惯，甚至喜欢这些味道，并在享受这些美食中变得健康，变得茁壮。

母乳喂养，新手妈妈必修课

哺乳是初为人母必修的第一课，这种生化刺激有助于她们度过照顾小宝宝的艰难时期。随着宝宝的发育，吸奶量的加大，妈妈体内制造奶水的激素也能让妈妈对宝宝一天天的成长有亲身感触，更有助于总结母乳喂养的经验和教训，甚至在了解自己宝宝的过程中，积极引导和管教孩子，真正做到“喂”、“养”兼顾。

母乳对宝宝的好处

母乳是哺育后代最天然和最理想的食品。近几年来，母乳喂养的营养价值已经得到社会的广泛认可，但少数人仍然对母乳喂养存在一些认识上的误区。比如，有些妈妈认为母乳喂养会导致孩子营养缺乏、影响母体健康和形体美丽，于是出现了少数人用奶粉代替母乳喂养宝宝的现象。事实上，从大多数情况来看，母乳喂养会是你送给宝宝最好的礼物。不仅如此，给宝宝哺乳，不仅宝宝是受益者，妈妈也是受益者。

母乳喂养对宝宝的好处很多，民间常说：金水银水，不如妈妈的奶水。那么，母乳对宝宝到底有什么好处呢？具体归结起来，主要有以下几个方面。

好处一：有利于宝宝健康发育

研究显示，母乳中几乎涵盖了宝宝发育需要的全部营养物质。母乳中的营养物质能被婴儿机体有效吸收。母乳中的蛋白质与矿物质含量可能不如牛乳多，但是它能调和成利于吸收的比例，促使婴儿充分吸收营养，同时不会增加消化、排泄的负担。跟踪研究还发现，母乳有利于宝宝味觉发育，经由母乳喂养长大的孩子，很少有挑食的现象，或者挑食程度化很低。

此外，宝宝吸吮母乳时，嘴、下腭、舌头的运动对语言发育有很好的影响，同时可以防止宝宝牙位不齐等一些常见的问题。

好处二：有利于增强宝宝免疫力

有统计显示，经由母乳喂养的宝宝，在第一年中患病、感染的发生率明显偏低。这是因为母乳中含有多种增加宝宝免疫抗病能力的物质，特别是初乳，含有多种预防、抗病的抗体和免疫细胞，这是任何代乳品中所没

有的。所以，母亲应尽可能把产后7天内分泌的乳汁哺喂给宝宝。

好处三：有利于提高宝宝智商

母乳中含有丰富的氨基酸与乳糖等物质，对宝宝的大脑发育有促进作用。对比研究显示，早产儿接受母乳喂养的话，在出生前几周内能明显受益，和没有喂养母乳的同龄早产儿相比，他们的智商平均高出8.3分；足月产的宝宝，如果喂养母乳的时间在4个月左右，其智商值要比喂养奶粉的宝宝高出3.7分。喂养母乳时间在7～9个月的宝宝和喂养母乳时间少于7个月的宝宝相比，前者的智商明显高于后者。

日常生活中，往往也会出现类似

这样的表现：喂养母乳的宝宝比其他宝宝更早地学会爬；比其他宝宝学习语言更快，更快学会“喊人”。

好处四：有利于建立宝宝安全感

在母乳喂养的过程中，一些细小的肢体动作就能在“抚触”中体会到妈妈的爱与细心。比如，母亲对宝宝的抚摸、拥抱、对视、逗引以及母亲胸部、乳房、手臂等身体的接触，都是对宝宝的良好刺激，促进母子感情日益加深，可使宝宝获得满足感和安全感，使宝宝心情舒畅，也是宝宝心理正常发展的重要因素。建立起宝宝的安全感，还能促进宝宝大脑与智力的发育。

因此，如果可能的话，让分娩时一直陪伴着你的专业人员知道你希望在宝宝出生后马上给宝宝喂奶。许多助产士非常了解这一点，而且会主动地提醒你。

哺乳对妈妈的好处

母乳喂养不仅对宝宝的健康发育必不可少，对哺乳妈妈复原形体、降低疾病发生率、重塑美丽自信也大有裨益。下面从几个方面列出了母乳喂养对妈妈的益处。

好处一：大幅降低乳腺癌等疾病的发生率

宝宝吸吮母乳，能有效地刺激催产素的分泌，从而促使妈妈子宫复原、减少产后并发症；催产素还能促进消化吸收功能，对患有消化系统疾病的母亲也有治疗作用；妈妈哺乳阶段，会产生生理性停经，有助于妈妈生殖系统器官如子宫、卵巢的“休养”，这对部分妇科疾病疗效显著；母乳喂养使妈妈身体新陈代谢加快，消耗掉体内额外的卡路里，分解排出怀孕期间积攒的脂肪，可大大降低心脑血管疾病发生的概率，阻止心脏病的发生。

与非母乳喂养宝宝的妈妈相比，母乳喂养宝宝的妈妈患乳腺癌和卵巢癌的概率大大减少。据国际营养科学联合会主席介绍：喂养母乳可以降低母亲体内和癌症有关的激素水平，哺喂母乳后，身体还会把乳房内遗传基因受到破坏的细胞排出体外，从而降低患上乳腺癌的风险。

另外，从某种程度上说，母乳喂养就是一种治疗“产后抑郁症”的最好方法。比起那些用奶瓶喂奶的母亲，直接给婴儿哺乳的母亲每次都能体会到一种快感。有了这种快感，就能使母亲的情绪安定。

专家提示

哺乳期是乳腺功能的旺盛时期，这个时期的乳房最忌乳头、乳晕部位不清洁，以免受到炎症或皮肤病的危害。母乳喂养的妈妈要注意每天清洁。

好处二：促进身体恢复

母乳喂养有助于妈妈恢复身材。母亲在哺乳时释放的激素可以促进子宫很快恢复到正常大小，而且乳汁的分泌会消耗妊娠期间积蓄的脂肪，可促进身材的恢复，并避免产后肥胖；瘦弱的妈妈给宝宝哺乳，会因体内催产素的作用增加食欲，而使瘦弱的身体变得丰满。妈妈可在哺乳期佩戴合适的纯棉胸罩，使乳房丰满，防止乳房下垂。

母乳喂养可以帮助妈妈树立自信，给妈妈的美丽加分。哺乳是一件让妈妈们感到身心愉快的事情，母爱随着乳汁输送进宝宝的小嘴里，看着宝宝光泽红润的脸蛋，妈妈的心里也会升起难以比拟的自豪感，更加深刻地享受自己的女性角色。

好处三：促进母子感情的建立

母乳喂养被看做是强化母婴情感的纽带。在妈妈对宝宝哺乳的过程中，妈妈和宝宝肌肤、目光、语言的接触与交流，使宝宝的依赖情感得到满足，建立对妈妈的信任，从而促进母子感情的加深。

给宝宝哺乳，是妈妈与宝宝之间最直接的交流。

母乳喂养是一项艰辛的任务，妈妈们需要付出相当大的精力和心血。但是妈妈们要知道，哺喂母乳是母子双方的共同付出、相互馈赠，给宝宝哺乳，让自己也获益。所以在条件允许的情况下，一定要坚持母乳喂养。

母乳喂养的误区

母乳是婴儿最安全、最理想的天然食品。母乳不仅能促进婴儿大脑和智力发育，而且增强了婴儿的免疫力。但是很多妈妈在喂养的过程中，由于没有正确领悟母乳喂养的原则，因而走进下面的误区。

误区一：心疼宝宝，一哭就喂奶

宝宝出生后头几个小时和头几天要多吸吮母乳，以达到促进乳汁分泌的目的。每当婴儿因饥饿啼哭时，或者母亲感到乳房充满时，就应该对婴儿进行哺乳，哺乳间隔是由宝宝和母亲的需要决定的，这就叫按需喂养。

很多妈妈不了解什么是真正的按需哺乳，于是宝宝一哭就喂。宝宝啼哭的原因有很多种，也许是尿湿了，也许是想要人抱了，也许是受到惊吓了，甚至有些宝宝躺着感觉累了也可能用哭声表达。妈妈应该做分析判断，把宝宝抱起来走一走，或是给宝宝换掉湿尿布，也许宝宝就能安静下来，停止啼哭，这样就不需要给宝宝喂奶了。

不要宝宝一哭就喂奶

按需喂养，说起来容易，但要想真正做好却不容易。宝宝不能用

语言来表达需求，怎样才能知道宝宝饿了呢？一般来讲，如果母乳充足，喂养方法正确，宝宝吃饱后就会安静入睡。如果哭闹，应先查明原因，不要盲目喂奶。宝宝不只是饿才哭，哭是宝宝表达不适的方式，是本能的情绪反应，当宝宝感到不适、饥饿、口渴、尿布湿了、太冷太热或疼痛、生病等都会哭闹，不能一哭就喂奶。宝宝若是饥饿性哭闹，妈妈用手触摸宝宝面颊或口唇时有觅食反应，吃饱后就能安静入睡；如喂奶后仍然反复哭闹不安，或有其他异常表现，应想到宝宝是否生病，必要时应去正规医院就诊。

误区二：哺乳如饮茶，舍弃初乳

母乳分为三种：初乳、过渡乳和成熟乳。初乳是宝宝出生3～5天妈妈分泌的乳汁，量较少，颜色有的发黄，有的发亮，主要是由于含有大量的胡萝卜素所致。初乳被认为是目前乳类中营养价值最高的。初乳含脂肪少，富含新生儿生长发育不可缺少的营养成分，如蛋白质、多种微量元素等，还含有大量免疫物质，可增强新生儿的免疫力，提高新生儿抗御疾病的能力，以保护新生儿免受病毒感染。因此，母乳喂养的宝宝在出生后6个月内很少得病。

有的妈妈对初乳有错误的认识，认为初乳是“灰奶”，不给宝宝喝，事实上初乳营养价值很高，对新生儿来说是非常珍贵的。因此，妈妈应该一滴也不浪费地喂给新生宝宝。

误区三：出生后4～6小时才可开奶

什么时候开始给新生宝宝喂奶呢？以前人们曾错误地认为，宝宝喂奶应该在出生后的4～6个小时内。科学研究表明：母亲分娩后半小时内就应该给宝宝喂奶。因为小宝宝出生后20～30分钟的吸吮能力最强，如果开奶过晚，宝宝得不到及时的吸吮刺激，将会影响他以后的吸吮能力。

另外，产后及时喂奶可以刺激母乳分泌，进而促使产妇的子宫恢复，减少出血，加快母亲产后复原。

误区四：第一次喂奶前先喂糖水

“开奶”是新生儿出生以后开始的第一次喂奶。以前，在给宝宝开奶前要先喂一些糖水，民间称之为“开路奶”。为什么要在开奶前先喂宝宝糖水呢？这是因为以前的宝宝开奶迟，要等到出生后12小时才开始喂奶。为了防止宝宝出现低血糖，于是在宝宝出生后的6小时喂些糖水，然后再过6小时开奶。这种做法其实大大影响了母乳喂养的质量。此外糖水比母乳甜，宝宝一旦喝惯了糖水，就不会接受比糖水味道淡很多的母乳，宝宝摄取不了母乳，一方面会影响婴儿对母乳的吸吮力；另一方面更影响宝宝正常的生长发育。

联合国儿童基金会提出的“母乳喂养新观点”认为：在开奶前不要喂糖水。为什么呢？现在提倡“早开奶，勤喂奶”。当新生儿出生后半个小时便可开始母乳喂养，最晚也不能超过6小时。这样，宝宝就不会发生低血糖，也就没有必要在开奶前喂糖水了。

误区五：防饿醒，睡前喂足浓奶

一个晚上为了喂奶醒三四次，妈妈们会感觉很疲倦，为了让孩子长时间睡觉，后来就流传这么一个方法：在睡前给孩子喝浓浓的奶。这样做其实是不对的。

古人有一句话：“胃不和则寐不安。”孩子睡觉的时候，胃肠道蠕动本身就不是很活跃，在睡前又给孩子喝浓浓的奶，从而会加重孩子的消化负担，有的孩子早晨起来口里有酸气或者臭味，就是消化不良的征兆，所以千万不能在睡前给孩子喂过浓的东西。应按照常规该喝多少奶就喂多少，稀稠度一定要按奶粉的冲调说明来调。

妈妈们不用为夜间喂奶担忧，当孩子的神经系统发育到一定程度，等宝宝到了七八个月大，或者两岁以后（发育晚一点儿的），就不需要夜间吃奶了。所以妈妈们要遵循孩子的生长发育规律，及时给孩子喂奶。不要为了让他睡大觉，就给他喝过浓的奶，这样做会伤害孩子的消化系统。

母乳是每个母亲为自己宝宝量

身定做的食物，新手妈妈们一定要坚持正确的喂养原则，避免误区，保证母乳喂养的顺利进行。

此外，一些新手父母严格按照书上所述“每隔3小时给婴儿喂奶一次”的方法哺喂婴儿。而事实上多数儿科医生主张采用非限制性喂奶法，即“按需哺乳法”，每当婴儿啼哭或母亲觉得应该哺喂的时候，即抱起婴儿喂奶。婴儿刚开始时可能吃奶次数很多，时间也无规律，但一般经过一段时间便渐渐会形成一定的规律。

人工喂养，母乳＋配方奶

宝宝一生下来，父母就要给宝宝喂奶做出决定：用母乳还是奶粉？国内外医学界一致认为母乳是最佳选择，如果因为母亲健康状况不允许、母乳不够或者宝宝的问题而不能哺乳时，就需要给宝宝哺喂配方奶粉了。配方奶里面含有宝宝成长所必需的营养成分，能给宝宝提供足够的能量。本节内容首先详细解答家长们关于人工喂养的疑问，然后为新手爸爸妈妈们指明人工喂养常见的误区。

人工喂养问与答

人工喂养宝宝的新手家长们，比起母乳喂养宝宝的家长们，多了一些忙碌，更多了一份担心和焦虑。为了让自家宝宝健康地生长发育，他们不仅要忙前跑后地为宝宝选购奶粉、喂奶用具，还要考虑宝宝喂养的安全清洁、卫生护理问题。下面我们就家长们的常见疑问做出解答。

如何给宝宝选购优质奶粉

在宝宝1岁以内，妈妈对奶粉问题的关注度要高于一切。以前给宝宝选择一种奶粉可能会很简单，只需要在牛奶奶粉、大豆奶粉或者天然奶粉中选择就可以了。现如今，面对市场上各种品牌的奶粉良莠不齐，该从哪些方面进行比较选购呢？

(1) 感性特征。隔着包装捏奶粉，应感觉滑润柔软；隔着包装手捏脱脂奶粉，有硬细沙砾感；开封后，奶味浓厚，颜色偏黄；而婴儿奶粉则奶味清淡，颜色偏白。

(2) 营养成分含量。比较在每100克奶粉中蛋白质、二十二碳六烯酸（DHA）、钙质、维生素A、维生素D等元素含量的高低。

(3) 看其他营养成分的来源。看看是否有接近母乳水平的5种核苷酸、β—胡萝卜素这些有助于增强宝宝抗病能力的营养成分。

(4) 衡量奶粉的冲调价格比。不同的奶粉冲调的比例不同，尽可能选择性价比高的。

最后还要提醒各位妈妈，人工喂养的婴幼儿还要预防便秘，所以需要注意以下几点：给宝宝适当喂些果汁；人工喂养时，可以在喂奶过程中间给宝宝适当地喝水；还有就是在宝宝1岁左右就可以训练他的排便习惯，一般在每日早晨喂食后进行。

宝宝喝牛奶会过敏怎么办

据统计，健康儿童喝牛奶过敏的发生率为0.3%～7%，在过敏体质的孩子中可达3%。

宝宝喝牛奶过敏的症状表现为：大声哭闹、面色潮红或苍白，两手握拳、双腿屈曲于腹部，同时有腹泻、大便带有血丝，严重者还会出现荨麻疹、肛周溃烂、哮喘等症状。宝宝一旦患了牛奶过敏症，应立刻停用宝宝原来的食品，以缓解症状，采用代乳品，待宝宝肠黏膜发育完善后再行喂奶。

应对方法：

(1) 将牛奶多次煮沸，经高温处理后，蛋白质分子结构发生改变而失去过敏性；但是高温会使维生素、矿物质损失。

(2) 改喝羊奶，羊奶更易被人体消化吸收。

(3) 目前市面上有一些特别配

方的奶粉，如豆奶粉、减敏奶粉、元素奶粉等，这些又名“医泻奶粉”，可供牛奶过敏或长期腹泻的宝宝食用。

(4) 可针对宝宝过敏，采用脱敏疗法。

脱敏的具体方法是：发现宝宝有过敏症状，先停用原食品2周，改用代乳品，比如奶糕粉类、米粉类或羊奶等。2周后用鲜牛奶试喂宝宝1次，试用量在10毫升左右（约2汤匙），如果略有异常反应，只要不影响宝宝身体健康，可间隔3天再喂鲜牛奶15毫升。依此类推，每隔3天增加5～10毫升。随着牛奶量的增加，宝宝过敏症状不加重且逐渐减轻，则可在增加奶量的同时缩短喂奶的间隔时间，直到恢复正常喂奶。这种方法可让宝宝逐渐适应牛奶饮品，且不会造成营养失衡，适合大部分喝牛奶过敏的宝宝。

调配乳汁要注意哪些问题

调配乳汁要注意以下几点：

(1) 配乳及哺乳前必须洗净双手，奶粉配制必须用开水。

(2) 每个宝宝对牛奶的需要量个体差异很大，应灵活掌握，让宝宝吃得饱并且消化好，注意避免过度喂养。

(3) 奶液的调制量和浓度要适宜，过稀过少、过浓过多都会引起宝宝营养不良或消化紊乱。

宝宝喂奶粉就一定会瘦吗

事实证明，在妈妈及家属科学合理的养护下，奶粉喂养的宝宝一般都会比较胖，宝宝偏瘦的情况是非常少见的。

宝宝偏瘦，有以下几类原因：

(1) 家庭遗传因素。爸爸或妈妈比较瘦。

(2) 宝宝吸收消化能力差。在妈妈合理喂养的情况下，宝宝吸收状况不好导致偏瘦。

(3) 妈妈喂养方法不得当。在排除遗传和疾病因素后，一些妈妈在喂养过程中，过于机械和教条地按照一定时间规律来哺喂宝宝，使宝宝长期处于饥饿的感觉中。由于得不到奶量的补充，胃的容量变得越来越小，最后导致宝宝日渐消瘦。

如果宝宝偏瘦，妈妈要做的第一步：检查宝宝的饮食、睡眠、营养状况是否正常。这几个方面直接关系到宝宝生长发育。然后，妈妈应该针对宝宝身体的特殊情况，为宝宝制订合理的饮食计划，改善宝宝的吸收状况。否则，再好的营养也不能使宝宝长得好。

如何知道宝宝吃饱了没有

爸爸妈妈想要判断宝宝是否吃饱，可以采用下面的妙招。

妙招 1：“听听”——宝宝下咽的声音

宝宝平均每吸吮 2～3 次可以咽下一大口，如此连续约 15 分钟就可以说明宝宝吃饱了。

妙招 2：“瞅瞅”——宝宝的大便

喂母乳的宝宝每天大便 4～5 次，呈金黄色稠便；喂配方奶的宝宝每天大便 3～4 次，呈淡黄色稠便，这些都可以说明奶量够了。

妙招 3：“看看”——宝宝吃奶后的状态

如喂饱后宝宝对你笑，或者不哭了，或者马上入眠，说明宝宝吃饱了。

妙招 4：“称称”——宝宝的体重

体重增减是最能说明问题的指标。足月宝宝一般第一个月会增重 720～750 克，第二个月会增重 600 克左右。如果宝宝体重减轻，要么有病，要么喂养不当。妈妈喂奶不足或奶水太稀导致营养不足，是导致婴儿体重减轻的重要因素之一。

鲜牛奶、配方奶该如何选择

鲜牛奶和配方奶都具有很高的营养价值，它们在乳类食品中的地位仅次于母乳。在给宝宝的食品做选择时，由于两者包含的营养成分不同，还望家长们三思而后“选”。

在鲜牛奶中，矿物质的含量多，易对宝宝的肾脏造成负担，少铁容易造成营养性缺铁性贫血；虽然鲜牛奶中的蛋白质含量高，但是氨基酸含量较少，分子量大的酪蛋白易形成凝块而不易消化；鲜牛奶中一些对幼儿生长发育有着重要作用的维生素、微量元素和生理活性物质明显不足，不利于宝宝吸收。所以，鲜牛奶不能完全满足幼儿生长发育的营养需求。

婴幼儿配方奶粉是以牛乳（或羊乳）及其加工制品为主要原料，加入适量的维生素、矿物质和其他辅料，经加工制成的供婴幼儿食用的产品。与鲜牛奶相比，配方奶粉中还加入了乳糖，含糖量接近人乳；降低了矿物质含量，以减轻婴幼儿肾脏负担；另外还添加了微量元素、维生素、某些氨基酸或其他成分，使之更接近人乳。

总的来说，配方奶粉较鲜牛奶更利于宝宝营养吸收，适合宝宝食用。

如何改掉宝宝喝夜奶的习惯

晚上睡得正香时，宝宝哇哇的哭声响起，很多妈妈的第一反应就是给孩子喂奶。宝宝在夜里反复地哭醒，妈妈就反复给宝宝喂奶。时间长了，妈妈疲惫不堪，宝宝也养成了一个习惯：不喝奶就无法再次入睡。

想要改掉宝宝喝夜奶的习惯，妈妈们可以参考下列方法和技巧：

（1）保证白天宝宝的进食量，避免宝宝的饥饿感。同时妈妈可以慢慢减少给宝宝夜间喂奶的次数。从三次到两次再到一次，让宝宝慢慢习惯。

（2）试着延迟晚上宝宝的最后一顿奶。为了防止宝宝饿醒，晚上临睡前的最后一顿奶要延迟，把宝宝喂饱，再哄他睡觉。

（3）适时给宝宝添加辅食。宝宝到了添加辅食的月份，就给他喂足辅食。在白天的时候，妈妈尽量让宝宝多吃，在宝宝睡前一两小时，可以喂点米粉或者奶，以免夜里饿。

请人照看宝宝该交代哪些事

妈妈有急事出门，临时请人照看自己的小宝宝。如果对方没有调配奶粉的经验，妈妈就要事先按步骤做准备了：

第1步：在消毒好的奶瓶里装

上调配好的宝宝每一顿需要喝的奶，分别在奶瓶外用标签贴上第一顿、第二顿……或者写上宝宝喝奶的时间。

第 2 步：把奶瓶盖好，放入冰箱的冷藏室。

第 3 步：嘱咐照看者喂奶前先清洁手，取奶进行加热。

有三种加热方法：

方法 1	用碗装好热水，把奶瓶放在热水里，隔水烫热
方法 2	直接放在热水龙头下冲热奶瓶。加热后，应先将奶瓶里的奶液滴几滴在自己的手腕上，感觉温度适中，才可以喂宝宝
方法 3	将奶瓶从冰箱取出后，在室温下放置 1 小时，就可以给宝宝喝。除非寒冷季节，大多数的宝宝喜欢室温奶

专家提示

1. 妈妈千万不要让临时照看者用微波炉加热奶。因为微波炉的不均匀加热会产生热点，可能会烫伤宝宝的口腔。

2. 如果宝宝一次没喝完瓶中的奶，告诉照看者不要将剩奶给他下一顿喝。因为喝过的奶在室温两小时左右即可能变质，容易引发宝宝腹泻。

人工喂养的误区

在母乳喂养得到营养专家及哺乳妈妈们的一致推崇的同时，人工喂养也因其独特的灵活性，在非母乳喂养的宝宝群体里广受欢迎。受传统观念和做法的影响，家长在喂养的过程中，很容易进入一些喂养误区。那么人工喂养有哪些误区呢？

误区一：添加辅食首选蛋黄

以前人工喂养添加辅食时都是先给宝宝添加蛋黄的，经研究证实，宝宝早期辅食添加选择蛋黄，由于宝宝肠胃功能发育还不够健全、家长添加辅食方法不得当等多方面原因，容易造成宝宝过敏和消化不良等反应。

目前社会营养学家提倡首先添加婴儿营养米粉，因为米粉是最不容易导致过敏的食物，宝宝也比较容易适应，最好是添加强化铁的，缺铁元素的宝宝，可以通过营养米粉弥补这方面的不足。

为避免宝宝消化不良等症状，家长给宝宝添加蛋黄时，要注意循序渐进地逐量进行：

(1) 先给宝宝添加煮熟后研磨成粉的蛋黄。由开始时每天喂一只蛋黄的1/8，逐渐增加到1/4、1/2，再到整个蛋黄。蛋黄粉还可以用开水调和，在两次喂奶中间给宝宝吃。

(2) 在宝宝6个月大的时候，就可以喝蛋黄粥了。

(3) 在宝宝7～8个月大的时候，可以给他吃蒸蛋（包括蛋清）了。

误区二：奶量不减食物照添

从提供营养方面考虑，母乳分泌的总量及所含营养物质不能随着婴儿生长而持续增加，6个月左右母乳中所含蛋白质、热量和其他营养素等已不能满足婴儿生长发育的需要，如果不及时添加补充食品，将会导致婴儿微量元素缺乏、身体营养不良和生长发育缓慢。

考虑到妈妈乳汁分泌逐渐减少，终会停止，宝宝要经历断奶，所以在给宝宝增加辅食的过程中，应逐步减少奶量。伴随着宝宝胃肠道功能的完善和咀嚼吞咽功能的完备，各种类型的辅食将慢慢替换掉母乳，在宝宝的饮食中居于主要地位。

误区三：各种辅食搅在一起喂

宝宝满 4 个月后，随着牙齿开始萌出、消化酶的产生和增多，咀嚼、消化功能逐渐成熟，在保证以奶制品喂养为主的情况下，严格遵守添加辅食的原则，即由少量到多量，一种到多种，由稀到稠，由细到粗，给宝宝添加辅食。可以尝试按顺序添加少量的米粉、蛋黄、肝泥、菜泥、果泥等辅食。待一种食物适应 5～7 天后，宝宝无任何不适再添加新的食物，并随时观察宝宝的肠道和大便情况，定期监测体重、身高等生长发育情况，调整添加计划。

专家提醒：1 岁以内的宝宝胃肠道发育不完全，将两种以上的食物混合在一起喂宝宝，容易造成宝宝消化不良，影响宝宝对营养物质的吸收。

误区四：8 个月仍吃泥状辅食

在最开始给宝宝添加辅助食品时，由于宝宝还没有长出牙齿，流质或泥状食品更适合他们的胃肠道消化吸收。但是妈妈们要注意，给宝宝吃泥状食品的时间不能过久，否则他们就错过咀嚼能力锻炼的关键时期，这有可能导致宝宝 1 岁以后发生咀嚼功能障碍，比如咀嚼颗粒性或固体食品时有困难等。

宝宝的咀嚼敏感期一般在 6 个月左右，也就是说宝宝 6 个月时就应该让宝宝练习咀嚼。宝宝 8 个月仍吃泥状辅食是不妥当的，家长们更应有意识地加强训练宝宝的咀嚼功能。

误区五：早加调味品早开胃

宝宝 1 岁以内的食物中是不需

要加盐和任何调味品的，也许会有妈妈担心宝宝没有吃盐会不会没有劲，这样的担心其实是多余的，宝宝从蔬菜和各种食物中获取的盐分就够了。过早地摄入盐分对孩子的身体和肾脏都是负担。

人的味觉是会互相比较的，如果一个人吃了糖，然后再去吃西瓜，无论西瓜再甜，他都不会觉得甜了。宝宝的饮食可以从不加盐到慢慢添加，宝宝的味觉此时是逐渐识别变化的过程。如果过早地给宝宝加了盐，那么喂孩子稍微淡点儿的东西，他肯定不吃了，他的口味会越来越重，将来摄入的盐就越来越多。

家长们借自己的口味评判孩子的辅食觉得有点咸味的时候，对孩子来说，盐分可能已经很高了，所以1岁的孩子不要加盐和调味品。

误区六：水果代替蔬菜，方便又健康

水果是儿童不可缺少的食物，生食方便，大多数儿童也比较喜欢吃。有些家长误认为吃水果可以代替吃蔬菜，特别是对于挑食不爱吃蔬菜的孩子，更容易将水果代替蔬菜。

水果中膳食纤维、维生素C的含量高，矿物质含量比较丰富，能够补充人体需要的多种养分。但只有新鲜的水果才富含维生素，经过长时间贮存的水果维生素会损失掉很多，特别是维生素C损失最多。

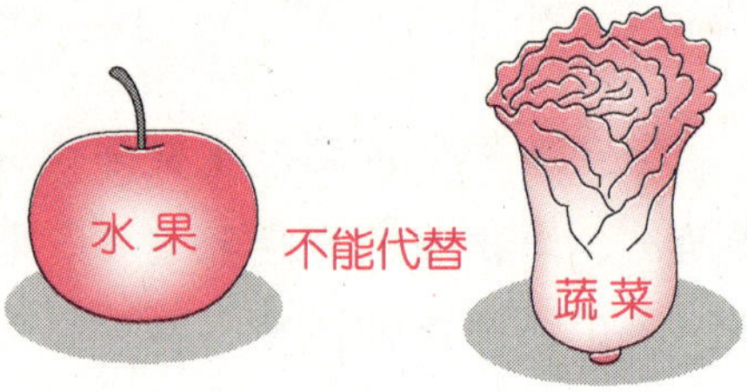

蔬菜富含各种维生素、矿物质、纤维素、有机酸和硫化合物，一些食用菌中含有特殊的化学成分，还能起到降血脂、降血糖、清除细菌病毒、抗癌的作用。

因此，家长们要明白，蔬菜和水果任何一种都不能满足人体多方面的需要，因此既要吃水果，又要吃蔬菜。

第二章

0～3月，母乳是最好的食物

宝宝出生后的第一个月里，身体渐渐地开始长结实，表情也逐渐丰富起来。这时候的妈妈变得手忙脚乱，对宝宝的各方面都非常关心却又不知道怎么做才好。在这里，我们要告诫妈妈们，千万别以为宝宝养护特别复杂难搞，只要循序渐进地跟着宝宝的需要做，慢慢就会找到宝宝吃奶、小便、睡眠及宝宝护理上的规律，也就很少出现因宝宝不停啼哭让妈妈、家属们跟着提心吊胆、坐立不安的情景了。

新生儿：宝宝同步喂养方案

宝宝来到这个世界后，每一天都会有令人惊叹的变化，同时大家会发现，宝宝刚刚出生到满月这一段时间特别爱睡觉，这是因为宝宝在集中精力生长发育呢！宝宝醒着的时候会不停地蹬着小脚，会打个长长的哈欠，伸展伸展他的躯干、小胳膊小腿。家长们要熟悉宝宝的发育情况，了解宝宝的营养需要，遵循宝宝的喂养原则，以便为宝宝的科学喂养做好准备。

权威发布，宝宝体格发育参照表

项目	男宝宝	女宝宝
体　　重	平均 3.8 千克	平均 3.6 千克
身　　长	平均 57.06 厘米	平均 56.17 厘米
头　　围	平均 38.43 厘米	平均 37.56 厘米
胸　　围	平均 37.88 厘米	平均 37 厘米
疫苗接种	足月新生宝宝或体重大于 2.5 千克且无严重疾病的宝宝，在出生后 72 小时内应接种卡介苗。对早产儿或体重小于 2.5 千克的，应在出生后 3 个月时接种卡介苗。新生宝宝在出生 24 小时内，要注射乙肝第一针，等宝宝满月时，接种乙肝第二针	

喂养指导，听育儿专家怎么说

育儿专家指出：喂养方式是否科学，直接影响着宝宝的健康成长。因此，众多儿科专家提出非限制性喂奶法，即按需喂养法。妈妈们应针对小宝宝的生理特点，每当宝宝啼哭或母亲觉得应该喂奶时，就给宝宝喂奶。

初乳是宝宝的黄金食品

初乳指的是新手妈妈在产后 7 天内分泌的乳汁。初乳多呈黄白色，且清淡。在最初的 3 天内，乳房中初乳的量是很少的，每次的量只有 2～20 毫升。随着宝宝月龄的增大，母乳的分泌量会逐渐增加。初乳的量虽少，但浓度很高，且具有很高的营养价值，主要表现在以下几方面：

(1) 初乳中含有充足的、宝宝所必需的蛋白质，有利于宝宝生长发育。

(2) 初乳中含有丰富的免疫球蛋白，如 IgA、IgM、IgE 和 IgG，特别是分泌型的 IgA，对防止呼吸道和消化道感染能起到积极的作用，可提高宝宝肠道的抵抗能力，减少宝宝患感染性疾病的概率。

(3) 初乳中含有大量的中性粒细胞、巨噬细胞和单核细胞，可增强宝宝机体的免疫功能。初乳中所含有的溶菌酶可阻止细菌和病毒侵入宝宝体内，减少宝宝患病的概率。

(4) 初乳中含有的生长因子，可以促进宝宝肠道功能和结构的发育。其中，上皮生长因子不仅能促使机体上皮细胞的增生和分化，刺激胃肠道的发育，还可促进机体结缔组织的生长，促使宝宝脏器以及其他组织上皮细胞迅速发育，并参与调节胃液的酸碱度（pH）等。

(5) 初乳中含有大量的微量元素，其中锌的含量最高，有助于促进宝宝的生长发育。

(6) 初乳具有轻泻的功效，可以帮助宝宝排出胎便，并可预防或减轻宝宝出现黄疸。

总之，初乳具有高度营养和免疫的双重作用，妈妈一定要珍惜自己的初乳，尽可能不要错过给宝宝喂养初乳的机会。

“三早”是母乳喂养成功的关键

“三早”是指宝宝出生后要早吸吮、早接触、早开奶，这是母乳喂养成功的保证。“三早”可在宝宝娩出半小时内开始。当宝宝从母体娩出后有两种做法：一是先断脐，处理好脐带后将新生宝宝赤裸地放在母亲胸前，让母亲搂抱自己的宝宝并让其开始吸吮。二是未断脐带就把宝宝放在母亲胸前，母子肌肤相亲并开始喂奶。这两种做法均可行。尽早吸吮母亲乳头可及早建立泌乳反射和排乳反射，并增加母亲体内泌乳素和缩宫素的含量，加快乳汁的分泌和排出。

早开奶可以让宝宝尽早获得营养补充，避免新生宝宝低血糖的发生，还可促进母乳喂养的成功。这时的初乳含有较多免疫物质IgA和具有杀菌作用的物质溶酶菌等，可使新生宝宝少生病。最早的初乳含有脂肪，尽管量不多，但已足以起到帮助胎便排出、减少新生宝宝黄疸的作用。刚开始喂奶时，宝宝每次可能吃到5～10毫升母乳，妈妈乳房也不胀。但性急的家人往往会轻易地决定给宝宝喂糖水或牛奶，生怕饿着自己的宝宝。殊不知宝宝天性很懒，只要不费力地从奶瓶中吸到奶，就决不肯再费力地去吸吮母亲的乳头。此时最重要的是母亲不必心焦，只要用正确的姿势让宝宝多吸吮，用不了几天乳汁就可以大量分泌了。

新生宝宝各器官、系统均不够成熟，功能也不完善，生活规律尚未形成，因此必须格外耐心地哺喂他。

母乳喂养是一门要学习的技能，它是在不断学习和实践中逐渐完善的。要成功地实现母乳喂养还少不了家人的支持。就长达1～2年的母乳喂养而言，“三早”仅仅是母乳喂养成功的起点。

新生宝宝的喂养方法

新生宝宝由于容易饥饿，通常在吃奶开始时吸吮力量较大，加之吸吮的动作刺激母乳腺管的收缩，乳汁分泌量较大，宝宝一口接一口地吞咽，因此在吃奶的头 10 分钟内就可吃进大量的乳汁，之后由于宝宝吸吮力的下降，宝宝的进奶量也逐渐减少，最后，吃饱后的宝宝进入睡眠状态。这整个过程一般持续 20 分钟左右，如吸吮时间过长，会使宝宝吸入大量的空气而引起呕吐或腹胀。

过去通常认为哺乳应采取定时喂养，每 2～3 小时哺乳一次；而最新观点认为，哺乳应采取按需喂养，尤其是出生后 1 周内的新生宝宝，过分生硬地定时哺乳，既忽视了不同宝宝的个体差异，而且也会引起宝宝的剧烈哭闹，造成体力消耗而影响吃奶。所以正确的方法是由宝宝自己决定吃奶的时间和次数，只要宝宝想吃了，随时都可以喂。或者只要母亲的乳房胀了，此时宝宝又愿意吃，就可以哺乳，这样既可排空乳房，又可通过有效刺激促进乳汁的分泌。有人也许会提出疑问，这样的喂养方法会不会引起宝宝吃奶的不规律性，其实这种顾虑是多余的，初期因乳汁量较少，宝宝的胃容量也较小，吃奶不规律；但随着乳汁分泌的增多，宝宝胃内容量的增大，吃奶的间隔会逐渐延长，慢慢便会形成自己的规律。

母乳喂养前后的细节

哺乳前

妈妈应选穿软质棉料衣衫，以自己感觉舒服的坐姿或躺姿给宝宝哺乳，有需要的话，可使用抱枕、被子等其他物品支撑，做好哺乳的准备；应用热毛巾敷乳房和乳头 3～5 分钟；对于乳汁分泌不足或乳房胀痛的哺乳妈妈，可采用按摩的方法刺激排乳反射，促进乳房的血液循环和乳汁分泌。

哺乳过程

妈妈应注意托起宝宝的头、肩膀及臀部，让乳头轻轻触到宝宝的唇部，刺激宝宝寻找妈妈乳头的动作反射，等宝宝嘴巴张大后，妈妈再将乳头塞进宝宝口中。一定要让宝宝含住乳晕和乳头，而不是只含住乳头。乳母的手呈“C”字形，将乳房轻轻托起，以利于排乳。每次哺乳应给宝宝足够时间吸吮，每侧乳房约需 10 分钟，使宝宝吃到乳房后半部储存的后奶。后奶脂肪含量多，热量是前奶的 2 倍。如果有不能哺乳的情况时，妈妈也一定要排空乳房，每天清空乳房内的乳汁，每天挤 6 次左右即可。及时挤出乳房里的乳汁，才能保证乳汁的正常分泌。哺乳妈妈要做到两侧乳房交替喂奶，避免以后两侧乳房大小悬殊太明显。

结束喂奶

哺乳完毕后，首先要将新生儿的头部靠到哺乳妈妈的肩膀上，妈妈应该动手轻拍宝宝的背部，帮助宝宝排空吸进的空气。安置好宝宝后，哺乳妈妈要用软布擦洗乳头和乳房，或挤出几滴乳汁用食指擦抹乳头及乳晕，以保护皮肤，最后戴上舒适的胸罩。

配方奶喂养的方法

(1) 根据宝宝的情况选用适合的配方奶粉，依照按需喂养的原则，夜间哺乳 1～2 次，每次 80～100 毫升，一天奶量为 140～150 毫升/千克。

(2) 每 4 小时喂一次，每次 60～90 毫升，不主张喂糖水，必要时可喂少量白开水。

(3) 奶粉调配注意比例适中，奶过稀会使蛋白质含量下降，长此以往宝宝就会营养不良，长期食用稀奶，宝宝还可能会发生水中毒；过稠的奶含有较多的矿物质，特别是钠盐，新生儿肾功能弱，钠排不出去会引起脑细胞水肿，即盐中毒，同水中毒的后果一样，也会引起抽风。

哺乳时请保持愉快的心情

乳汁分泌与神经中枢关系密切，过度紧张、忧虑、愤怒、惊恐等不良精神状态可引起乳汁分泌减少。产妇应注意劳逸结合，保证足够的睡眠和休息，最好采取与婴儿同步休息法，减少干扰。听轻松愉快的音乐，看健康有趣的书画，有利于调节心理，保持心情舒畅。家庭其他成员应照顾好乳母，多加精神安慰和鼓励，并主动分担家务，防止乳母疲劳。

本月不需添加辅助食物

一方面，母乳含有婴儿生长发育所需要的各种营养物质，足以满足4个月以内宝宝身体需要的各种营养。另一方面，宝宝的吸吮动作，有效刺激母亲乳头神经末梢，促使脑垂体产生催乳素，由血液带到乳腺，促进乳汁分泌。此外，哺乳还可促使乳腺管内的奶水排空，减少奶胀之苦，防止因此诱发的乳腺炎。

哺乳时要进行感情交流

宝宝出生了，作为家庭的新成员，尽管宝宝暂时不会说话，可家长们千万不要以为宝宝什么都不懂，爸爸妈妈要想将自己的宝宝培养成聪明可爱的孩子，就不能忽视与初生宝宝的交流。家长们可以通过对视、倾听、说话、拥抱等方法与宝宝交流。这样做，不但满足宝宝感情交流的需要，而且对宝宝日后的语言交流和人际交往能力的发展也有着非同寻常的作用。

视觉交流

视觉交流是让宝宝感知母爱的重要途径。当妈妈抱起宝宝注视时，宝宝看到妈妈亲切的面孔，眼睛里就不再暗淡无光、昏昏欲睡了，他也会注视妈妈的脸，这时，妈妈可以用温柔的语言和宝宝在注视中亲切地交流，你可以和宝宝这样说话：宝宝看到妈妈了吗？在与宝宝注视时，可以边说话边摇动宝宝，和宝宝的距离最好在20～30厘米之间。这样可以锻炼宝宝的敏感性，通过经常的训练还有助于宝宝的智力开发和感觉能力发展。

他喜欢看妈妈的脸

语言交流

家长们尽量给宝宝营造一个亲情氛围浓厚、丰富多彩的语言环境，尽管宝宝还不能说话，但他们能从语言中感知亲人对他们的情感。在日常的照料中，喂奶、换尿布、擦脸、洗澡都是妈妈与宝宝语言交流的好机会，多和宝宝说话，增进母子感情。

安抚宝宝

哺乳时轻轻安抚宝宝，是一个少不了的环节。对宝宝安抚的过程能使宝宝感受到，妈妈的怀抱是最安全的场所，这体现出宝宝对妈妈的依恋情感，也形成了宝宝的早期记忆。母乳喂养的婴儿，只要妈妈每次都用固定的姿势抱住他，宝宝就会主动寻找乳头。爸爸妈妈轻轻抚摸宝宝的小手，传递爱意的同时，还能让宝宝感受到皮肤的触觉，还能有利于他们的抓握反射，提高宝宝的灵敏度。

哺乳妈妈的喂奶禁忌

下列情况下，妈妈们不宜喂奶：

心情不好时

美国生理学家爱尔马的实验显示，人在生气时体内可产生毒素，此种毒素可使水变成紫色，且有沉淀。因此提示妈妈切勿生气时或刚生完气就喂奶，以免宝宝吸入带有“毒素”的奶汁。

工作服未换

妈妈穿着工作服喂奶会给宝宝带来麻烦，因为工作服上往往粘有很多肉眼难以看见的病毒、细菌和其他有害物质，尤其是在医院或实验室里工作的妈妈们。妈妈无论怎么忙，也要先脱下工作服（最好也脱掉外套），洗净双手再喂奶。

穿着化纤内衣

妈妈穿化纤内衣的最大危害，在于化纤内衣的纤维容易脱落而堵塞乳腺管，造成无奶的恶果。专家研究了部分无奶的妈妈，从其乳汁中找到大量的茧丝状物，这些茧丝状物是乳房在内衣和乳罩内做圆周运动时从内衣脱落而侵入乳腺管的。故喂奶的妈妈暂时不要穿化纤内衣，也不要佩戴化纤类乳罩，应以棉类制品为佳。

浓妆未卸

妈妈身体的气味对宝宝有着特殊的吸引力，并可激发宝宝产生愉悦的“进餐”情绪，即使宝宝刚出生，也能将头转向有妈妈气味的方向寻找奶头。妈妈的体味有助于婴儿吸奶，如果浓妆艳抹，陌生的化妆品气味掩盖了熟悉的母体气味，可使宝宝难以适应而情绪低落，食量下降，从而妨碍发育。

饮食不当

哺乳妈妈要讲究食谱的科学性，不可单一吃素，因为宝宝发育所必需的优质蛋白、不饱和脂肪酸、微量元素以及维生素 A、维生素 D、维生素 E、维生素 K 等脂溶性维生素，皆以荤食中含量为多，如果单一吃素势必导致乳汁的营养质量降低。哺乳妈妈也不宜大量摄入味精，味精对成年人是安全的，但其主要成分谷氨酸钠可渗入乳汁而进入宝宝体内，导致孩子锌元素缺乏，妨碍体格和智能发育。

另外，喂奶时避免与宝宝逗乐。宝宝吃奶时若被逗笑，吸入的奶汁可能误入气管，轻者呛奶，重者可诱发吸入性肺炎。

母乳缺少的喂养方法

母乳是婴儿初到人世的最佳食物，但许多妈妈由于睡眠、饮食、情绪上的失调，造成气血虚弱，继而导致很多缺乳现象。所谓的缺乳妈妈，不是一点奶水没有，而是奶水太少，不能满足宝宝的需求。这个时候，我们有以下两种喂养方式来喂宝宝：

一是补授喂养。妈妈每次喂奶时，先给宝宝喂自己的母乳，有多少吃多少，然后再喂配方奶粉，补充不足的母乳量。二是代授喂养。妈妈在喂奶时，采取母乳与配方奶粉交替喂养的方法，也就是说这一次完全用母乳喂宝宝，下一次完全用配方奶粉来代替。

少乳妈妈该怎么补养

第一，要注意饮食平衡，多多补充水分。除了一日三餐正常进食外，还需要多吃新鲜的水果，还有肉、蛋、奶、鱼等，尽量多吃各种营养成分不同的天然食物；每次喂奶前，试着喝一杯水或果汁。哺乳妈妈如果营养不良，就会出现精神紧张、身体疲劳，最终影响母乳的正常供给和母乳的质量。妈妈体内要有充足的水分来制造奶水，所以每天要喝6～8杯开水，以没有口渴感为度。白开水是最好的选择，也可以选择果汁。

第二，吃催乳药，做乳房按摩。一般情况下，催乳药对促进妈妈泌乳是非常见效的，尤其是对于有乳核和乳汁淤积的产妇来说，找具备乳房按摩技术的月嫂进行按摩乳房，会比较有效。这里注意乳房按摩是很讲究技巧的，所以最好是请护士或专业按摩师，哺乳妈妈自己也可以试着学习按摩乳房的技术。

第三，勤喂奶，做到两个乳房轮换喂奶。哺乳妈妈试着抽出一天的时间，什么都不要做，专心喂奶和休息，且每次喂奶尽可能让孩子吃的时间长一点，每次交换乳房喂奶2～3次，这样做的目的是为了引起婴儿吸奶的兴趣，刺激两侧乳房的分泌。

第四，充分使身体放松，哺乳妈妈的身心压力得到缓解，就能很快使母乳的分泌量增多。听听轻松的音乐，洗个澡，和宝宝一起做做轻缓的运动，踏踏实实地睡个午觉，都有利于奶水分泌量的增加。

早产儿不同情况不同喂养

早产儿是指胎龄未满37周，体重小于2500克，身长少于46厘米的婴儿。由于早产儿出生尚未发育完善，比起正常儿，吸吮和吞咽能力明显不足，各方面的身体器官更弱些。早产儿出生后两三个小时开始喂糖水，试喂几次没有出现呕吐情况的，大概6个小时以后再改喂奶液。正确的喂养方法对早产儿来说至关重要，家长们需要耐心细致些。

针对早产儿的具体情况，采取不同的喂养方法：

(1) 出生体重相对较重，已具备吸吮能力的宝宝，直接进行母乳喂养或人工喂养。

哺喂早产儿以母乳最为适宜，应尽量鼓励产妇维持母奶。人工喂养的情况下最好选用早产儿配方奶。在选择奶瓶时，最好用小号奶瓶，有助于保持奶的温度；橡皮奶头质地要柔软，开两三个孔，孔的大小以倒置时奶液能滴出为度。开孔过大，流奶过快，宝宝来不及吞咽，易致窒息；孔太小，奶流出的速度过慢，宝宝吸吮费力，很容易疲倦。

(2) 对于情况不好，吸吮吞咽能力不全、体重偏轻的早产儿可使用套有橡胶管的滴管喂奶。如果宝宝摄入量不足，胃容量小且易吐，白天、晚间的喂养都应采取少量多次的方法。

(3) 应该按需给早产的宝宝喂奶。宝宝吃得慢是早产儿的进食特点，妈妈要有耐心，而且吃奶时要给宝宝一个休息时间：吃1分钟后，让宝宝停下来休息一下，等10秒钟后再继续喂食，这样可减少吐奶的发生。

总之，对早产的宝宝喂养丝毫不能马虎，年轻的父母可能要付出比别的家庭更多的精力。在这个过程中，家长们可以多多借鉴别人的经验。

如何防止宝宝吐奶

在给宝宝喂奶的过程中，宝宝经常出现吐奶的情况，这时候，妈妈就要检测一下是不是喂奶的角度、姿势不太对。抱着宝宝喂奶时，宝宝很少出现吐奶的情况，因为怀抱的宝宝身体倾斜，胃便相应有了一定的倾斜度，吸入的奶汁由于重力作用可部分流入小肠，使胃部分腾空。因此，在进食等量乳汁的情况下，抱起宝宝喂奶比躺着喂奶发生吐奶的概率要少。

母乳喂养宝宝的妈妈要忌口

哺乳期的妈妈到底要不要忌口呢？家里的老人可能告诉宝宝的妈

妈：不能吃凉的、腻的、辣的……这些讲究是有一定道理的，但妈妈们不必过于强调而导致营养不全面。

哺乳期妈妈在饮食上，水果、蔬菜、肉、蛋、鱼、肉等都可以放心大胆地吃，但是需要顾及的是宝宝的需要，因而油腻刺激的、未完全煮透的、含有防腐剂的、易上火的食物等，尽量少吃或不吃，避免影响到宝宝。

妈妈们还要特别注意：要远离烟酒，咖啡、可乐等饮料也最好不要饮用。

哪些妈妈不适合哺乳

尽管母乳喂养有数不完的好处和优点，这种方式还是存在一定的缺陷，比如说母乳喂养可以将母亲体内的一些传染性疾病传播给宝宝。可以令家长们宽心的是：通过严格的检查和预防，这种情况完全可以避免。

当妈妈存在下列任何一种情况时，都不适合哺乳：

(1) 乳房患有单纯疱疹病毒感染。

(2) 接受放射性同位素诊断检查或治疗，工作环境中存在放射性物质。

(3) 患活动性结核病或人类T-细胞淋巴病毒Ⅰ或Ⅱ型阳性。

(4) 接受抗代谢药物、化疗药物或一些特别的药物治疗期间。

(5) 有艾滋病感染。

(6) 吸毒或滥用药物的。

有以下情况的新妈妈们，应向医生咨询确定是否母乳喂养：

(1) 乙肝表面抗原阳性。

(2) 患有丙型肝炎（血液丙型肝炎病毒或病毒—DNA阳性）。

(3) 存在发热。

(4) 工作环境中含少量化学物质。

(5) 为巨细胞病毒（CMV）血清阳性携带者，喂养前母乳需冷冻或加热消毒，以降低母乳中CMV病毒载量。

正常情况下，妈妈们都可以顺利地哺乳。假如确定了由于某种原因不能为宝宝哺乳，家长们就应该理智地行动，准备配方奶粉。劝导宝宝的妈妈不要过于自责，配方奶粉喂大的孩子也是很健康聪明的。

营养配餐 本月宝宝饮食推荐

白开水

■ **原　料**

白开水 40 毫升。

■ **做　法**

● 将白开水倒入量杯中，晾至温热(可用手背测试)，再倒入奶瓶中，给宝宝喂饮。

健康小提示 白开水一次不宜饮用过多，否则易加重宝宝肾脏负担。若宝宝不爱喝，可在其中添加少许白糖，味道要很淡很淡。

鱼肝油

■ **原　料**

鱼肝油 1 粒。

■ **做　法**

● 取出 1 粒鱼肝油，用剪刀将胶囊头剪开，缓缓挤到宝宝嘴里即可。

健康小提示 使用剪刀后，要注意收好，避免扎伤宝宝。胶囊的口不宜剪得太大。

婴儿配方奶

■ **原　料**

婴儿配方奶粉 1 匙。

■ **做　法**

● 将奶粉放入奶瓶中；将 70 毫升开水倒入量杯中，晾至与手的温度相当时，冲入奶瓶中，加盖，用力摇动奶瓶直至奶粉完全溶解。喂前，将奶液滴在手背上，测试温度，适口后喂给宝宝。

健康小提示 冲调奶粉的水温不宜过高，否则易破坏奶粉中含有的活性益生菌。

一日营养餐

上午	06：00	母乳或配方奶 10～30 毫升
	09：00	葡萄糖 20 毫升
	12：00	鱼肝油 1 粒
下午	15：00	母乳或配方奶 80 毫升
	18：00	葡萄糖 20 毫升
晚上	21：00	母乳或配方奶 10～30 毫升
	24：00	葡萄糖 20 毫升
	03：00（凌晨）	母乳或配方奶 10～30 毫升

另：母乳喂养的宝宝可以不喂水，但喂配方奶的宝宝，需在 1 小时后喂少量白开水。

日常养护，轻松做“辣妈”

宝宝呱呱坠地，爸爸妈妈就开始忙碌了，愁他吃，烦他穿，忧他病，还要关心他的喜怒哀乐，宝宝需要家人的精心呵护才能健康成长。爸爸妈妈们，为迎接亲爱的新生宝宝，你们做好准备了吗？

给宝宝穿、脱衣的技巧

宝宝容易弄脏衣服，而且宝宝体质差，容易患病，那么，如何为宝宝穿、脱衣服就变得非常重要。

如何为宝宝穿衣？

（1）把孩子平放在床上。

（2）把衣服套在孩子的头上，同时把孩子的头略微抬起，撑开右袖后，顺势把孩子的胳膊放进来，左侧的袖口也这样做。拉平衣服，同时注意孩子是否舒服。

（3）如果是成套的宽松衣服，

需要解开扣子，把衣服弄好放在平面上，再把孩子放在上面。

(4) 抻开右侧袖子，套入孩子的小拳头，同时拉起袖子，再将胳膊放进去。左侧也按同样的方法进行。

(5) 把孩子的右腿放到裤腿里，然后再放左腿，最后系好衣服。

如何给新生儿脱衣服？

(1) 把孩子平放在平面上，从上向下解开衣服。

(2) 可能你需要更换尿布，所以轻轻地拉出双腿换尿布。

(3) 提起孩子的双腿，把衣服从孩子身下滑到肩部。

(4) 轻轻拉出孩子的左手，再拉出右手。

(5) 如果需要脱套头衫，先把衣服卷到颈部，抓好孩子的肘部，把衣服折成手风琴状，轻轻地拉出胳膊。

(6) 撑开领口，小心地从孩子的头上脱下衣服，注意不要触到孩子的面部。衣领是否干净，如不干净先更换好。在给孩子穿套头衫时，一定要把它抻好，用手指把衣领拉一拉。

正确包裹宝宝的技巧

在如何包裹宝宝的问题上，中国有个古老的传统，以前的人们都会把孩子包成个严严整整、结结实实的“蜡烛包”。这里的寓意就是把孩子包得像直溜溜的蜡烛一样，误以为这样可防止孩子“罗圈腿”。老人们还认为“蜡烛包”可以让孩子安静地睡觉，殊不知，刚出生不久的小婴儿本身睡觉时间就比较长，除吃奶外，一天的绝大多数时间都在睡觉，这种状况随月龄的增长而逐渐改变着。这是一个误区。

正确包裹宝宝的方法很多，需要注意的是给宝宝足够宽松的活动空间，按照舒适、自然姿态来包裹，婴儿不是蜡烛，捆绑是不可取的包裹方式。另外，市场上有宽松柔软的睡袋，下方是开的，便于为宝宝换尿布，同样很保暖。

总之，只有采用正确方法，才能保证孩子的形体健康发育。

正确抱孩子的方法

宝宝的降生，给家庭带来了不少的喜悦，看着新生宝宝身体软绵绵的，我们该怎么抱宝宝呢？

家长们首先要用眼神、说话的声音逗引宝宝，把他的注意力吸引过来，从而可以避免对宝宝造成惊吓。然后根据具体情况，选择合适的抱法。

喂宝宝吃奶或哄宝宝睡觉时，家长们可以采用怀抱法或坐抱法。怀抱法，即将宝宝的头部直接托起，放入肘窝处，这只手掌托住宝宝的外侧小屁股，另一只手掌托起内侧小屁股，将宝宝抱起即可，这种方法是最常用的抱法。坐抱法，用一只手掌托住宝宝的头部，另一只手掌托起宝宝的小腿部，将宝宝的小屁股放在双腿上，使宝宝与你面对面，上部身体与妈妈的腿部成一定角度，但不要太直立。

准备给宝宝洗头或做护理时，可以采用夹抱法。夹抱法，是用一手掌托起宝宝的头部，另一只手掌托起宝宝的双腿；将宝宝夹在腋下，托住头部的这只手的肘部，可夹住宝宝的小屁股（借助髋关节的力量），另一只手为宝宝洗头或做其他护理。

刚刚吃完奶的宝宝适合用直抱法。直抱法的优点是有利于吃完奶的宝宝排出胃内的气体。具体方法是：双臂搂抱宝宝，一只手托起宝宝的头颈部，另一只手托住宝宝的小屁股，使宝宝直立，趴在你的肩上，然后由托头的手轻拍宝宝的背部。

从床上抱起和放下宝宝时，适合用手托法。手托法就是用一只手托住宝宝的背、脖子、头，另一只手托住他的小屁股和腰部。

放宝宝睡觉的几种方法

很多家长习惯抱着婴儿催其入睡，这是一种很不好的习惯，小儿往往在妈妈怀里睡得很熟，放在小床上就睁开眼睛哭闹。与父母同床睡，吸吮着母亲的乳头或橡皮乳头，边哺乳边入睡更有造成婴儿窒息的危险，也是幼儿形成睡前一定要吸吮手指、毛巾或被角方能入睡这种坏习惯的主要原因。

把宝宝抱在怀里，头轻轻地靠在宝宝头边，轻轻哼唱儿歌、童谣，手轻轻地、有节奏地拍。记住，在宝宝耳边，语速要慢，语调要轻柔，神情柔和，不要过于急躁地想把宝宝哄睡，宝宝可是能感受到的！把宝宝哄睡之后，不要急于把宝宝放到床上（此时宝宝可能还未真正睡熟，放下易造成宝宝惊醒），而是再抱一会儿，10～15分钟，确定宝宝睡熟了，放下即可。

这里需特别说明的是，放宝宝睡觉，需把尿布前片折到婴儿肚子上，尿布的长度不要超过肚脐，再折上尿布兜粘好粘扣。

“穿戴完毕”后，要检查调整腰部的粘扣是否合身，松紧以妈妈的两个手指能放进去为宜。再检查大腿根部尿布是否露出，松紧是否合适，太松会造成尿液侧漏。

宝宝大便的健康警示

正常情况下，新生儿都会在出生后24小时内排出棕褐色或者墨绿色黏稠的大便，医学上称之为“胎便”。如果宝宝出生36小时后尚无大便排出时，家长应该请医生检查，看看宝宝是否患了先天性消化道畸形。

随着宝宝月龄的增长，母乳喂养的宝宝大便次数会比较多，每天5～7次，人工喂养的宝宝每天1～2次。如果宝宝大便的次数较多而量较少，很有可能是由于宝宝上次没有拉干净导致的，建议家长帮助宝宝养成规律排便的习惯。

细心的父母可以通过观察新生儿的大便，知晓宝宝的健康情况，其通常与母乳的质量有很大关系，还有宝宝身体上的疾病因素。如果是母乳的原因，妈妈就应该及时调整饮食结构，保证科学哺乳。例如：新生儿的大便呈黄色，且粪与水分开，大便次数增多，说明新生儿消化不良，这是因为母乳中含糖分太多，糖分过度发酵使新生儿出现肠胀气、大便多泡沫、酸味重，妈妈应该限制摄糖量；当母乳中蛋白质过多时，新生儿的大便有硬结块，臭味特别重，此时妈妈应该注意限制鸡蛋的摄入量；母乳喂养不足时，大便色绿量少且次数多，新生儿常因饥饿而多哭闹。由宝宝自身的疾病因素所致者，就要立即去医院就诊。

宝宝身体的清洁、护理

给宝宝洗澡

家长给宝宝洗澡需要注意很多细节，洗澡所需的物品、洗澡水的水温、清洗部位、清洗技巧以及宝宝洗澡后如何擦拭等等。

新生儿出生后就可以洗澡，首先把干净的衣服与尿布准备好，室温要求24～26℃，水温应接近新生儿的体温37.5℃左右；家长要做的是先洗净自己的手，然后用柔软的毛巾轻轻地擦洗婴儿的脸（不要搓揉），洗一下耳朵，用棉球分别擦洗耳朵眼和鼻孔；放入浴盆前，先擦拭一下宝宝的臀部，再给宝宝身上涂些浴皂，轻轻地把宝宝放到温度适宜的水中，用手托着宝宝冲洗掉身上的皂沫，冲洗完毕，将宝宝从水中抱出；给宝宝披上干燥而柔软的浴巾，轻轻而细致地将水擦干，特别要注意有皱褶的地方，如耳朵、颈部、腋窝、肚脐、外生殖器、脚趾间等，擦干了再给宝宝换上干净衣服。

臀部的护理

尿布的选择：选择纯棉尿布，这样的尿布柔软且吸水性强。

勤换尿布：检查宝宝的尿布情况，湿了应该马上换上干的。

注意清洁：用清水洗完宝宝的小屁股后，应该擦上润肤露，滋润宝宝的小屁股。宝宝臀部的皮肤干爽清洁，才能有效地预防和治疗尿布疹。

生殖器的护理

为男婴清洗护理时，动作要轻柔，将包皮往上轻推，露出尿道外口，用棉签蘸清水绕着龟头做环形擦洗，擦洗干净后再将包皮恢复原状。阴囊与肛门之间的部位叫会阴，这里也会积聚一些残留的尿液或是肛门排泄物，也须用棉签蘸清水擦洗干净。为女婴清洗时，注意先将其阴唇分开，用棉签蘸清水由上至下轻轻擦洗。

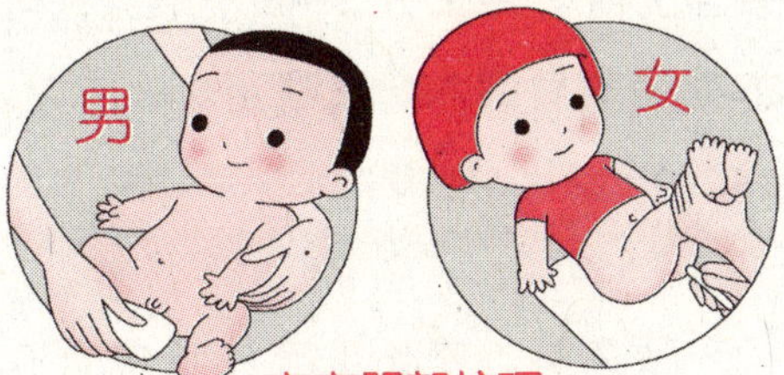

宝宝阴部护理

注意： 在清洗新生婴儿的生殖器时，忌用含药物成分的液体和皂类，以免引起外伤、刺激和过敏反应。

头部的护理

枕头： 不要给宝宝使用材质过硬的枕头，硬枕头容易使宝宝的头部变形。

睡姿： 想要宝宝的头形完美，就要经常为他翻翻身，改变睡姿，避免宝宝以固定的睡姿睡觉。

帽子： 天气变冷以后，宝宝外出一定要戴上较厚的帽子，既可以保护囟门，也可以减少热量的散失。

家具： 有些家庭常常会出现这样的情况，宝宝总是被家具的棱角撞伤头部。家长应选择圆角的家具，避免尖锐硬角弄伤宝宝的头部。如果宝宝不慎擦破了头皮，应立即用酒精棉球消毒以防止感染。

口腔的护理

准备物品： 小手巾、筷子、棉签、淡盐水和温开水。

步骤： 护理者清洗好双手，先把小手巾围在宝宝颌下，防止沾湿衣服。然后用蘸过淡盐水的棉签轻擦宝宝口腔内的齿龈外面、两颊、齿龈内面及舌头。嘴闭着的宝宝，家长先捏他的两颊，宝宝自然就会张口，擦洗一个部位要更换一次棉签，注意棉签上不要蘸上太多液体，防止宝宝吸入呼吸道。护理完毕，用小毛巾把宝宝的嘴角擦干净。

如何给新生儿喂药

由于新生儿的味觉不完全，对各种味道不太敏感，一般情况下，都可以很顺利地给宝宝喂药。这里为家长们提供以下小技巧：

不同性状的药

液体状的药，如药水，可以倒

入奶瓶，让宝宝像吸奶一样服药；粉状的药，将药粉溶于糖水中，放入奶瓶让宝宝吸入；少量药的粉，可以直接放入宝宝口中，然后再用少许糖水送服；块状的药，如丸、片剂可研成粉状，用糖水调成稀糊状，把宝宝抱在怀里，呈半仰卧状，左手扶持宝宝头部，右手持食匙取药慢慢喂下，待宝宝将药吞咽后，再继续喂。

依病情喂药

病情较重的宝宝，家长们可用滴管或塑料软管吸满药液后，将管口放在宝宝口腔颊黏膜和牙床间慢慢滴入，并要咽一口再喂一口，第一管药服完后再滴第二管。如果发生呛咳，应立即停止挤滴药液，并抱起宝宝轻拍后背，以免药液呛入气管。

病情较轻者，可把药溶于水中，放入奶瓶，用乳胶奶嘴，让宝宝自己吸吮也可服下。但要把粘在奶瓶上的药液加少许开水涮净服用干净，否则无法保证足够的药量。也可以将溶好的药液用小勺直接喂进宝宝嘴里。喂药时，最好把宝宝的头偏向一侧，把小勺紧贴宝宝嘴角慢慢灌入。等宝宝把药全部咽下去，再用勺喂少量糖水。喂汤剂中药时，要把药量煎得少一些，以半茶盅为宜。每天分3～6次喂完，可加糖调匀后倒入奶瓶喂用。

喂药的细节

喂药前，家长也可先喂宝宝几口奶，再喂点药，反复交替直至将药喂完；喂药后，将孩子竖起轻拍背部，以防反胃呕吐。

需要提醒家长的是：应该选在宝宝没有吃饱的时候喂药，否则宝宝会拒绝服药；不可将药和乳汁混在一起喂宝宝，这样可能出现凝结现象或降低药物的治疗作用，甚至还有可能影响新生儿的食欲。

哺乳妈妈喂奶的问题与解决办法

吸不出奶水

许多妈妈在最初给宝宝喂奶的时候，常常遭遇到宝宝吸不出奶而哭闹不止的情况，不仅宝宝着急哭闹，妈妈们也很着急，这是母乳喂养过程中经常碰到的问题。

解决办法：出现这种情况，往往是因为婴儿含妈妈乳头的方法错误造成的。婴儿嘴如果只含住母亲的乳头，母乳就不会出来，必须含住母亲乳房的乳晕，母乳才会受到刺激自动泌出。

衔不住乳头

如果妈妈的乳头过小、过短，宝宝就会衔不住乳头，加上乳香的诱惑，宝宝就会烦躁、哭闹。作为妈妈，会因宝宝吃不到奶而着急。等宝宝好不容易吃到奶水，母子都已累得筋疲力尽。

解决办法：如果乳头过短、过小，妈妈在喂奶前要不断地进行矫正。

具体方法：

用拇指、食指、中指三个手指捏起乳头，向外牵拉。每次至少坚持牵拉 1 秒钟，每回牵拉 300 次左右，每天至少拉 4 回，在喂奶前进行。

用吸奶器吸乳头。每次吸住乳头约半分钟，连续 5～10 次，每天至少 2 回。

喂奶时用中指和食指轻轻夹住乳晕上方，使乳头尽量突出，也防止乳房堵住宝宝鼻孔。

拒绝乳头

给刚出生的宝宝喂奶，有时会出现奇怪的现象，宝宝虽然很饿，一边哭一边用小嘴在两边寻找食物，可是妈妈的乳头刚到他嘴里，他就用小舌头把它顶出来。

解决办法：进行母乳喂养前，最好不要用奶瓶喂养宝宝，因为吸吮橡皮奶头省力，容易得到乳汁；吸吮妈妈的乳头，必须靠有力的吸吮刺激才能得到乳汁。孩子出生后，无论有没有母乳，都要让宝宝吸吮妈妈的乳头，其中穿插着给宝宝用奶瓶喂水。只有一开始做好准备，才能让宝宝适应不同的喂养方式。

咬破乳头

有些大一些的宝宝吃奶时发狠——拿妈妈的乳头来磨牙。轻者乳头被咬得红肿，重者乳头会被咬出鲜血，使妈妈疼痛难忍。

解决办法：导致这种现象的最主要原因是妈妈的喂哺方法不对。妈妈没有让宝宝完全含住乳头，再加上乳头小，宝宝含不住，就试图用牙床咬住，久而久之乳头就会磨破。正确的喂哺方法是让宝宝完全含住乳头，并且把乳晕也含进去。

精心呵护宝宝的脐带

脐带，原来是胎宝宝的营养带，也是胎宝宝的生命带。它一头连着准妈妈，一头连着胎宝宝，准妈妈通过它将营养源源不断地输送给胎宝宝。脐带一般会在宝宝出生后3～14天脱落，但因结扎手法不同也有20天才脱落的。宝宝如脐部干燥，即使脐带脱落较晚也无大碍，妈妈不用担心。在脱落前后的这段时间里，宝宝的脐部呈开放状态，很容易受到细菌感染，严重时可引发败血症，直接威胁到新生宝宝的生命。因此，做好新生宝宝脐部的日常清洁护理很重要。

❶ 每天清洁肚脐　刚出生的宝宝，脐窝里经常有分泌物，分泌物干燥后，会使脐窝和脐带的根部发生粘连，不容易清洁，脐窝里可能会出现脓液。所以，要彻底清洁小脐窝。方法是：每天用棉签蘸上75％的酒精，一只手轻轻提起脐带的结扎线，另一只手用酒精棉签仔细在脐窝和脐带根部细细擦拭，使脐带不再与脐窝粘连。随后，再用新的酒精棉签从脐窝中心向外转圈擦拭。清洁后别忘记把提过的结扎线也用酒精消消毒。

❷ 保持肚脐干爽　宝宝的脐带脱落前或刚脱落脐带的脐窝还没干燥时，一定要保证脐带和脐窝的干燥，因为即将脱落的脐带是一种坏死组织，很容易感染上细菌。所以，脐带一旦被水或被尿液浸湿，

要马上用干棉球或干净柔软的纱布擦干，然后用酒精棉签消毒。脐带脱落之前，不能让宝宝泡在浴盆里洗澡。可以先洗上半身，擦干后再洗下半身。

3 脐带不脱落　一般情况下，宝宝的脐带会慢慢变黑、变硬，1～2周内脱落。但如果宝宝的脐带2周后仍未脱落，就要仔细观察脐带的情况，只要没有感染迹象，如没有红肿或化脓，没有大量液体从脐窝中渗出，就不用担心。另外，可以用酒精给宝宝擦拭脐窝，使脐带残端保持干燥，加速脐带残端脱落和肚脐愈合。

4 脐带有分泌物　愈合中的脐带残端经常会渗出清亮的或淡黄色黏稠的液体。这是愈合中的脐带残端渗出的液体，属于正常现象。脐带自然脱落后，脐窝会有些潮湿，并有少许米汤样液体渗出，这是由于脐带脱落的表面还没有完全长好而肉芽组织里的液体渗出所致，用75%的酒精轻轻擦干净即可。一般一天1～2次即可，2～3天后脐窝就会干燥。用干纱布轻轻擦拭脐带残端，也能加速肚脐的愈合。如果肚脐的渗出液像脓液或有恶臭味，说明脐部可能出现了感染，要带宝宝去医院就诊。

5 脐带发红　脐带残端一经脱落，肚脐就形成了。在脐带残端脱落的过程中，肚脐周围常常会出现轻微的发红，这是脐带残端脱落过程中的正常现象，不用担心。但是，如果肚脐和周围皮肤变得很红，而且用手摸起来感觉皮肤发热，那很可能是肚脐出现了感染，要及时带宝宝去医院就诊。

教你听懂宝宝的哭声

啼哭是宝宝表达自己情感的最直接、最迅速，而且也是最常见、最有效的方式。可你知道吗？宝宝的第一声啼哭只是一种纯生理的现象。但之后，宝宝的啼哭便成为了他表达自己需求的一种手段。根据调查显示，每个宝宝在没有任何真正病症的情况下，每天平均可以哭3个小时。宝宝一哭，有些妈妈就手足无措，不知道该怎样护理宝宝。其实，只要听懂宝宝的哭声，就可以给予宝宝更好的关爱。

1 我饿了 低声调，有节奏，而且重复着一定的模式——先短促地哭一声，停顿一下再短促地哭，再停顿，就像在说“饿——饿——”一样，说明宝宝已经饿了。如果此时你把手指放在宝宝的嘴边，宝宝的小嘴就会立即叼住手指。

2 我困了 哭声很强烈，像花腔一样带着颤抖和跳跃，一阵阵、一声声不耐烦地号叫，同时还有揉眼睛的小动作，说明宝宝已经困了，要睡觉了。

3 我要抱 有的宝宝一边哭，一边转动脑袋四处寻找，在看不到人时哭声较低，哼哼唧唧，看到人之后哭声变大，仿佛非常委屈。这是“磨人”宝宝惯用的伎俩，似乎在喊“妈妈来抱抱”，看来宝宝从小就学会了如何吸引别人的注意。

4 我尿了 宝宝如果啼哭强度较轻，哭时大多没有眼泪，而且是在睡醒时或吃奶后啼哭，两腿蹬被，可能是小屁屁不舒服了。宝宝对自己的身体舒适度要求很高，总会在第一时间让你知道他的尿布脏了，需要“清洁场地”。

5 我冷了 哭声比较低沉，有节奏，哭时肢体少动，小手发凉，嘴唇发紫。很明显宝宝冷了，小家伙喜欢身体暖暖的感觉，这和在妈妈子宫里的感觉一样舒服，所以他会对身体发冷提出抗议。

怎样抱新生宝宝最合适

宝宝柔弱的躯体对新手父母而言实在难以适从。父母既想亲近宝宝，又常感“无从下手”，担心弄疼、弄伤宝宝。

父母抱着宝宝活动时，可以增加与宝宝的亲密度。抱着的宝宝的视野更开阔，受周围环境的刺激也更多，这对他的大脑发育很有好处。每天躺在床上的宝宝，父母虽说省心了，但与宝宝的交流少，会失去早期教育的最佳时机。另一方面，宝宝被抱，对其来说也算一种运动，利于身体的发育。但值得注意的是，在抱宝宝的同时要同宝宝说话、唱歌，眼睛温柔地注视宝宝，轻轻抚摸他，与其有身体接触。这种感情交流，可以使宝宝的视野更开阔，受周围环境的刺激更多，对宝宝的大脑发育、精神发育及身体生长都有极大好处。

值得注意的是，在抱宝宝的时候不要竖着抱，新生宝宝的头占全身长的1/4。竖抱宝宝时，宝宝头的重量全部压在颈椎上。宝宝在1～2个月时，颈肌还没有完全发育，颈部肌肉无力，应防止这种不正确的怀抱姿势对宝宝脊椎的损伤。这些损伤当时不易发现，但可能影响宝宝将来的生长发育。该怎样抱宝宝呢？

❶ 方法一　手托法　用左手托住宝宝的背、颈、头，右手托住他的小屁股和腰。这一方法比较多地用于把宝宝从床上抱起和放下。

❷ 方法二　腕抱法　将宝宝的头放在左臂弯里，肘部护着宝宝的头，左腕和左手护背和腰部，右小臂从宝宝身上伸过护着宝宝的腿部，右手托着宝宝的屁股和腰部。这一方法是比较常用的姿势。

做任何事情都有一定的限度，抱宝宝虽然很好，但也不要抱得太久。新生宝宝每天需要20小时的睡眠时间，6个月左右的宝宝需要16小时左右的睡眠时间。所以，除了喂奶、换尿布等特殊情况外，不要过多抱他。由于生理上的特点，宝宝的胃、贲门肌肉较松弛，但幽门肌肉却很紧，在这种情况下，哺乳或喂食后如果将宝宝抱在怀中逗玩，则食物容易从贲门溢出，造成呕吐。另外宝宝的骨骼生长较快，如果长期抱在怀中，对宝宝骨骼的正常生长极为不利。

月子里的四大育儿误区

对于刚刚出生的新生宝宝来说，适应母体外的生活环境是艰巨的一步。有些宝宝调整得比较容易，而有些宝宝需要的时间会长一些。作为父母，在这个过程中总想给宝宝最多的爱，但是精心呵护宝宝的同时，千万别走进以下四大育儿误区：

给宝宝用枕头

新手父母希望让宝宝用枕头睡出漂亮的头形。其用心是好，但实则对宝宝的健康不利。因为新生宝宝的脊柱几乎是直的，或仅稍向后突出，没有成人特有的弯曲。当宝宝出生后2～3个月开始抬头，会出现颈椎前凸（第一个弯曲）；6～7个月开始会坐，会形成胸椎后凸（第二个弯曲）；在练习行走时形成腰椎前凸（第三个弯曲）。在宝宝3个月月龄时才可以用枕头，新生宝宝只是床头部稍垫高些，或在枕部垫一本书即可。

另外值得注意的是，新生宝宝出生后如不及时注意睡眠姿势，头部长期偏向一侧，久后，头部会形成左右不对称态，俗称“睡偏头”。预防和纠正“睡偏头”其实很简单，让宝宝定期变换睡眠姿势，如宝宝仰卧一会儿再换为侧位，如此交替进行，久后能起到防治作用。

用闪光灯给宝宝照相

新生宝宝娩出前需在母体子宫这个“黑暗的房间”里度过近10个月的漫长时间，一朝分娩来到世间，接受外界光线刺激，对新生宝宝来说很不适应。为了适应从黑暗状态进入明亮状态的变化，新生宝宝出生后往往是紧闭双目，经常处于睡眠状态，很少睁开眼睛，醒来吃奶时也是微睁或微闭着双眼，尽量避免外界强烈光线的刺激。

如果用闪光灯给宝宝照相，在闪光灯闪光的瞬间，对新生宝宝的眼睛来说，无疑是一个强烈的光刺激。大龄宝宝对强光会通过眨眼、缩小瞳孔等反射进行自我保护，而新生宝宝因为视网膜神经尚未发育完全，瞳孔对光的反射不敏感，所以强烈的光线通过眼睛的第一道防线，直接刺激在视网膜上，就有可能使视网膜神经细胞发生改变，对以后宝宝的视觉功能可能会造成一定影响。

给宝宝挑“马牙”

有些宝宝出生后，在口腔上腭中线两侧和齿龈边缘，会出现一些黄白色的小点，很像是长出来的牙齿，俗称“马牙”。它是由上皮细胞堆积而成的，是正常的生理现象，不是病。“马牙”不影响宝宝吃奶和乳牙的发育，它在出生后的数月内会逐渐脱落；有的宝宝因营养不良，“马牙”不能及时脱落，这也没多大妨碍，不需要医治。

但很多妈妈都喜欢用针挑、用布蘸盐水或淘米水擦破宝宝的“马牙”。儿科专家提醒，千万不能这么做！因为新生宝宝口腔黏膜很娇嫩，黏膜下血管丰富，而全身抵抗力极低，如果用针挑破或用布擦掉“马牙”，会引起黏膜损伤，很可能使细菌从破损处侵入，引起炎症。口腔炎症不仅使宝宝受罪，而且局部繁殖的细菌会进入血液循环中，严重的可能会引起新生宝宝败血症。

宝宝满月就剃头

宝宝满月了，热心的邻家阿婆一定会让你给宝宝剃个满月头，说是剃光后将来宝宝的头发就会长得又黑又密。这时的你心动了吗？结果又怎样呢？在宝宝保健门诊，经常见到这样的情景：一位年轻的父亲也带着儿子来询问，说宝宝出生时头发特别稀少，为此，从满月开始剃了好几次光头，但效果仍不理想，不知怎么办才好。其实，在现实生活中，剃光头的现象并不少见，父母的本意都是想让宝宝“锦上添花”。但结果却事与愿违，这是为什么呢？

胎发的多少存在着个体差异，有的宝宝多一些，有的则少一些。但在幼儿园里、在马路上，看不到一个脱发的宝宝，说明即使胎发较少，长大后也会有所改观，父母大可不必“剃”毛助长。曾经遇到宝宝因剃胎发、多次刮光头而不幸患上败血症丧命的病例。因为锋利的刀未经过仔细消毒而不小心划破头皮后，细菌就会进入皮肤伤痕处，再进入血液，导致败血症。年轻的父母们，不要把无形的杀手误当成锦上添花。切记，做任何事都应三思而后行。

专家提示

宝宝睡姿的变更，应根据实际情况而定。同时需要提醒新手妈妈的是，由于宝宝的脊柱正处于发育阶段，所以要让宝宝睡在一张稍硬的床垫上。

2 个月：宝宝同步喂养方案

满月的宝宝在外表上已经有很大的改变，不再是刚出生时的小毛孩形象，模样已经变得非常漂亮。特别是皮肤变得光亮、白嫩，且弹性增加，皮下脂肪增厚，胎毛、胎脂减少，头形滚圆，更加招人喜爱了。到了本月，宝宝的吸吮能力大大加强，对外界环境的适应能力也逐渐增强，也正因为如此，在喂养上无论是采用母乳喂养还是人工喂养，都比新生儿期顺利得多。所以，到了本月，可以对宝宝进行规律的喂乳练习了！

权威发布，宝宝体格发育参照表

项目	男宝宝	女宝宝
体重	平均 6.0 千克	平均 5.5 千克
身长	平均 60.1 厘米	平均 58.8 厘米
头围	平均 39.1 厘米	平均 38.6 厘米
胸围	平均 39.5 厘米	平均 38.7 厘米
疫苗接种	宝宝出生 2 个月时，就应该开始服用三价混合型麻痹糖丸疫苗 1 粒，3、4 个月的时候再各服 1 粒，即在 1 周内连服 3 次，每次间隔时间不得短于 28 天，4 周岁时再服 1 粒，基本就不会再得小儿麻痹症了	

喂养指导，听育儿专家怎么说

2个月宝宝的喂养方法

母乳充足时，2个月的宝宝体重平均每天可增加30克左右，身高每月可增加2厘米左右。过去吃奶吃得很多的宝宝，喂奶间隔的时间会变长。以前一过3个小时就饿得哭闹的宝宝，现在即使过4个小时甚至更久也不醒，说明宝宝的胃可以存食了，所以决不要因为喂奶时间到了就叫醒宝宝，这样会影响宝宝的休息。这个时期，有的妈妈可能会出现母乳逐渐减少的情况，如果宝宝体重增长速度下降，变得爱哭、夜里醒来哭闹的次数增多，此时应该加喂一次牛奶试试，如果效果不明显就再增加一次牛奶。

用牛奶喂养时，由于此时的宝宝食欲旺盛，如果按照宝宝的欲望不断加奶就有可能过量，继续加下去就会过分肥胖，体内会积存不必要的脂肪，而加重心脏、肾脏和肝脏的负担。虽然吃母乳的宝宝也有肥胖的，但由于母乳易于消化，不会加重肝肾负担。为了不使宝宝过胖，这时牛奶的日用量应限制在900毫升以下，计算900毫升产生的热量为2427千焦，足够宝宝的需要。所以，用牛奶喂养的宝宝可以一天喂6次，每次不超过150毫升；或一天喂5次，每次不超过180毫升。

人工喂养，坚持原则是重点

人工喂养主要指6个月以内的宝宝由于各种原因母亲不能亲自哺喂时，采用其他动物乳或代乳品替代母乳喂养宝宝的喂养方式。宝宝在下面几种情况下宜采用母乳喂养：

(1) 母亲有病无法哺乳。这种情况多见于母亲患有活动性肺结核，重症心、肾疾病，急性传染病或慢性疾病长期服药，而该药对宝宝有影响等等。

(2) 产假太短或产假期间经济

损失太大。尤其是白领女性，怕产后休假长了会失去现有的岗位等因素，也会影响这些母亲选择人工喂养。

我们提倡母乳喂养。对主观因素不肯喂母乳者，可通过健康教育帮助母亲重新选择喂养方式。对于各种客观因素，造成母乳喂养失败或只能人工喂养者，则要帮助母亲接受现实，学习用科学正确的方法喂养。在进行人工喂养时，需要坚持以下几点原则：

(1) 所用奶瓶以大口直立式玻璃制品为宜，便于洗刷消毒，通常准备几个，每日煮沸消毒一次，每次喂哺用1个；奶瓶和奶嘴的取用应注意清洁卫生，以免食具污染病菌而引起腹泻、呕吐等，危害宝宝健康。

(2) 每次喂哺时间约20分钟，不宜超过30分钟，一般每次间隔在3小时以上。不可强迫宝宝将瓶内牛奶吃完，剩余的奶汁应立即倒掉，洗净奶瓶，避免细菌生长。

(3) 两次喂奶期间应喂饮适量温开水，因为牛奶中蛋白质和矿物质含量较高，如不多喂水，可能会导致宝宝大便偏干；如果气候干燥，可适当增加喂水量。

(4) 人工喂养时，应由母亲亲自喂哺为好，可增加母亲与宝宝的接触与沟通，有利于宝宝的心理发展。

专家提示

有的宝宝服用牛奶后可能发生过敏反应，所以专家建议刚开始喂牛奶时，应先给予小量，观察宝宝有无过敏症状，包括呕吐、腹痛、烦躁不安、湿疹、荨麻疹等症状，通常喂牛奶3小时左右，宝宝便可出现症状。如发生过敏，应立即停用牛奶改用其他不含牛奶的代乳品。重症者要及时去医院就诊。

混合喂养，找准方法是关键

现在的新手妈妈大多是上班族，生活节奏快，精神压力大，工作任务重，生育年龄偏大，乳量偏少，难以满足宝宝的需要，混合喂养便成了更多妈妈的选择。母乳喂养与人工喂养同时进行的便称为混合喂养。

混合喂养容易造成新生宝宝消化功能紊乱，如果一次喂奶中也采取混合喂养，更容易出现这种情况。混合喂养不容易掌握乳量，母乳到底缺多少？每次配方奶粉配多少？都难以掌握。混合喂养给新手父母带来不少麻烦。现在介绍三种混合喂养的小方法，相信你一定能从里面找到最适合自己的混合喂养方法！

❶ 方法一　一次只喂一种奶，吃母乳就吃母乳，吃配方奶粉就吃奶粉。不要先吃母乳，不够了再调奶粉，这样不利于宝宝消化，容易使宝宝对乳头产生错觉，可能引发厌食奶粉，拒用奶瓶。

❷ 方法二　充分利用有限的母乳，尽量多喂宝宝母乳。母乳是越吸越多的，如果妈妈认为母乳不足，而减少喂母乳的次数，会使母乳越来越少。母乳喂养次数要均匀分开，不要很长一段时间都不喂母乳。

❸ 方法三　夜间最好是母乳喂养。夜间妈妈比较累，尤其是后半夜，起床给宝宝冲奶粉很麻烦；另外，夜间妈妈休息，乳汁分泌量相对增多，宝宝的需要量又相对减少，母乳可能会满足宝宝的需要。但如果母乳量确实太少，宝宝吃不饱，就会缩短吃奶时间，影响母子休息，这时就要以奶粉为主了。

另外，在对宝宝进行混合喂养时，一定要注意以下三点：一是不可因为母乳少就轻易断奶，在未断奶之前应尽量延长母乳喂哺的时间。二是妈妈因工作关系不能给宝宝喂奶的，可用牛奶或奶粉代替母乳1～2次，但妈妈仍应按时将奶挤出，以刺激乳汁分泌。三是混合喂养的宝宝也一样可根据不同的月龄添加各种辅助食品，但在正常的断奶月份之前，辅助食品不可完全取代母乳或奶粉。

专家提示

每次调奶粉时，不要调得太多，尽量不让宝宝吃搁置时间过长的奶粉；冲调奶粉后的温度与人体的温度差不多，一般在36℃左右即可。

宝宝奶粉的选择与保存

众所周知，宝宝的口粮应该以母乳为主，但是到了第二个月，妈妈已经歇完产假要上班或者妈妈本身母乳不足时，就应该考虑选用宝宝配方奶粉，奶粉上常用的标志是“0～1岁宝宝配方”、“初生宝宝适用”或“第一阶段”。目前市场上配方奶粉的种类很多，可以根据宝宝的体质、消化吸收能力、口味需要进行选用。如果宝宝体质较弱，可选用含核苷酸的宝宝配方奶粉；胃肠功能较弱、腹泻的宝宝可选用不含乳糖的宝宝配方奶粉；贫血、缺钙、缺锌的宝宝可选用加铁、钙、锌的奶粉。另外，在购买奶粉时应注意以下几个方面：

❶ 看包装　如果是袋装奶粉，你可以试着轻轻挤压奶粉的包装，查看是否漏气。如果漏气、漏粉或袋内根本没气，说明该袋奶粉已潜伏质量问题。在选购时要注意奶粉包装上的制造商是否是正规厂家，是否有产品合格标志。另外也须注意保质期，日期越近的越好。

❷ 辨颜色　真奶粉呈天然乳黄色或乳白色。有一些不法商贩在奶粉中掺入白糖、菊花精等物质，使奶粉颜色较白、刺眼，细看有结晶和光泽，粉粒比较粗。而好的奶粉一般色泽均匀，有柔和的光泽。

❸ 听声音　用手指捏住奶粉包装袋揉两下，同时把耳朵凑过去，你如果听到“吱吱”声，说明粉质细腻，是好奶粉。而假奶粉由于掺有绵白糖、葡萄糖等成分，颗粒较粗，质地较硬，会发出“沙沙”的声音。如果包装内有结块现象，则证明奶粉质量不好。如果是罐装的奶粉，可以轻轻摇动罐体，感觉一下里面有没有块状物。

❹ 闻气味　打开包装，纯正的奶粉有天然乳香气，浓厚醇香。劣质奶粉或者没有乳香味，或者香甜刺鼻。如果奶粉中有比较明显的异味，就不要让宝宝食用了。

❺ 尝味道　买回家来打开包装，做父母的不妨再尝一尝。把少许奶粉放进嘴里，好奶粉细腻发

黏，容易黏在牙齿和上颚部，不易溶解，且无糖的甜味（加糖奶粉除外）；假奶粉放入口中溶解速度相对较快，不黏牙，甜味大。

6 溶解速度 好奶粉溶解起来比较慢，劣质奶粉相对容易溶解。试着把奶粉倒入一杯凉开水中，那些不易溶解、漂浮在水面上、黏在杯壁上的属于奶粉；而那些不经搅拌即能溶解且杯底出现沉淀的奶粉质量一般不佳。需要提醒的是，速溶奶粉添加了专门的辅助剂所以溶解较快。

通过以上的介绍，新手妈妈一定明白了购买什么样的奶粉才是放心奶粉。可是奶粉中的一些营养成分在空气中很容易被氧化，一旦奶粉结块变潮，就存在变质的风险。所以为了防止奶粉变潮，建议买奶粉时可以买200克以下的小包装，打开后尽量在1个月内吃完。奶粉最好贮存在干燥、通风、避光处，温度低于15℃，以4～5℃为最好。另外值得注意的是，奶粉不宜与酸、碱、油腻物、茶叶等物混放，以免串味。

专家提示

有些人买回奶粉后喜欢把奶粉倒进玻璃容器内，需要注意的是放置奶粉最好用有色玻璃容器，切忌用透明瓶子，因为奶粉要避光保存。否则，光线会破坏奶粉中的维生素等营养成分。

适宜奶温——宝宝健康的保证

过热的奶温是不正确的，因为宝宝的口腔黏膜薄嫩，奶过烫，容易引起黏膜的损伤，影响宝宝的食欲；奶温度过低，会影响宝宝肠道的蠕动功能，出现消化不良、腹泻等情况。所以在喂奶前一定要试一下温度是否合适。

1 用手腕感觉 手腕的温度感觉比手背灵敏得多，所以可将牛奶先滴几滴在手腕上试试，如果手腕部皮肤感到奶滴不冷不热或略微偏温，说明牛奶温度与体温相近，奶温是合适的。

2 用面颊感觉 把盛有牛奶

的奶瓶摇匀，片刻后贴在面颊上，如果不感到烫或冷，说明与体温相近，可以用来哺喂。

专家提示

父母千万不要用嘴尝试牛奶的温度，因为成人口腔中的细菌可通过奶嘴进入宝宝的体内，由于宝宝的抵抗力弱，很容易感染而致病。

私房话——有关哺乳妈妈挤奶的问题

宝宝的健康成长是每个父母的希望，大家都知道母乳喂养好，让宝宝直接吸吮妈妈乳头既方便又卫生。但事与愿违，在喂养的过程中常常会发生始料未及的事情。如妈妈的乳头凹陷，宝宝吸不住乳头；宝宝生病吸吮力量不足；宝宝拒绝吸吮，妈妈奶胀需解除乳腺管堵塞或乳汁淤积；妈妈乳头皲裂或生病；妈妈工作和外出；宝宝有先天性口腔畸形如兔唇、腭裂等。宝宝吃不上奶，妈妈肯定更加着急。这些情况下，妈妈就需要自己挤奶，将奶放入奶瓶中喂宝宝。

哺乳妈妈掌握正确的挤奶方法，才可轻松“出奶”。

首先，妈妈先洗干净双手，采用自己认为舒适的体位，并将盛奶容器靠近乳房。将拇指放在乳头及乳晕的上方，食指放在乳头及乳晕的下方，与拇指相对，其他手指则托住乳房。用拇指及食指向胸壁方向轻轻下压，注意不可压得太深，否则反而会使乳腺导管因受压而引起阻塞。压力应作用在乳晕下方的乳房上，即拇指及食指所压部位须在乳晕深面的乳窦上，反复一压一放。注意首次不一定有奶挤出，挤压数次后自然就会有奶滴下。手指围绕乳头顺次作圆周转移，以从各个方向按照同样方法挤压乳房，务必使乳房前方每一个乳窦的乳汁都被挤出。在每次压乳晕时，手指不应有滑动或摩擦式或其他类似滚动式的动作出现，不要挤压乳头，因为挤压或者牵拉乳头都不会出奶。同样道理，宝宝如果仅吸吮乳头亦同样不会有奶被吸出。通常一侧乳房经挤压3～5分钟后，乳汁就会明显减少，这时可挤另一侧乳房，如此反复多次。

营养配餐 本月宝宝饮食推荐

稀米汤

原　料

大米20克。

做　法

● 大米淘洗干净，放入沙锅中，煮沸后，以小火慢煮30分钟，至米汤黏稠即可。晾至温热后，取米汤清液20～30毫升，用小勺试喂。

健康小提示 大米汤具有补脾、和胃、清肺的功效，可补充宝宝身体所需的碳水化合物、矿物质及少量维生素、膳食纤维，且不易导致过敏。人工喂养的宝宝可在3个月时试喂，母乳喂养的宝宝可在4个月时试喂。

营养米粉

原　料

婴儿专用米粉、奶粉各1匙。

做　法

● 将米粉和奶粉一同放入宝宝专用碗中，以温开水冲调成稀糊状，晾至温热后，用小勺喂食宝宝。

健康小提示 大多数婴儿专用米粉中都含有钙、磷、铁等矿物质和维生素，能为宝宝补充热量。为了避免蛋白质缺乏，建议添加奶粉一起冲调，利于宝宝消化吸收。

一日营养餐

上午	06:00	母乳或配方奶 80 毫升
	09:00	稀米汤 50 毫升
	12:00	营养米粉 15 克
下午	15:00	母乳或配方奶 80 毫升，添加鱼肝油 1 粒
	18:00	酸奶 30 克
晚上	21:00	营养米粉 15 克
	24:00	母乳或配方奶 80 毫升
	03:00（凌晨）	母乳或配方奶 80 毫升

另：喂完营养米粉半小时后，需喂适量白开水。

日常养护，轻松做“辣妈”

宝宝总是吐奶怎么办

很多新手妈妈面对宝宝的吐奶，都会有手足无措的感觉，是自己的喂食方式不正确还是宝宝本身有问题？育儿专家表示，妈妈首先应分清吐奶和溢奶，两者都指奶从宝宝嘴里面流出来的现象，只是吐奶是胃中食物被强而有力地排出，而且量比较多；溢奶则是指食管或胃里的奶不由自主地逆流到口腔外的情况。造成宝宝吐奶的原因很多，需要根据不同的情况采取不同的对策。

❶ 宝宝肌肉控制不健全 一般情况下，宝宝出现吐奶、溢奶状

况的主要原因是由于宝宝胃肠道和口腔的肌肉控制不健全，喝完奶后马上平躺，奶很容易从食管中反流而出。

改善方法：宝宝喝完奶后，由于胃里下部是奶，上部是空气，会造成胃部压力，出现吐奶现象，此时要及时帮宝宝拍嗝，把气体排出。如果宝宝不打嗝，可以直立抱起宝宝，让他趴在自己的肩上多待一会儿，然后将枕头稍稍垫高，让宝宝右侧躺下，以有效地增加胃部排空速度。

❷ 喂养过度　有的妈妈总担心宝宝吃不饱，一哭就喂；或者母乳流出太快，奶嘴出奶孔过大，都会造成宝宝吃奶过多，从而容易吐奶。

改善方法：用奶瓶喂养时，每喂30～50毫升的配方奶就停顿几分钟。喂到一半时给宝宝拍个嗝，既有利于胃内气体排出，又能减缓喂养速度。母乳喂养的宝宝出现过度喂养时，可增加两侧乳房喂养交替的间隔时间。如果宝宝一次只吃一侧乳房已经足够，每喂养5～10分钟就要强行中断喂养。

❸ 幽门狭窄　幽门是指胃与十二指肠相连的部分，是胃下端的口儿。幽门狭窄常见于出生3周至2个月的小宝宝。通常在宝宝1个月时，症状开始明显，往往是边喂边吐，可能每吃两三餐就吐一次，吐完之后宝宝因为饥饿又吵嚷着要吃，吃完后又会出现喷射状的呕吐。

改善方法：患幽门狭窄的宝宝，必须通过手术治疗，通常手术4～6个小时后就可以给宝宝喂食。

要不要给宝宝打襁褓

宝宝爱哭闹，睡不好，给他打个襁褓，他就能平静地入睡了。为什么宝宝如此依恋襁褓?

宝宝在安全、温暖的子宫里待了9个月，出生后，虽说小手小脚可以自由地活动了，但却少了子宫的“拥抱”，宝宝会感到缺乏安全感。襁褓能帮助宝宝再现胎儿时的模拟环境，给他带来安全感。另外，宝宝刚出生时，神经系统发育还不完善，尤其是神经髓鞘尚未形成，当受到外来声音、摇动等刺激时，很容易发生全身反应，好似受到“惊吓”一样，从而影响到睡眠。襁褓可以稳定住宝宝的四肢，防止宝宝惊跳，让他睡得安稳。

当然，这里所说的襁褓，和传统的“蜡烛包”并不是一回事。给宝宝打襁褓可以，但不能打成“蜡烛包”。所谓的“蜡烛包”，就是把宝宝的胳膊、腿拉直，然后紧紧地用小被子包住，据说，这样能防止宝宝长大后出现罗圈腿。但是，过紧地包住宝宝，会影响肺的发育和呼吸，使肺部抵抗力降低，发生肺部感染的概率增加。同时也会压迫腹部，影响胃和肠道的蠕动，使宝宝消化功能降低，影响食欲，更不利于四肢骨骼、肌肉的发育。那么，该怎样正确给宝宝打襁褓呢？

首先将毯子的上角往回折，将宝宝放置在毯子的上方，头部处于折角上面的位置。提起毯子的一侧，贴着宝宝一侧肩膀，裹住身体压在另一侧下。叠起宝宝脚下毯子的末端，折向胸前，注意脚下留出一些空余，让宝宝腿脚有活动空间。提起毯子的另一侧，包住宝宝的身体，将尾端压在宝宝身下。这样就可以打一个完美的襁褓了。

但值得注意的是，宝宝的适应环境的能力会逐渐增强，在环境温度适宜的情况下，不必将宝宝包裹得过于严实，包布也不用过厚。也不要把宝宝包裹太紧，否则宝宝容易出汗而刺激皮肤，使皮肤发红，甚至引发皮肤感染。

专家提示

给宝宝打襁褓虽然有很多好处，但是不能让宝宝一整天都在襁褓里，特别是白天，可以给宝宝穿上内衣、薄棉袄或线衣，再盖上薄被。

剪指甲——让宝宝安全活动不伤自己

过了满月的宝宝生命力旺盛，不仅新陈代谢加快，而且手也喜欢到处乱抓，如果指甲很长，容易将自己的小脸抓破。另外，宝宝也常常把手放到嘴里，如果指甲里藏有污垢，就会把细菌带进嘴里影响健康。同时，随着宝宝活动能力加强，开始喜欢蹬腿，如果脚趾甲过长，蹬腿时常与裤子或被褥摩擦，容易撕裂脚趾甲。因此，需要经常给宝宝剪指甲。

宝宝的指甲长得特别快，每周剪指甲 1 次。宝宝的指甲细小薄嫩，应使用钝头的、前部呈弧形的小剪刀或指甲剪。选择修剪指甲的时间最好在宝宝不乱动的时候剪，可选择在喂奶过程中或是等宝宝熟睡时。

剪指甲时一定要小心谨慎，要抓住宝宝的小手，避免因乱动而被剪刀弄伤。也不要使剪刀紧贴到指甲尖处，不可剪得太深，以防剪到指甲下的嫩肉。剪好后检查一下指甲边缘处有无方角或尖刺，若有应修剪成圆弧形。

按摩操——建立深厚的亲子感情

专家指出，按摩可以广泛接触到宝宝身体的各个部位，消除宝宝皮肤饥饿的问题，能使宝宝接受关爱、心情愉快、信心增加，消除孤独、焦虑、恐惧等不良情绪，有助于宝宝与家人建立深厚的亲子感情，促进宝宝身心的健康发育。那么，如何给宝宝做按摩呢？

(1) 使宝宝平躺在床上，尽量使其放松。两手拇指水平放在宝宝眉头上方，其余四指放在头后部。两手拇指从眉头上部向双颞侧水平推压至太阳穴处停止。也可继续至耳后或向下滑动至颈部。妈妈搓热擦有精油的双手，用手轻轻地在宝宝眼眶周围按摩，动作保持连贯。

(2) 妈妈将手搓热，一只手握住宝宝手腕，另一只手的拇指和食指捏住宝宝的小手指，轻揉按摩，并依次按摩无名指、中指、食指、拇指。另一只手也如此。妈妈再将双手搓热，用拇指按揉宝宝手腕内侧。另一只手也如此。接着让宝宝的手背朝上，妈妈将两手的拇指放在宝宝的手背上，食指和中指放在手心，与无名指、小指一道轻轻夹住宝宝的手，两拇指一前一后在手背部搓动。

(3) 按摩时，妈妈右手指尖向左侧放在宝宝的下腹部，全手掌接触到宝宝的皮肤后，沿顺时针方向开始推向左上腹，再转向右上腹，至右下腹终止，随着右手，左手并排跟进，沿同一轨迹至右下腹终止。

(4) 宝宝仰卧，妈妈将右手拇指放在宝宝足跟处，以此为轴心，使食指沿宝宝内（外）沿做顺时针球状搓动。用拇指、食指、中指三指轻轻拿起宝宝的一根脚趾，由趾根处向趾尖按摩，顺序从大脚趾依次至小脚趾。值得注意的是，在做脚趾抚触过程中，右脚做3遍，左脚做5遍。

3个月：宝宝同步喂养方案

3个月的宝宝皮肤细腻，有光泽，弹性好，脸部皮肤变得干净，已经完全脱离了新生儿的特点。宝宝的眼睛变得有神，而且能够有目的地看东西。宝宝的肢体活动也频繁，力量增大，学会了踢被子。为了宝宝的健康成长，每个哺乳妈妈一定要注意营养，以提高母乳的质量。专家建议，妈妈多食用促进宝宝健脑益智的食物，比如动物肝、脑和鸡蛋、牛奶、核桃、花生、胡萝卜、菠菜、小米、玉米等。除了妈妈要注意补充营养外，怎么喂养3个月的宝宝呢？

权威发布，宝宝体格发育参照表

项目	男宝宝	女宝宝
体重	平均6.93千克	平均6.42千克
身长	平均63.35厘米	平均61.53厘米
头围	平均41.52厘米	平均40.05厘米
胸围	平均41.75厘米	平均40.25厘米
疫苗接种	服用第二粒宝宝麻痹糖丸。接种“百白破”三联针中的第一针。该疫苗是将百日咳菌苗、白喉类毒素及破伤风类毒素混合制成的，可同时预防百日咳、白喉和破伤风	

喂养指导，听育儿专家怎么说

3个月宝宝的喂养方法

对3个月的宝宝仍应继续坚持母乳喂养。3个月的宝宝应每隔4小时喂奶1次，每天共喂6次，牛奶喂养的宝宝奶量每次100毫升左右，即使吃得再多的宝宝，全天总奶量也不能超过1000毫升。如果宝宝仍吃不饱，可以加健儿粉或糕干粉，每100毫升奶中加3～5克即可，放在奶中一起熬好。

对混合喂养和人工喂养的宝宝，应适量添加蔬菜和新鲜的果汁，用以补充牛奶加工过程中损失的维生素C。一般每日2次，在喂奶间隙喂入。

白领妈妈怎样喂养宝宝

一系列的奶粉事件发生后，处于哺乳期的新妈妈们越来越意识到母乳喂养的好处。然而，越来越多的职业女性特别是一些白领妈妈，往往明知母乳喂养的好处，却因各种原因难以实现母乳喂养计划。其实对于一位好的白领妈妈来说，喂好宝宝与从容工作并不矛盾。

❶ 在返回工作岗位前3周开始使用吸奶器　很多母亲使用吸奶器把奶水吸出来，冷藏或冷冻起来备用，这样就很容易适应重新工作，不必因为无法给宝宝喂奶而烦恼。在返回工作岗位前3～4周时开始使用吸奶器，可以有充分的时间熟悉这种方式。用吸奶器抽奶所需时间一般为每次15分钟，再加上清理的时间，整个过程不超过20～25分钟。

❷ 教会宝宝用奶瓶　对于许多妈妈来说，产假结束之后就要重新投入工作了，所以必须提前让宝宝适应和习惯用奶瓶吃奶。因此，在妈妈上班前半个月左右就应该开始让宝宝练习用奶瓶喝奶。值得注意的是，让宝宝练习奶瓶喝奶时要选择好的时机，在宝宝饥饿时进行练习，这时的宝宝慌于吃奶，也许就顾不了那么多。在使用奶瓶之前

把奶嘴用温水冲一下，会使其变软些，和乳头的温度、感觉会更接近些。也可以先用妈妈的衣服裹着宝宝，利用妈妈身上的气味，会极大地降低奶瓶的陌生感。

③ 为宝宝培养一个保姆　保姆可不仅是去找一个那么简单，你需要对宝宝的保姆做一些适当的培训，教给她必须的急救常识，帮助她熟悉你家附近的情况。起初的几天可以只让宝宝和保姆待上几小时，以慢慢适应这个变化。每天要求保姆详细地汇报和宝宝在一起的情况，自己也要仔细观察宝宝的行为和情绪。如果觉得保姆不合适要马上更换。

补充鱼肝油，勿闯三大误区

鱼肝油是一种常用的宝宝辅食，也是一种维生素类药物，主要含有维生素 A 和维生素 D，常用来预防和治疗宝宝佝偻病和夜盲症。由于母乳中维生素 D 含量较低，所以宝宝一般从本月起就应添加鱼肝油，以促进钙磷的代谢吸收。但值得注意的是，维生素 A、维生素 D 均为脂溶性维生素，与其他水溶性维生素如维生素 B_1、维生素 B_2 等不同，过量摄入维生素 A、维生素 D 不能被及时排除，而会在体内贮存起来，进而产生毒性作用。鱼肝油由于剂型、产地及使用原材料的不同导致维生素 A、维生素 D 含量有差别，在给宝宝添加鱼肝油时一定要小心，以免发生意外。

误区一

广大父母要认识到鱼肝油不是滋补药品，不是用量越多越好，相反，过多摄入维生素 A、维生素 D 有中毒的危险。因此，无论是用来预防还是治疗佝偻病或夜盲症，都要征求医生的意见，在医生的指导下和监护下进行，正确选择剂型、用量及使用期限，以防过量。

误区二

由于维生素 A、维生素 D 的摄入及需要量受多种因素的影响，添加鱼肝油的量要根据宝宝月龄、户外活动情况以及摄入的食品种类而进行调整。一般来说，早产儿应提早添加鱼肝油，随月龄增长可适当增加用量。太阳光中的紫外线照射皮肤可产生维生素D，户外活动多者可以少用鱼肝油。另外，一些宝宝食品已强化维生素A、维生素D，有规律地食用这类辅食可以减少鱼肝油用量。

误区三

鱼肝油同时含有丰富的维生素A、维生素D，两者的功能及副作用又各不相同，在治疗佝偻病或夜盲症时，因用量较大，时间较长，应分别使用单纯的维生素D或维生素A制剂，以免导致另一种维生素中毒。

科学地给宝宝喂水

是否给宝宝喂水应根据实际情况来分别对待。

母乳喂养的宝宝，不必喂水，因为母乳内含有正常宝宝所需要的水分，并且宝宝单靠喝水是不会生长发育的。如果宝宝口渴，也应该让宝宝吸吮母乳。这样可以使宝宝从母乳中得到较多的所需要的水分和营养物质。频繁吸吮也会增加母乳的分泌量。

人工喂养的宝宝，若以牛乳喂养的，因牛乳中含有过多的盐分，故需要额外增加水分。腹泻的宝宝需要口服补液，必须喂水。当腹泻停止时，就要停止加水。那么，该怎样科学、合理地给宝宝喂水呢?

一般认为，每天在宝宝吃奶的间隙应该喂1～2次水，每次喂上10毫升。实际上并不需要这样做。宝宝吃的奶水中所含的水分足以满足他的日常需要。在宝宝发热的时候，或者在特别热的天气里，尤其是当宝宝的尿颜色很深而且看上去特别口渴的时候，给宝宝补充水是很重要的。即使宝宝平时不爱喝水，在这些情况下他也会喝的。有些妈妈发现，在水中掺入一点儿果汁，宝宝就更爱喝。

另外，还可以帮宝宝添加果汁。新鲜水果不仅含有丰富的维生素、矿物质、膳食纤维及碳水化合物等丰富营养，而且味道甜美。果汁溶解了水果中大部分的营养物质，具有很高的营养价值。果汁含有大量的维生素C，是人体摄取维生素C的最好来源。维生素C是很好的抗氧化物质，能防止毛细血管脆化、牙龈出血，并能增强宝宝对疾病的抵抗力，如预防感冒。维生素C还可使铁的吸收提高2～3倍，有助于预防宝宝缺铁性贫血。此外，果汁中还含有维生素B_1、β-胡萝卜素、类黄酮等天然活性物质，以及在其他食物中很少存在仅在水果中独有的各种有机酸类。可见，果汁在维持人体酸碱平衡、调节胃肠道功能、提高机体免疫力等方面都有着不可忽视的作用。经常饮用果汁还能防治便秘，增进食欲，对宝宝的生长发育非常有益。

专家提示

母乳喂养的宝宝不必在哺乳间隔加菜水和果水，因为母乳中有维生素C可直接让宝宝摄入，且喂菜水和果水后，水中的草酸可使人奶的铁吸收率从50%降至3%，会诱发贫血。

营养配餐 本月宝宝饮食推荐

营养米粉糊

原　料

热牛奶150毫升，米粉2匙，白糖少许。

做　法

● 将米粉和牛奶一同放入宝宝碗中，待牛奶慢慢渗透，搅拌成糊状，加少许白糖调味，即可喂食宝宝。

健康小提示 适合3个月的宝宝食用。米粉是宝宝最初添加辅食食物，其营养丰富，宝宝易于接受。

黄瓜汁

原　料

新鲜黄瓜1根，豆浆250毫升。

做　法

● 黄瓜洗净，切丁，与豆浆一同放

入榨汁机中，榨汁后，用过滤网滤出汤汁，即可喂食宝宝。

健康小提示 适合3个月的宝宝食用，喂食量需由少到多。黄瓜口味清香，富含膳食纤维及多种维生素、矿物质，配合豆浆榨汁，可平衡宝宝所需营养，对宝宝成长有利。

奶香玉米汁

原　料

玉米粒60克，牛奶100毫升。

做　法

● 玉米粒洗净，与牛奶一同倒入全自动豆浆机中，加水至上下水位线之间，接通电源，按下指示键，待豆浆机提示煮好，倒入碗中，晾至温热后即可喂食宝宝。

健康小提示 适合3个月的宝宝食用。玉米中富含蛋白质、维生素、碳水化合物及胡萝卜素，且口味香甜，宝宝爱吃，切忌用蜂蜜代替白糖，易损伤宝宝脾胃。

一日营养餐

上午	06：00	母乳或配方奶80～100毫升
	09：00	奶香玉米汁50毫升
	12：00	疙瘩汤80毫升
下午	15：00	母乳或配方奶80～100毫升，并添加鱼肝油1粒
	18：00	小米粥30克
晚上	21：00	营养米粉糊30克
	24：00	草莓奶60毫升
	03：00（凌晨）	母乳或配方奶80～100毫升

另：每两餐之间给宝宝喂少量白开水，避免宝宝口渴。

日常养护，轻松做“辣妈”

洗手洗脸筑就健康防护墙

随着月份的增加，宝宝的手开始喜欢到处乱抓。加之宝宝新陈代谢旺盛，容易出汗，有时还把手放到嘴里，因此，这个月的宝宝需要经常洗手、洗脸。

为宝宝洗手、洗脸时，一定要准备专用的小毛巾，专用的脸盆在使用前一定要用开水烫一下。洗手的水温度不要太热，只要和宝宝的体温相近就行了。另外，因为宝宝皮下血管丰富，而且皮肤细嫩，所以妈妈在给宝宝洗手、洗脸时，动作一定要轻柔，否则容易使宝宝的皮肤受到损伤甚至发炎。

给宝宝洗脸、洗手时，一般顺序是先洗脸，再洗手。父母可用左臂把宝宝抱在怀里，或直接让宝宝平卧在床上，右手用洗脸毛巾蘸水轻轻擦洗，也可两人协助，一个人抱住宝宝，另一个人给宝宝洗。洗脸时注意不要把水弄到宝宝的耳朵里，洗完后要用毛巾轻轻蘸去宝宝脸上的水，不能用力擦。由于宝宝喜欢握紧拳头，因此洗手时父母要先把宝宝的手轻轻扒开，手心手背都要洗到，洗干净后再用毛巾擦干。

专家提示

这个月的宝宝洗脸不用香皂，洗手时可以适当用一些宝宝香皂。洗脸毛巾最好放到太阳下晒干，可以借太阳光来消毒。

如何正确给宝宝洗澡

宝宝的新陈代谢旺盛，皮肤娇嫩，勤沐浴以保持清洁，可以防止皮肤被细菌感染。尤其在炎热的夏季，应每天为宝宝洗浴1～2次。

为宝宝洗澡的时间应避免在喂奶后2小时内，室温宜保持在23～26℃，水温保持在37～40℃（可以手腕内侧试温度，不凉不烫即可）。沐浴前先准备好洗澡用品，如包裹用的大毛巾、换洗衣物、尿布等；

脐痂未脱前还要备好消毒棉棒和75%的酒精。

帮宝宝脱衣后，用大毛巾包住宝宝的身体，抱起宝宝，以手托住头部，手臂托住身体夹于腋下。先用毛巾浸润清水洗脸，洗脸一般不用香皂。洗头时一手托住宝宝的头，同时大拇指和中指把宝宝的耳朵向前轻压，以避免耳朵进水，另一手涂上宝宝专用洗发精，以旋转动作轻擦，再以清水冲洗干净。

解下包裹宝宝的大毛巾沐浴，注意在宝宝脐痂未脱落之前，沐浴时不可将宝宝的躯体全部放在水中，以免弄湿脐部。先洗上半身和上肢，再洗下肢、下腹和臀部。应将香皂抹在毛巾上，再用毛巾擦抹宝宝。值得注意的是，每次给宝宝洗澡时间不能过长，一般5分钟就足够了。第一次给宝宝洗澡时，你可能会手忙脚乱，别气馁，熟练你就能享受到给宝宝沐浴的乐趣了。

洗完澡后将宝宝放在大毛巾上轻轻拭干全身，颈部、腋窝和大腿根部涂少许爽身粉，脐部可用消毒棉签蘸上75%的酒精擦拭，穿上衣服。但值得注意的是，对于女宝宝最好不要将爽身粉扑在大腿内侧、外阴部、下腹部等处。

玩具选择，安全益智是重中之重

也许有些父母认为，这么小的宝宝不需要什么玩具，他们根本不懂得玩耍。研究表明，即使新生儿也有很强的学习能力，从一出生，他们就会用自己的独特方式来认识周围的世界。不到1个月的宝宝，吃饱睡足后也能积极地吸收周围环境中的信息。那么，该怎么选择一款好玩具呢？

❶ 安全 好玩具必须是安全的。无论何时，玩具的安全性都应该是首先要考虑的问题，因为小宝宝探索世界的方式和大人是不一样的，除了去玩、去看、去听，他还会去闻一闻，甚至经常把玩具放到嘴里咬一咬，使劲敲打一下，要求我们的玩具不能存在安全隐患，如果是一些颜料容易驳脱的玩具，玩具边角有毛刺，对于宝宝就不适合。

❷ 益智 因为在玩的过程当中，我们还要锻炼宝宝的一些技巧和技能，锻炼宝宝的智力，所

以购买的玩具应可以根据自己的兴趣、自己的本事能够开发出新的玩法，避免单一枯燥，这样的玩具就是好玩具，可以给宝宝很大的想象力，还可以给他一些创造的空间，这样才可以长久地吸引宝宝的注意力。

3 兴趣 兴趣是宝宝最好的老师，不管这个玩具设计的多么有意义或者设计的多么巧妙，如果宝宝不喜欢这个玩具，那么再好的玩具就是一个摆设了，所以兴趣很重要。说到宝宝的兴趣，不仅仅在玩具的形状，在造型、色彩方面也要夸张化、卡通化、幽默化，让玩具五颜六色充满视觉变化，这样在玩耍的过程当中就可以潜移默化地引导宝宝识别不同的色彩和明暗度。当然颜色虽然要鲜艳，但是还要有一定的柔和度，否则长时间用特别鲜艳的颜色去刺激宝宝，尤其是几个月的小宝宝，可能会造成他们的视觉疲劳。

会阴部护理，男女宝宝要区别对待

因为宝宝还小，所以许多年轻父母在护理宝宝的时候，常常会忽略宝宝的阴部。但宝宝的阴部护理是非常重要的，它决定着宝宝一生的健康。

男宝宝会阴部的居家护理

男宝宝会阴部由于阴囊、阴茎皮肤皱褶多，汗腺多，分泌力强，大量的汗液、尿液及粪便残渣易污染到阴茎、阴囊和会阴区，如果通风不畅，容易导致细菌等微生物的繁殖。另外，阴茎头部冠状沟内相当容易积淀脏物，形成白色甚至紫黑色的“包皮垢”。包皮垢是细菌繁殖的温床，它很容易导致包皮和阴茎头发炎。

所以在清洗男宝宝会阴部时，可以分为以下三步：一是宝宝大便后首先要把肛门周围擦干净，把柔软的小毛巾用温水蘸湿，擦干净肛门周围的脏东西；二是用手把阴茎扶直，轻轻擦拭根部和里面容易藏污纳垢的地方，但不要太用力，可以把小毛巾叠成小方块，然后用折叠的边缘横着擦拭；三是阴囊表面的皱褶里也很容易聚集污垢，妈妈可以用手指将皱褶展开后擦拭，等男性生殖器完全晾干后再换上干净、透气的尿布。

女宝宝会阴部的居家护理

女宝宝的阴道本身有一种自净能力，这是因为阴道上皮细胞内含有丰富糖原，这种糖原由寄生在阴道内的阴道杆菌分解而生成乳酸，乳酸使阴道内成酸性环境，可防止许多致病菌的繁殖。但是阴道总是藏在内裤或者尿布创造的黑暗中，容易受大小便残留的液体、残渣污染，所以女宝宝阴部光靠自净显然是不够的。

在清洗女宝宝会阴部的时候，要注意顺序，要从上到下、从前到后清洁，只要用软毛巾轻轻清洗外部阴道口就好了，千万不要洗里面，弄不好还要让阴部娇嫩的皮肤受伤，洗过以后要及时擦干水分，让阴部时刻保持干净清爽；用湿毛巾慢慢地将小阴唇周围的脏东西擦掉，即使是小便后也要擦干净，可以将毛巾叠成细长条，然后在小阴唇的沟里滑动擦拭，也可以用在超市里买的棉签，蘸水轻轻地擦拭；大腿根部的夹缝里也很容易藏有污垢，妈妈可以用一只手将夹缝拨开，然后用另一只手轻轻擦拭，等小屁股完全晾干后再使用尿布。

第三章

4～7月，辅食添加期喂养方案

一转眼的时间，宝宝来到这个美丽的世界已经有3个月了。随着宝宝一天天长大，宝宝唾液腺的分泌逐渐增加，为接受谷类食物提供了消化的条件，爸爸妈妈们就要准备为他添加辅食了。为宝宝添加辅食也是新手爸爸妈妈在育儿生活中的一个新体验，你是否也在面临这个位置的挑战时感到小小的不安呢？接下来将为你具体地讲述这个阶段宝宝的喂养。

4 个月：宝宝同步喂养方案

宝宝到第 4 个月时，后囟门将闭合；头看起来仍然较大，这是因为头部的生长速度比身体其他部位快，这十分正常；他的身体很快可以赶上。这个时期宝宝的增长速度开始稍缓于前 3 个月。但是从本月开始，宝宝生命中第一次品尝到了乳制品以外的食物——辅食。别小看了添加辅食这一简单的过程，带给宝宝的却是莫大的考验。怎样为宝宝合理添加辅食？在添加辅食的过程中又该注意什么问题？答案就在本章的内容中。

权威发布，宝宝体格发育参照表

项目	男宝宝	女宝宝
体重	平均 7.4 千克	平均 6.8 千克
身长	平均 64.5 厘米	平均 63.1 厘米
头围	平均 42 厘米	平均 40.9 厘米
胸围	平均 42.3 厘米	平均 41.1 厘米
疫苗接种	服用第三粒宝宝麻痹糖丸。给宝宝注射第二次“百白破”三联针疫苗	

喂养指导，听育儿专家怎么说

4个月宝宝的喂养方法

4个月宝宝仍以母乳为主，每4小时哺喂一次，大致是上午8点，中午12点，下午4点，夜间12点。这个月，宝宝的活动力增大了，食量开始增加，若只是哺喂牛奶或母乳，对宝宝而言是不够的，还有，宝宝从4个月起，口中的唾液淀粉酵素以及胰脏淀粉酵素分泌急速增加，正是添加辅食的好时机。所以，建议宝宝可以开始吃一些流质食物。辅食一天可加2～3次，如蛋黄、蛋羹，煮得烂烂的稀粥，菜泥可与稀粥调在一起吃。如果辅食吃得好，母奶可减少一次。

如果是人工喂养，那么一般的宝宝每餐150毫升就能吃饱了，而有些生长发育快的宝宝，食奶量就明显多于同龄宝宝，一次吃200毫升还不一定够，有的还要加糕干粉等。当宝宝能吃一些粥时，可将奶量减少一些，但是这么大的宝宝还是应以奶为主要食品。

4个月的宝宝除了吃奶以外，要逐渐增加半流质的食物，为以后吃固体食物做准备。宝宝随年龄增长，胃里分泌的消化酶类增多，可以食用一些淀粉类半流质食物，先从1～2匙开始，以后逐渐增加，宝宝不爱吃就不要喂，千万不能勉强。加大米粥等食物的那一餐，可以停喂一次糕干粉。辅食喂养时间可在上午6点、10点，下午2点、6点与晚上10点，夜间可以不喂食，也可以加喂一次鲜果汁水等。钙片一天可喂3次，每次2片。鱼肝油一天喂2次，每次2～3滴。

专家提示

在各种蔬菜中，胡萝卜汁是本月宝宝最理想的食品，胡萝卜营养丰富，是合成人体内维生素A的主要来源。要知道，人体如果缺了维生素A，眼睛发育会出现障碍，易患夜盲症，并易发皮肤粗糙等病变。

添加辅食，让宝宝赢在起跑线上

别让宝宝输在起跑线上是所有父母的愿望。可你知道吗？添加辅食是宝宝逐渐告别母乳时代时与同龄人的第一次“竞争”。这时如果辅食添加的不科学，宝宝就可能输在起跑线上。可为什么要添加辅食，让宝宝直接断奶不行吗？

❶ 补充母乳中营养素的不足　随着宝宝的生长发育和营养素需要量的增加，仅靠母乳或牛乳已不能供给所需要的营养素；母乳的分泌量减少；宝宝体内的铁、锌的储存量减少。正是因为上述原因，乳制品以外的辅助食品的添加就显得非常重要了。

❷ 增强消化机能　添加辅助食品可增加唾液及其他消化液的分泌量，增强消化酶的活性，促进牙齿的发育和增强消化机能，训练宝宝的咀嚼、吞咽能力。

❸ 确立良好的饮食习惯　断乳期是宝宝对食物形成第一印象的重要时期，在添加辅助食品的选择以及制作方法方面，要注意营养丰富、易消化和卫生。如方法应用得当，是将来养成良好饮食习惯的基础。

❹ 促进神经系统的发育　及时添加辅助食品将有助于神经发育，刺激味觉、嗅觉、触觉和视觉。

❺ 培养宝宝良好的饮食习惯　通过添加辅助食品，使宝宝学会用匙、杯、碗等食具，最后停止母乳和奶瓶吸吮的摄食方式，逐渐适应普通的混合食物，最终达到断奶的目的。但在训练正确的饮食习惯方面还需注意几个方面，比如饮食要定时定量，不要随意给零食。饭前便后要洗手，不要养成边吃边玩的坏毛病。要培养宝宝吃多样化食物的习惯，避免偏食。

四大措施让宝宝更健康

辅食是辅助食品的简称，也称为断奶食品，是指除乳类主食品外，给宝宝所添加的食品，如宝宝营养米粉、果汁、果泥、菜泥、鸡蛋等，用以补充母乳之不足，或让宝宝学习吃除母乳外的其他食品。需要指出的是，宝宝辅食与代乳品是不同的，代乳品指代替母乳喂养宝宝的食品，如配方奶、牛奶、奶粉等，而辅食则是在母乳喂养的同时为宝宝补充营养的食品。辅食添加常常与母乳喂养或配方奶粉喂养同时进行，持续时间半年或更长。

根据不同性状，宝宝辅食可分为液体食物、泥糊状食物和固体食物三大类。液体食物主要指菜汁和水果汁。泥糊状食物可分为两大类：一是工业化泥糊状食物，包括米粉和瓶装泥糊状食物；二是家庭制作的泥糊状食物。固体食物是指比泥糊状食物更成形但比成人固体食物更为细软的食物。根据不同来源，宝宝的食物分为植物来源性食物和动物来源性食物两大类。植物来源性食物包括谷类食物，如米面、蔬菜、水果等；动物来源性食物包括肉类、禽类、奶类和蛋类等。

添加辅食的过程是一个过渡时期，这个过程是重要的适应阶段。这个期间喂养得好，宝宝就长得健康，反之则可以影响到整个宝宝期的生长发育，并涉及终身的健康。添加辅食应遵循以下原则：

❶ **从一种到多种** 添加辅食应从一种开始，使宝宝有一个适应过程，如果宝宝适应，再增加第二种，以后逐渐增加到多种。如宝宝4个月时添加蛋黄和奶糕，这两种食品不能同时添加，应有先有后，通常先吃蛋黄，宝宝适应后再加奶糕。如果同时添加两种食品，宝宝若有消化不良或对食物过敏，就分不清是哪种食品引起的。

❷ **从稀到稠** 添加辅食时应从较稀的食物加起，比如稀粥甚至可以是米粉加水，待适应了以后再是较稠的米粥等，也就是由稀到稠、由流食到半流食到半固体，最后是固体。

❸ **从少到多** 最初添加辅食时给的量应少一些，注意观察宝宝的大便，如果没有什么异常，3～4日后可以逐渐加量；如果大便有诸如较稀或是消化不良时就应停止喂此种辅食了，待大便恢复正常时再从较小的量加起，切不可因为害怕宝宝会再次腹泻等而不再加辅食。

❹ **要从细到粗** 食物从细的汁到泥、末、碎块（丁）、片，从小块到大块，以适应宝宝的吞咽和

咀嚼能力。

揪出不爱辅食的元凶

通常在4个月以后，母乳及配方奶粉的营养成分已不能满足宝宝成长的需求，为了补充宝宝的营养，父母们必须及时为宝宝添加辅食。但往往是妈妈们费尽心思辛辛苦苦准备各种各样的辅食给宝宝尝试，但是宝宝通常都舔一下就扭过头不吃了。其实，宝宝不吃辅食有很多原因，只要找出原因，再针对性地解决就可以了。

原因一：不懂得如何“吃”

4～6个月的宝宝，嘴唇肌肉和舌头的运动能力已经比较灵活，这时候父母可以开始训练他们吃米糊、果泥、蔬菜泥等辅食。不过，开始添加辅食时，有些宝宝会习惯性地用他们熟练的吸吮动作来获取食物，可是这些新食物，并不是用吸吮便能获取的，这时候宝宝会开始变得不耐烦，并将食物用舌头往外顶。这时候，并不是宝宝本身不喜欢新食物的味道，而是宝宝还不懂得如何把食物吞下去。对于父母来说，如果发现宝宝有这种表现，可以用勺子耐心地多喂几次。只要给宝宝提供了更多的时间和机会来练习获取辅食，宝宝便会渐渐习惯用勺子进食的方式了。

原因二：给的太急太多

许多新手爸爸妈妈急于给宝宝添加食物，喂养宝宝时往往过急过快。如果发现宝宝吞咽不及或者出现食物溢出的状况，记得调整每次的喂食量，每勺给的分量要少一些，以方便宝宝食用。此外，还要记得给宝宝喂完辅食后，要让宝宝休息一下，不要做剧烈的活动。

原因三：不合宝宝口味

一些父母因为工作忙，往往为图方便，只给宝宝固定吃一种口味的食物，经常吃，宝宝会缺乏新鲜感，容易倒胃口。为了刺激宝宝的食欲，父母们应当根据宝宝每个月龄的特点，适当创新食物种类。据了解，许多时候，宝宝拒绝某一种食物并不是因为不喜欢食物本身，而是可能和食用的形式有关。比如有的宝宝不喜欢吃纯米糊，不过如果米糊加了蛋黄或是青菜泥，宝宝却又会喜欢，父母不妨多花点时间发现宝宝的口味偏好。

原因四：用餐氛围不愉悦

宝宝渐渐长大，已逐渐对外界特别是父母的情绪有感知。当宝宝拒绝吃辅食时，父母千万不要板起脸大声责备宝宝，甚至将食物硬塞给宝宝，要营造一个轻松愉悦的用餐氛围，比如给宝宝一个小玩具玩，一边和宝宝说话，告诉宝宝要吃东西了，当宝宝情绪好时，便会比较容易接受新食物了。

营养配餐 本月宝宝饮食推荐

小米稀粥

原 料

小米 30 克。

做 法

● 小米淘洗干净，放入电饭锅中，加适量清水，熬煮至米熟烂即成，晾至温热后，用小勺喂食宝宝。熬煮时，可多加些水，汤汁稍多一些。

健康小提示 适合 4 个月的宝宝食用。小米易于消化，且营养丰富，具有安神作用，有助于宝宝睡眠。

疙瘩汤

原 料

面粉 60 克，鸡蛋 1 个，番茄 1/2 个，植物油、盐、姜末各少许。

做 法

● 将面粉放入碗中，加适量冷水将其搅拌成糊状；鸡蛋洗净，磕入碗中，打散；番茄洗净，去除根蒂，剁碎，盛入碗中；将锅置于火上，倒入植物油，烧至七成热，放入番茄和姜末炝锅，翻炒几下，加入适量清水，煮沸，用筷子将面糊旋转拨入锅中，迅速搅拌，至面糊沸腾，淋入鸡蛋液，起花时，撒入少许盐调味即成，晾至温热后喂食宝宝。

健康小提示 适合 4 个月的宝宝食用。疙瘩汤中原料丰富，蔬菜、鸡蛋和面营养均衡，且味道鲜美，易于消化吸收，极适合刚添加辅食的宝宝食用。

草莓奶

原 料

草莓250克，温牛奶150毫升，白糖少许。

做 法

● 草莓洗净，去除根蒂，倒进榨汁机中榨汁，兑入牛奶和水，加入少许白糖调匀，即可给宝宝喂食。

健康小提示 适合4个月的宝宝食用。草莓中富含维生素、矿物质及果糖、果胶，有利于宝宝胃肠蠕动，促进消化吸收。

雪梨汁

原 料

雪梨1个。

做 法

● 雪梨洗净，去除皮和核，切成小块，放入榨汁机中，加少量凉开水榨成汁，用过滤网滤出，即可给宝宝喂食。

健康小提示 适合4个月的宝宝食用。雪梨可生津止渴，缓解宝宝因添加辅食而产生的口渴症状。

牛奶粥

原 料

鲜牛奶200毫升，大米50克，白糖少许。

做 法

● 大米淘洗干净，放入锅中，煮至半熟，去除米汤，加入牛奶，小火熬成粥，加少许白糖搅拌，充分溶解后即成，晾至温热后喂食宝宝。

健康小提示 适合4个月的宝宝食用。将牛奶溶解于大米中，可避免宝宝出现乳糖过敏，使宝宝摄取充分的营养，增强身体免疫力。

饼干粥

原 料

热牛奶、婴儿专用饼干各适量。

做 法

● 将饼干放入宝宝碗中，倒入牛奶浸泡，至饼干软后，搅拌成糊状，喂食给宝宝。

健康小提示 适合4个月的宝宝食用。饼干是宝宝的最爱，用牛奶浸泡后，易于消化吸收，且会降低乳 糖过敏发生。

一日营养餐

上午	06：00	母乳或配方奶100毫升
	09：00	水果藕粉40克
	12：00	蛋黄粥或青菜糊30克，并添加鱼肝油1粒
下午	15：00	母乳或配方奶100毫升
	18：00	红豆粥40克
晚上	21：00	饼干粥30克
	24：00	母乳或配方奶100毫升
	03：00（凌晨）	母乳或配方奶100毫升

另：每两餐之间，给宝宝喂少量白开水，避免宝宝口渴。

日常养护，轻松做“辣妈”

全面护理宝宝的睡眠

在新生儿期，宝宝主要是在睡眠中度过的，虽然有时会遇到夜啼、日夜颠倒及半夜需哺乳等问题，但只要稍加训练，睡眠还是不会太困扰父母的。可是过了新生儿期，有些宝宝却开始有不肯乖乖睡觉的问题，这一时期如何安排好宝宝的睡眠，是考验父母耐心的重要时期。

这个阶段的小宝宝，生活主要内容还是吃了睡，睡了再吃，每天平均要吃6～8次，每次间隔时间在2.5～3.5小时；相对来说，睡眠时间较多，一般每天要睡18～20个小时。关于宝宝的睡姿没有硬性的规定，许多父母都喜欢让宝宝仰卧着睡，偶尔让其侧卧，一般不会采取俯卧。

很多父母会有疑虑，宝宝睡在哪儿比较合适？从安全的角度来考虑，最好不要让宝宝睡在父母的床上。应该给宝宝准备一个小床，让宝宝睡在小床上，但可以把宝宝床放在父母的卧室内，这样便于照顾。并且不要在摇篮里放任何可能堵住宝宝呼吸的物品，包括长毛绒玩具，避免放有绳索的物品和那些有尖锐角的物品，同时确信所买的摇篮符合宝宝睡眠的安全标准。

值得一提的是，宝宝睡前都可能会哭闹，但这时候的哭和饿时的哭是不一样的，饿了会有很多眼泪，想睡的时候是没有眼泪的。一般这时父母可以抱着宝宝在房间里轻轻地摇晃，一会儿他就睡着了。刚睡着了不能马上放到床上去，要睡熟了才能放。如果宝宝易烦躁、睡觉不安宁，适当地摇晃、亲拍、小声唱歌给他听，直到他安静下来，这是对的。但要避免对宝宝睡眠的过分关注，宝宝在浅睡眠中有时会出现轻微的哭闹、躁动不安，这属正常现象，应让他慢慢学会从浅睡眠自行调节进入深睡眠。

定期带宝宝做健康检查

不可否认，每个父母都爱自己的宝宝，但很少有父母会想到定期带宝宝去做健康体检。事实上，宝宝从一出生到青春前期，始终都处在一个较为迅速的生长发育过程之中，特别是0～1岁的宝宝可以说每时每刻都在发生着变化，有些变化甚至是细微的，以至于父母也很难发现。只有通过定期体检，才能尽早发现宝宝在生长发育过程中存在的问题，常规体检最好是在宝宝一岁以内进行4次体检，分别是3个月时一次，5个月时一次，8个月时一次，12个月时一次；1～3岁每半年做一次全面体检；3岁以后每年一次即可。

专家建议不同年龄阶段的宝宝要分别进行不同方面的身体检查和心理测试评估，全面地考察宝宝的身心发育状况。

年　龄	检查项目	专家全面评估
0～1岁	一般检查（身长、体重、营养状况评价、身体检查）、血液检查（矿物质、血常规、骨碱性磷酸酶）、心理测试（气质测试）、智力测试（DST）	身长、体重、营养状况评价、身体检查以及一些心智上的检查，是各个年龄阶段宝宝必备的，但是这个时期的宝宝还特别容易出现一些佝偻病之类的疾病，所以血常规、矿物质（钙、铁、锌、镁、铜）、骨碱性磷酸酶这几项应该做一些检查，以求早发现问题早处理
1～3岁	在一般检查、心理测试、智力测试、血液检查的基础上，增加了血铅、膳食营养计算、眼保健检查和耳鼻喉保健检查	这个时期的宝宝，除了容易出现缺少矿物质的问题外，由于宝宝的活动范围变大、活动增多，血铅对于宝宝的影响出现，所以增加了血铅这一项检查，以预防宝宝血铅过高造成铅损伤。同时，此时宝宝已经可以和父母进行交流，又是一个对外界接触和学习的时期，一些眼部和耳鼻喉的基本检查可以预防一些问题造成的沟通、交流及学习障碍，而且此时发现进行治疗，也可以防止这些病情对于眼、耳、鼻、喉的功能造成更大的损害

专家提示

每一位宝宝体检后都应该建立健康档案。体检医生根据体检所掌握的各项数据，准确评价每个宝宝目前的身体健康状况，及早发现某些隐匿性疾病，如营养不良、贫血、近视眼、虫牙、高血压、先天性心脏病等；及早发现某些宝宝传染病，如肺结核、肝炎等；及早进行健康干预或疾病矫治，这样才有利于宝宝的健康成长。

如何正确对待宝宝流口水

很多宝宝从本月开始会流口水，这让妈妈们都很紧张，因为不知如何是好，更不知道宝宝流口水是好是坏，应该怎样正确看待宝宝流口水这个问题呢？

4个月的宝宝消化液分泌增多，但吞咽反射功能还不健全，口水自然就多了起来。到6个月时，宝宝一般乳牙萌出，牙龈组织会轻度肿胀，从而刺激牙龈神经，也会导致唾液腺反射性地增加分泌。看似“永无止境”的口水究竟要流到什么时候呢？专家介绍，发育较快的宝宝18个月左右就会停止流口水，大部分宝宝在两岁之前也能逐渐有效地控制吞咽动作，停止流口水。但如果宝宝口水流得特别严重，或是时间过长，就应该去医院检查，看看宝宝口腔有无病症、吞咽功能是否正常等。

有的宝宝因为流口水太多，小嘴两侧和下巴出现了湿疹。这是由于唾液偏酸性，里面含有一些消化酶和其他物质，当口水外流到皮肤上时，易腐蚀皮肤最外面的角质层，导致皮肤发炎，引发湿疹。所以父母要让宝宝的皮肤时刻保持清洁、干爽。为了帮宝宝舒适地度过“口水期”，建议父母准备几块干净、柔软的纱布和棉质手帕，并放在随手可取的地方，随时为宝宝轻轻拭干嘴边的口水，缩短口水停留在皮肤上的时间，减少对皮肤的刺激。

此外，还可帮宝宝戴上围嘴，以免弄脏外衣。市面上有各式各样的宝宝围嘴出售，妈妈挑选时要以平整、柔软、式样简单为第一考虑。有些妈妈喜欢戴荷叶边的围嘴，觉得很漂亮，其实花边不仅会增多围嘴粘灰的机会，还容易磨伤宝宝的皮肤。妈妈可以用薄毛巾自制几条围嘴。毛巾布很柔软，吸水性又强，用起来不错。

围嘴的主要作用是防止弄湿弄脏外衣，不要把它当手帕给宝宝擦口水、眼泪、鼻涕等。还要提醒新妈妈的是：纱布、手帕、围嘴要随时更换，勤清洗，常在阳光下曝晒，保持清洁和干燥，这样宝宝才会觉得舒服。

专家提示

如果宝宝到了2～3岁牙齿长齐后，口水仍是流个不停，这时就要小心宝宝有罹患口腔、咽喉黏膜炎症、面部神经麻痹等疾病的可能了，要及早到医院就诊。

用母乳涂抹宝宝的面部要不得

母乳含有丰富的营养，是宝宝的最佳食品。但是有些年轻妈妈奶水多，在哺乳之余爱将乳汁涂抹在宝宝的脸上，还误认为这样做可使宝宝的皮肤嫩白细腻，岂不知这样做的结果会适得其反。

母乳营养丰富，是细菌生长繁殖的良好培养基，加之新生儿面部皮肤特别娇弱，血管极其丰富，若涂上乳汁，细菌容易随之“落户”繁殖，会乘虚侵入毛孔。开始时会使宝宝面部皮肤产生红晕，不久变成小疱继而化脓。如果不及时治疗会溃烂，以致形成疤痕而破坏宝宝的容貌。如果是夏天，乳汁还会腐败变臭，很不卫生。所以，妈妈不可随意将乳汁涂抹在宝宝脸上。

5个月：宝宝同步喂养方案

5个月的宝宝，眉、眼等五官都“长开了”，脸色红润而光滑，变得更可爱了。此时的宝宝已逐渐成熟起来，显露出活泼、可爱的体态，各种能力大幅度提高，开始长本事了。但是本月宝宝体重增长速度却开始下降，这是规律性的过程，父母们一定要清楚，不必担心。面对如此活泼可爱的宝宝，父母该做些什么才能更好地为他的成长保驾护航呢？本章将为你指点迷津。

权威发布，宝宝体格发育参照表

项目	男宝宝	女宝宝
体重	平均7.8千克	平均7.2千克
身长	平均66.3厘米	平均64.8厘米
头围	平均42.8厘米	平均41.8厘米
胸围	平均43厘米	平均41.9厘米
疫苗接种	给宝宝注射第三次“百白破”三联针疫苗，即最后一针，“百白破”疫苗到本月将全部注射完毕	

喂养指导，听育儿专家怎么说

5个月宝宝的喂养方法

宝宝长到5个月时，开始对乳汁以外的食物感兴趣了，即使5个月以前完全采用母乳喂养的宝宝，到了这个时候也会开始想吃母乳以外的食物了。比如：宝宝看到成人吃饭时会伸手去抓或嘴唇动、流口水，这时就可以考虑给宝宝添加一些辅食，为将来的断奶做准备了。

5个月宝宝可加的辅食应以粗颗粒食物为好。因为此时的宝宝已经准备长牙，有的宝宝已经长出了一两个乳牙，可以通过咀嚼食物来训练宝宝的咀嚼能力，同时，这一时期已进入离乳的初期，每天可给宝宝吃一些鱼泥、全蛋、肉泥、猪肝泥等食物，可补充铁和动物蛋白，也可给宝宝吃烂粥、烂面条等补充热量。如果现在宝宝对吃辅食很感兴趣，也可以酌情减少一次奶量。

该月龄宝宝的食谱可参照如下标准制定：早晨6点母乳200毫升；上午9点蒸鸡蛋羹；中午12点母乳300毫升；下午3点水果泥、果汁；下午6点：粥（加碎菜、鱼泥或肝泥、肉末）；晚上8点母乳200毫升；晚上11点：母乳300毫升。

喂养乳糖过敏的宝宝需谨慎

奶类是营养丰富的食品，除提供优质蛋白、维生素外，还含有丰富的钙，吸收率也很高。一般来讲，处于生长发育期的宝宝应该多喝牛奶。但有些宝宝却不喜欢喝牛奶，因为喝牛奶后常常会使他们有腹痛、腹胀等不舒服感，宝宝还常常会出现腹泻。这样的表现通常是因对奶中的乳糖过敏所引起的。常见的乳糖过敏会表现为以下三种类型：

❶ 先天性乳糖酶缺乏　先天性乳糖酶缺乏是指从宝宝出生即无乳糖酶。无论饮用母乳、牛乳，均可导致明显的腹泻，停止喂乳或代之以米汤类食物喂养时，腹泻消失，即为先天性乳糖缺失或低下，可能与遗传有关。由于宝宝的大肠

清除能力比年长儿和成人差，所以腹泻更为明显。典型的粪便是水样便，可能有泡沫，酸臭味，但大便常规检查却常常是阴性。也可表现为出生后不久即腹泻，可持续数周到数月。可宝宝食欲好，生长发育也正常，这即是常常所说的“生理性腹泻”。

❷ 成人型乳糖酶缺乏 成人型乳糖酶缺乏属遗传型，受基因调控。当宝宝生长到一定的年龄，即出现乳糖酶活性的缺失或消失，或随着年龄递减。在所有乳糖不耐受的类型中，成人乳糖酶的缺乏是最为普遍的一种。不同的民族和人种，乳糖酶缺乏的始发年龄也不同，中国人发生在6～8岁，非洲人发生在1～5岁，而欧洲人几乎不存在乳糖酶缺乏。

❸ 继发性乳糖酶缺乏 继发性乳糖酶缺乏常常发生在一些疾病之后，如感染性疾病、严重的营养不良等大多由于疾病所致的小肠黏膜受损造成。当疾病恢复后，乳糖酶缺乏可能会持续存在或逐渐恢复。

如何解决乳糖酶缺乏及饮用牛奶或奶制品方面的不适和苦恼，一直都是营养学和乳品行业致力解决的问题。父母可以根据以下的建议改变宝宝乳糖酶缺乏的情况。

❶ 配合谷物同吃 一般来讲，乳糖不耐受的宝宝空腹喝奶，就会有较重的症状。但在混合膳食时，牛奶的乳糖浓度可能在特定环境中得到“稀释”。胃肠中的乳糜作用和消化运动的进行，可以提高乳糖的吸收率。比如，让宝宝在喝奶前或喝奶时吃一些饼干、面包，就会减少肠道排气和不舒服的感觉。如果喝奶粉，加入一些麦片同吃也是一个好办法。特别是有些奶粉，在加工中一般经过高温和加压，又加入了蔗糖和其他添加剂，如乳糖酶或乳酸菌等，使乳糖得到部分分解和稀释，使肠道较容易吸收和利用。而且，冲调奶粉中的乳糖含量也易于控制，更加适合于这种特定人群。

❷ 少量多饮 每一个乳糖不耐受者表现出的反应是不同的，有的宝宝喝一杯奶（含12克乳糖左右）出现腹胀、腹泻，而有的宝宝喝了半杯奶出现反应。这就是说，在一定程度上，宝宝对牛奶还是可以耐受的。所以，如果把一杯奶分成2次喝，或采取少量多次的方法，也可以化解乳糖不耐受的情况，或

使过敏的宝宝不发生任何症状。

❸ 喝酸奶 酸奶是加入一定乳酸菌后经过发酵而生成的。发酵过程使原奶中的20%左右的乳糖分解成了乳酸，蛋白质和脂肪分解成了小的组分，钙、铁、锌等对人体有益的矿物质也从大的分子中分离出来，使其更易消化吸收。所以，酸奶对饮用牛奶后常常有腹胀、腹鸣甚至腹泻的乳糖不耐受的人群最为适宜。

❹ 加一点乳糖酶或含乳糖酶的奶粉 发生乳糖不耐受是由于体内缺少乳糖酶所引起，如果喝奶时吃一片乳糖，就会容易预防不舒服的症状。因为，外源性的乳糖酶也可以提高乳糖的消化和吸收。目前，市场上已经有含乳糖酶的奶粉了，可以给宝宝试一试。

辅食的添加顺序

谷物的添加顺序

谷类中以小麦最易引起变态反应，应放在较后时间，宝宝稍大些再加。黑米有较多的纤维，不易消化，也应放在7个月以后再吃。给宝宝添加辅食，建议首先吃米粉类食物，如小米面等。米粉最少变态反应，也便于贮存，蛋白质含量低，易于消化，是两岁以内尤其是长牙时期宝宝最可口的健康食品。开始稀释米粉最好用奶类或水，不要用果汁。

水果与蔬菜的添加顺序

一般来说，水果和蔬菜的添加顺序是先从黄色到橘黄色，再到绿色和红色，即由浅色到深色。如水果从香蕉开始，然后是梨汁到淡黄色的苹果汁，最后吃红色的柑橘。又如蔬菜是先从黄色南瓜到红薯、橙色的胡萝卜或淡绿色的绿豆、豌豆，最后是暗绿色或深红色的蔬菜，如紫红萝卜或菠菜。因为后者含有较多的天然亚硝酸，宝宝的胃酸很低，不能抵抗过量的亚硝酸。亚硝酸过多还可能导致过多的氧进入血液，这对宝宝也是不利的。

不要让宝宝总吃一侧奶

大多数年轻的妈妈可能都注意

到，她们哺乳后两侧乳房不是完全一样的，这是因为哺乳时常忽略了一个重要的细节：宝宝们在吸吮妈妈的乳房时，常会偏爱一侧奶。这些宝宝表现为，在吃奶时一定要先吸吮他偏爱的那侧奶，然后再吸吮另一侧；或者强硬地只吸吮他偏好的那侧奶，坚决拒绝另一侧。其实，宝宝有自己的某些小小的偏好是正常的，但如果彻底地拒绝某一侧奶就不正常了，而且可能存在某些问题。这些偏好在任何时候都可能会产生，不过大多数情况下，这种习惯是在吃奶的头几周养成的。

❶ 来自宝宝的原因　如果宝宝耳朵有感染或者鼻塞，躺在患侧吃奶会有疼痛和不适感，所以只偏一侧吃奶。或者为了减少窒息，父母通常让宝宝睡觉时仰卧，这是好的，但宝宝通常是把头扭向某一侧，而且总是扭向这一侧。这样，就容易导致宝宝的颈椎肌肉一侧长一侧短，也就是斜颈，使宝宝感觉卧向一侧时不舒服，他会偏向另一侧。另外比如疝气、胃的问题、神经方面的问题，都是引起宝宝只吃一侧奶的原因。

❷ 来自妈妈的原因　首先和妈妈是否是左撇子有关。绝大多数的人不是左撇子就是习惯用右手，很少有人左手和右手是同样得力的，妈妈自己也会有这种感觉，把宝宝放在一侧比另一侧要容易，正是因为如此，宝宝们也感觉一侧比另一侧要躺得舒服。有的妈妈两侧的乳房不一样，如某侧乳房以前动过手术，某侧乳头较瘪不容易吸出奶来，某侧乳房有乳腺炎等，导致妈妈两侧的乳腺通畅情况不一样，奶水多少也不一样。有些新妈妈常常出现一边乳房奶水充足，而另一边较少的情况，这样宝宝就喜欢吃比较充足的那侧，因为吃起来省力。或者宝宝在吃奶的时候，发生了某些令宝宝不安的情况，宝宝会把不愉快与当时吃的那侧奶联系起来，以后会尽量避免吃那侧奶，如附近有狗突然狂吠惊吓到宝宝，或者妈妈突然因为宝宝咬疼了大叫，一些很敏感的宝宝在有过一次如此遭遇之后就会有所反应。

那么，如果宝宝已经出现吃偏侧奶的现象该怎么办呢？

(1) 从一开始哺乳，妈妈就要坚持两边换着喂奶，如每隔 5 分钟一换。

（2）如果你怀疑宝宝身体某处疼痛是问题所在，那么用枕头或者球垫在宝宝的身体下方，这样宝宝就不是侧身躺着，或让宝宝躺下。就像睡觉姿式那样，不过这样妈妈会觉得不够舒服，需要坚持。

（3）喂奶前先抱一会儿宝宝，让他的头贴着他不喜欢的一侧。妈妈跟他说话、玩耍，在他忘情而毫无防备的情况下，悄悄塞入乳头。久而久之，宝宝会习惯的。

（4）如果是妈妈某侧乳头较瘪不容易吸出奶来或某侧乳房有乳腺炎等等，那么需要时间来解决问题。不过，在此期间，妈妈需要把奶水用吸奶器给吸出来，以保持这侧乳房的泌乳功能。通过吃奶还可使乳腺通畅，所以越是泌乳少的一侧乳房，越需要多让宝宝吸吮。

（5）让宝宝在饥饿的时候先吃奶少的一侧，奶水是越吃越多的。这时，因为宝宝饥饿感强，吸吮力大，对乳房刺激也强，这样奶少的那一侧乳房泌乳就会逐渐增多。

营养配餐 本月宝宝饮食推荐

鲜藕梨汁

原　料

新鲜莲藕 150 克，雪梨 1 个，冰糖少许。

做　法

● 莲藕去皮、洗净，切丁；雪梨洗净，去除皮和核，切成小块；将莲藕和雪梨一同倒入榨汁机中压榨，成汁后，加入少许冰糖搅拌调匀，即可喂食给宝宝。

鲜藕梨汁

健康小提示 适合 5 个月的宝宝食用。雪梨可生津润肺，莲藕可滋润血管，搭配食用可清火润燥，特别适合秋季给宝宝喂食。

苹果藕粉

■ 原　料

苹果1个，藕粉30克。

■ 做　法

● 苹果洗净，去皮和核，切成小块，用搅拌机打碎；藕粉倒入锅中，用冷水冲开，调匀后置于火上加热，以小火熬煮，缓缓搅动至透明状，放入苹果泥调匀即成，晾至温热后喂食宝宝。

健康小提示　适合5个月的宝宝食用。藕粉中富含蛋白质，搭配水果中的维生素C，可为宝宝补充每日所需，且易于消化吸收，适合宝宝食用。

蛋黄粥

■ 原　料

熟蛋黄1个，大米50克。

■ 做　法

● 大米淘洗干净，放入电饭锅中，加水熬煮成稀粥，加入蛋黄捣碎调匀，再煮片刻即成，晾至温热后，给宝宝喂食。

健康小提示　适合5个月的宝宝食用。喂食时，可以舀取稀一点的粥，不要给宝宝吃米。蛋黄是宝宝摄取营养的最好食物，常食可预防宝宝患夜盲症。

燕麦南瓜泥

■ 原　料

南瓜70克，燕麦片50克。

■ 做　法

● 南瓜洗净，去除皮和瓤，切块，上笼蒸熟；将燕麦片放入奶锅中，加适量清水煮熟；用勺背将蒸熟的南瓜压成泥，兑入煮好的燕麦片，调匀，即可喂食宝宝。

健康小提示　适合5个月的宝宝食用。南瓜中富含多种维生素，配合燕麦中可溶性纤维，有利于宝宝胃肠消化，增强身体免疫力。

青菜糊

■ 原　料

青菜2棵，米粉100克，高汤适量。

■ 做 法

● 青菜择洗干净，放入水中焯软，切碎；将米粉放入锅中，加少许水冲调，再加入少许高汤，熬煮20分钟，放入青菜碎，调匀，再煮片刻即成，晾至温热后给宝宝喂食。

健康小提示 适合5个月的宝宝食用。米粉加青菜既可平衡宝宝营养，又利于宝宝吸收，适合宝宝添加辅食期间食用。

赤豆粥

■ 原 料

赤豆50克，粳米60克，冰糖少许。

■ 做 法

● 赤豆预先用水浸泡6～8小时，捞出洗净；粳米淘洗干净，用水浸泡30分钟；将泡好的赤豆和粳米一同倒入全自动豆浆机中，加水至上下水位线之间，接通电源，按下指示键，待豆浆机提示煮好，用过滤网滤出，加入冰糖搅拌至溶解，晾至温热后即可喂食宝宝。

健康小提示 适合5个月的宝宝食用。赤豆可解毒利湿，适合宝宝夏季湿热时食用。

一日营养餐

上午	06:00	母乳或配方奶100毫升
	09:00	鱼肉糊50克
	12:00	胡萝卜泥50克，并添加鱼肝油1粒
下午	15:00	母乳或配方奶100毫升
	18:00	草莓酱30克
晚上	21:00	奶酪蛋黄泥30克
	24:00	母乳或配方奶100毫升
	03:00（凌晨）	母乳或配方奶100毫升

另：每两餐之间，给宝宝喂少量白开水，避免宝宝口渴。

日常养护，轻松做“辣妈”

合理睡姿塑造完美头形

宝宝的头形与枕头无关，与宝宝的睡姿有关。刚出生的宝宝，头颅骨尚未完全骨化，各个骨片之间仍有成长空隙，直到小宝宝15个月左右时囟门闭合前，宝宝头部都有相当的可塑性。或许有的妈妈会暗自想，为什么宝宝的头形可以重新塑造?

专家表示，即使是胎位正、头位产的自然产宝宝，因为经过产道的挤压，新生儿的头形或多或少会有些变形，通常是比较尖。这或许也是造物主的恩赐，宝宝的头颅是由多块头骨组合而成的，新生儿的骨缝尚未闭合，所以经过产道时因压力而变形的同时，也意味着出生后可以回复或被塑形。

睡姿是最好的矫正方法，通常不会以外力矫正，因为宝宝有自然恢复较好头形的本能，父母只要经常协助改变各种睡姿即可。据了解，长期仰睡会导致后脑头形扁平，长期趴睡会导致脸长额凸；长期同一侧睡会导致头形歪偏。因此，妈妈要注意，千万不要让宝宝只习惯某一种睡姿，这样，宝宝头部某一方位的骨片由于长期承受整个头部重量的压力，其生长的形状必然会受影响，容易把头形睡偏。

前5个月是宝宝头形的黄金塑造期。通常10～12个月大以后，头形就会完全固定，父母要掌握前5个月，以经常变换姿势的睡眠方法来改造宝宝头形，每2～3个小时给宝宝更换一次睡眠姿势，最好平侧卧交替，保证宝宝头部正常发育，睡出漂亮的头形。若仍无法改善，可带宝宝到医院咨询医生，考虑以“头形矫正帽”或“矫正头盔”来协助矫正。

别用纱巾遮掩宝宝的脸

在居民小区的沿街马路上，常见到宝宝坐在单车里，面部用尼龙纱巾遮盖着，或是妈妈抱着宝宝，脸上兜着尼龙纱巾。不少父母认为用尼龙纱布盖住小脸，既防风沙，又有保暖的作用，乍听起来似乎也有道理，殊不知此举对宝宝来说弊多利少。

首先，虽然尼龙纱巾看上去很薄，但是透气性很差，这会影响氧气的吸入及肺内二氧化碳的排出。一般人都知道，如果人体缺乏了氧气，就会影响全身的新陈代谢，尤其是脑和心脏需要更多的氧气；二氧化碳浓度高也会中毒，对健康不利。

其次，尼龙纱巾可以阻挡阳光中紫外线的直射。阳光中的紫外线照射在皮肤上，可以促进身体产生内源性维生素 D。冬春季皮肤与阳光直接接触的仅仅是面部，而面部又被尼龙纱巾遮盖住，有可能造成维生素 D 缺少，从而影响钙的吸收，易发生佝偻病。

再次，尼龙纱布黏着力较强，尘埃、细菌容易粘在纱布上，而外面又不能看到，所以不经常清洗，便会成为呼吸道感染的“祸根”。

如果宝宝外出时要防止呼吸道传染病，建议父母给宝宝戴个小口罩，既清洁卫生，又能真正起到防病的作用，可谓一举两得。

扫除障碍，让宝宝睡得更香

宝宝在吃饱后自然会心满意足地入睡，但有的时候仍然需要妈妈哄宝宝入睡。在哄宝宝入睡时，千万记得别走进以下四大误区，如果宝宝养成习惯，辛苦的定会是妈妈。

误区一：白天睡得太久

白天睡得过久的宝宝大多晚上睡不好，甚至稍不如意就大哭大闹，弄得父母夜不成眠。研究证实，晚间睡眠不足而白天嗜睡的宝宝不仅生长发育比较缓慢，而且注意力、记忆力、创造力和运动技巧都相对较差。此外，缺乏夜间睡眠还会扰乱生长激素的正常分泌，使得免疫系统受损、内分泌失调、代谢出现问题，而且还易发胖。如果宝宝白天睡得过多，父母可以有意识地弄醒宝宝，或逗他多玩一会儿，通过调整来克服“黑白颠倒”。

误区二：含着乳头或奶嘴睡

有的宝宝睡觉时非得含着妈妈

的乳头或奶嘴才能入睡。这么一来，宝宝每每醒来后就会下意识地吸吮乳头或奶嘴吃奶。这种过分频繁的进食习惯，容易使宝宝的胃肠功能紊乱。其次，宝宝入睡后小嘴依然被乳头“堵”着，也容易呼吸不畅，导致睡眠质量下降，甚至可能引发窒息。此外，这种不良习惯还可能影响宝宝牙床的正常发育以及口腔的清洁卫生。

误区三：环境过分安静

宝宝一般在3～4个月时就开始自觉地培养“抗干扰”的调节能力了。然而研究表明，约有30%的宝宝并没有学会“抗干扰”力——他们往往一有“风吹草动”便难以入睡或在熟睡中被惊醒。其实，宝宝自会在自然的“家庭噪声”背景下入睡，父母大可不必在房间里特意踮脚走动，不敢发出任何一点细微的声响。否则，宝宝很可能养成这样的不良睡眠习惯：只有在人为、刻意制造的“极度”安静的环境里才能入睡，而这种环境在现实中却是难求的。

误区四：亮着灯睡

有的父母为了方便自己照看宝宝，喜欢让卧室整夜灯火通明。但宝宝对环境的适应能力远远不如成年人，如果夜间睡眠环境如同白昼，宝宝的生物钟就会被打乱，不但睡眠时间缩短，生长激素分泌也可能受到干扰，最后导致宝宝个子长不高或低于正常体重。

家有妙招，避免宝宝被蚊虫叮咬

在夏天，气温很高，蚊虫开始大量滋生，如果宝宝一不小心被蚊虫叮咬，往往因为又痛又痒而哭闹不止。更可怕的是，一旦被蚊子叮了，宝宝极易患蚊虫带来的传染病。蚊子叮咬后可以用肥皂水或是小苏打冲洗，以中和蚊子分泌的酸性毒素，另可用花露水稀释后涂擦局部。如较痒可用复方炉甘石洗剂止痒。如伴有化脓，可用红霉素软膏局部涂抹，如感染较严重，则应配合用口服消炎药。如局部红、肿、热，有发热，应考虑过敏情况，应结合抗过敏治疗，及时就诊。应防止宝宝抓伤引起炎症，但为避免宝宝不受蚊虫叮咬的痛苦，还是要从根本上做起——预防蚊虫叮咬。

❶ 室内　注意室内清洁卫生，定期打扫，不留卫生死角，不给蚊虫以藏身繁衍之地；开窗通风时不要忘记用纱窗作屏障，防止各种蚊虫飞入；在暖气罩、卫生间角落等房间死角定期喷洒杀蚊虫的药剂，最好在宝宝不在的时候喷洒，并注意通风。

❷ 夜间　宝宝睡觉时，为了让他享受酣畅的睡眠，夏季可以给他的小床配上一顶透气性较好的蚊帐；或插上电蚊香，注意蚊香不要离宝宝太近；还可以在宝宝身上涂抹适量驱蚊剂；睡觉前沐浴时可以在宝宝的大盆里滴上适量花露水，使宝宝洗澡后肌肤上留有花露水的味道，对驱散蚊虫也有一定功效。

❸ 郊游　郊游时尽量穿长袖衣裤；可以在外出前全身涂抹适量驱蚊用品，这种药品一般有膏状、液体和喷雾式三种剂型出售，其主要有效成分是避蚊胺，对驱赶蚊子有较好的效果；不要在河边、湖边、溪边等靠近水源的地方扎营，这些地方在夏天会有较多的蚊子；露营时一定要准备蚊帐，并用各种驱蚊器，需要通电的器具在外出前确保带够电池或充足电；尽量避免在草丛中穿行。

专家提示

在使用驱蚊用品，特别是直接接触皮肤的防蚊剂、膏油等时，要注意观察是否有过敏现象，有过敏史的宝宝更应注意。

6个月：宝宝同步喂养方案

6个月的宝宝对外界事物越发感兴趣了，看到父母，会高兴地笑，并手舞足蹈。看到陌生的人，尤其是陌生的男人，会害怕地把头藏到妈妈的怀里，甚至哭闹。生疏的人不再容易把宝宝从妈妈怀中抱走了。另外，这个阶段的宝宝体格进一步发育，神经系统日趋成熟。此时的宝宝差不多已经开始长乳牙了，那面对长牙的宝宝又该怎样精心呵护呢？本章将为你揭开谜底。

权威发布，宝宝体格发育参照表

项目	男宝宝	女宝宝
体重	平均8.4千克	平均7.8千克
身长	平均68.6厘米	平均67.0厘米
头围	平均43.9厘米	平均42.8厘米
胸围	平均43.9厘米	平均42.9厘米
疫苗接种	注射乙肝疫苗第三针，至此，乙肝疫苗已经全部完成。本月要初次接种流行性乙型脑炎疫苗，也叫灭活疫苗，本疫苗共两针。一般来说在接种第一针后间隔70天接种第二针。还要注射流行性脑脊髓膜炎疫苗第一针，本疫苗共两针，第一针在宝宝6个月时接种，在流行地区间隔3个月后注射第二针。此加强针最好在流行季节前1个月完成，以便使宝宝体内在流行高峰期保持较高浓度的抗体	

喂养指导，听育儿专家怎么说

6个月宝宝的喂养方法

宝宝长到6个月以后，不仅对母乳或牛奶以外的其他食品有了自然的欲求，而且对食品口味的要求与以往也有所不同，开始对咸的食物感兴趣。无论是吃母乳还是吃牛奶，此时宝宝的主食仍以乳类食品为主，代乳食品只能作为一种试喂品让宝宝练习吃。

增加半固体的食物，如米粥或面条，一天只加一次。粥的营养价值与牛奶、人奶相比要低得多。100克15%的米粥只能产生约218千焦的热量，而100毫升的人奶能产生约285千焦的热量，100毫升加糖牛奶能产生301千焦的热量。此外，米粥中还缺少宝宝生长所必需的动物蛋白，因此，粥或面条一天只能加一次，而且要制作成鸡蛋粥、鱼粥、肉糜粥、肝末粥等给宝宝食用。观察体重，每隔10天给宝宝称一次体重，如果体重增加不理想，奶量就不能减少。体重正常增加，可以停喂一次母乳或牛奶。

该月龄宝宝食谱的安排可参照如下标准制定：早晨6点：母乳或牛奶180毫升；上午9点：蒸鸡蛋1个；中午12点：粥或面条小半碗，菜、肉或鱼占粥量的1/3；下午4点：母乳或牛奶180毫升；晚上7点：少量副食，牛奶150毫升；晚上9点：母乳或牛奶180毫升。

宝宝的主食依然是奶类食物

奶类仍是4～8个月宝宝的主食，添加的辅助食物不能代替主食。因为这时宝宝的消化功能尚未完善，新添加的食物要有几个月的时间才能诱导酶类数量增加到足以完全消化和吸收。

生活中常有这样的父母，他们希望宝宝学会吃饭，常在喂淀粉类糊糊时，看到宝宝张嘴就喂，喂的量多了就干脆减去一顿奶。有的一天喂2～3次，以至白天完全不喂奶类食物，只留下睡前或者早上醒来两次喂奶。8个月之前，宝宝仍应以奶类为主食。因为奶中有足以促进生长发育的蛋白质，如果用淀粉代替，一来宝宝消化淀粉的能力不足，大量未被消化的淀粉从大便中排出；二来所减少的奶量会使宝宝逐渐因营养不足而体重不增，部分消化吸收能力较好的则会成为“虚胖子”，即肌肉增加不多，淀粉吸收后转变成脂肪堆积皮下，导致宝宝活动能力不足，较迟翻身、打滚、起坐和爬行，容易感染呼吸道和消化道疾病。

所以，专家建议8个月前的宝宝应以奶类为主食，如果母乳充足，应以母乳为主。辅食淀粉每天1～2次，每次1～2小匙，在喂奶后试喂。如果人工喂养，每日应保证奶量达700毫升上下，不宜减少。

微波炉——宝宝健康饮食的绊脚石

如今微波炉已经成为家家必备的家用电器，但是它可能产生的危害许多人还没有注意到，甚至以为它是完全无害的，但至少对宝宝它可能带来一些健康隐患。

虽然微波炉可以快速加热食物，但不推荐用它来加热宝宝奶瓶中的食物。用微波炉加热装在奶瓶中的食物时，宝宝奶瓶可能摸起来是凉的，但是其中的液体可能已经非常烫，会烫伤宝宝的口腔和喉咙。而且，在密闭容器中的液体膨胀可能会造成爆炸。对于挤出的母乳来说，一些保护因子可能被破坏。最好用热水加热瓶子，或者把瓶子放在热水碗里面，然后用手腕来试一试它的温度，这样做可能会花费更多的时间，但是对宝宝来说会安全得多。更重要的是，在微波炉中加热可能会造成牛奶成分的轻微改变，对于宝宝配方食品来说，这可能意味着某些维生素的损失。

因此，请在喂养宝宝的时候，特别注意一个细节——不要用微波炉加热宝宝奶粉和任何宝宝食品。

麦乳精不能成为宝宝的主食

麦乳精是人们喜爱的一种滋补饮品，其味道鲜美，香甜可口。但不可用它代替奶粉作为主食喂养宝宝。

奶粉是用鲜牛奶或鲜羊奶加工制成的，它含有能满足宝宝生长需要的各种营养素，有利于宝宝生长发育。而麦乳精是用麦芽糖、乳制品、麦精蔗糖、可可等原料制成的，它的蛋白质含量仅是奶粉的1/3。而且这些蛋白质中约有25%是来自可可粉和麦精，属于植物蛋白质，植物蛋白质的生理价值比动物蛋白质的生理价值低。麦乳精是高糖、高脂肪食物，除了能增加热量外，不利于宝宝消化吸收，对宝宝的生长发育不利。

所以，不可用麦乳精代替奶粉喂养宝宝，否则会使宝宝发生营养不良，但宝宝适当食用麦乳精还是可以的。

营养配餐 本月宝宝饮食推荐

豆腐羹

原 料

豆腐200克，白粥1小碗，青菜2棵，盐、香油、生抽各少许。

做 法

● 豆腐洗净；青菜洗净，焯熟，切碎；将白粥放入奶锅中，加适量水煮沸，转小火，放入豆腐，用勺背压碎，再放入青菜碎调匀，熬煮片刻，放入盐、生抽拌匀，淋上少许香油即成，晾至温热后，喂食宝宝。

健康小提示 适合6个月的宝宝食用。经过加工的蔬菜易于消化吸收，可以给宝宝添加，但喂食时，一定要慢，让宝宝咀嚼咽下后，再喂第二口。

冬瓜汤

原 料

冬瓜100克，猪骨高汤200毫升，姜末、盐各少许。

■ 做 法

● 冬瓜洗净，去皮和瓤，切成薄片，放入锅中，加入高汤，再加入适量水，大火煮沸，转小火慢炖，加入少许姜末，熬煮至冬瓜透亮、汤汁泛白，加入盐调味即成，晾至温热后喂食宝宝。

健康小提示 适合6个月的宝宝食用。喂食时，妈妈需将冬瓜捣碎一些，小口喂给宝宝，这样易于吞咽。

鸡蓉汤

■ 原 料

鸡脯肉80克，鸡汤250毫升，香菜碎、盐各少许。

■ 做 法

● 鸡脯肉洗净，剁碎，成鸡肉泥，放入碗中，调入少许盐拌匀；将鸡汤倒入锅中，煮沸，将调匀的鸡泥慢慢倒入锅中，用勺搅开，等煮开后，加入香菜碎调匀即成，晾至温热后，喂食宝宝。

健康小提示 适合6个月的宝宝食用。肉类不易咀嚼，制作时需精细，若宝宝不爱吃，就给宝宝先喂食肉汤，等宝宝慢慢适应后再喂食。

鱼肉糊

■ 原 料

鳕鱼肉50克，盐、淀粉、鱼汤各适量。

■ 做 法

● 将鳕鱼肉洗净，去净鱼刺、鱼皮，剁成肉泥；将鱼汤倒入锅中煮沸，下鱼肉泥，搅拌至肉熟，再放入淀粉勾芡，加入盐调味即成，晾至温热后给宝宝喂食。

健康小提示 适合6个月的宝宝食用。鱼肉鲜嫩，且易咀嚼、消化，是宝宝食用肉类最初的食物。

苹果泥

■ 原 料

苹果1个。

■ 做 法

● 苹果洗净，用开水略烫杀菌，用勺将苹果刮出泥状，喂食给宝宝即可。

健康小提示 适合6个月的宝宝食用。苹果富含多种营养成分，其中果酸、纤维素有助于防止宝宝便秘。

红薯泥

■ 原 料

红薯60克。

■ 做 法

● 红薯洗净，去皮，切碎捣烂，放入锅中，加入适量水，煮沸后，转小火熬煮15分钟，边煮边用小勺压一压红薯，成泥状后，晾至温热后，即可给宝宝喂食。

健康小提示 适合6个月以后的宝宝食用。红薯富含膳食纤维及维生素，可预防宝宝坏血病，保护宝宝皮肤黏膜。

胡萝卜泥

■ 原 料

胡萝卜1/2个，香油、盐各少许。

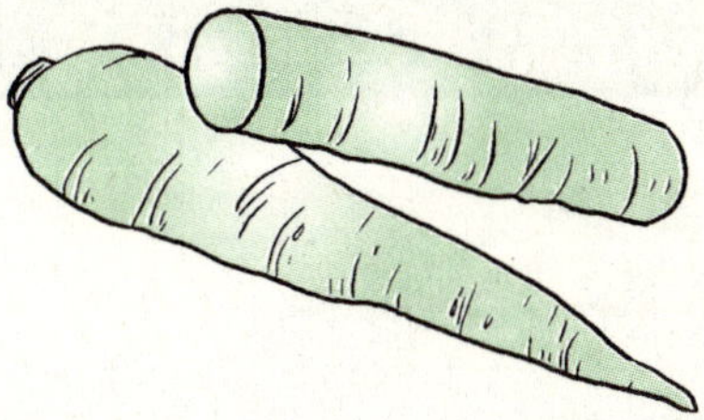

■ 做 法

● 胡萝卜洗净，去皮，切成小块，放入奶锅中，加适量水，炖煮20分钟，取出捣成泥，加盐调味，淋上香油，适口后给宝宝喂食。

健康小提示 适合6个月的宝宝食用。胡萝卜富含β—胡萝卜素，常食有助于保护宝宝视力，促进宝宝生长发育。

奶酪蛋黄泥

■ 原 料

蛋黄1个，奶酪50克。

■ 做 法

● 将蛋黄放入碗中，用勺背压成泥，再加入奶酪，加少许开水，混合调匀，适口后给宝宝喂食。

健康小提示 适合6个月的宝宝食用。蛋黄是宝宝最好的食物，搭配奶酪，口味更佳，且易咀嚼、消化。

草莓酱

■ **原　料**

草莓 6 枚，白糖少许。

■ **做　法**

● 草莓洗净，去除根蒂，切丁，放入奶锅中，加少许水，以小火慢炖，片刻后再加少量水，边煮边用勺背压，成糊状后，停火加入白糖调匀，晾至温热后给宝宝喂食。

健康小提示 适合 6 个月的宝宝食用。草莓富含多种营养素，其中所含的果胶有助于保护宝宝的胃黏膜，增加胃肠蠕动，利于消化吸收。

一日营养餐

上午	06：00	母乳或配方奶 150～200 毫升
	09：00	磨牙面包条 10 克，鸡肝糊 30 克
	12：00	芋头玉米泥 40 克
下午	15：00	蔬菜浓汤 60 毫升，添加鱼肝油 1 粒
	18：00	母乳或配方奶 150～200 毫升
晚上	21：00	栗子粥 40 克
	24：00	母乳或配方奶 150～200 毫升

另：每两餐之间，给宝宝喂少量白开水，避免宝宝口渴。

日常养护，轻松做“辣妈”

宝宝长牙的全程指导

宝宝在长出第一颗乳牙的时候，带给全家的是惊喜，然而伴随着这种喜悦的到来，也有很多问题开始困扰着年轻的父母。

乳牙生长的时间

宝宝的第一颗乳牙大多数是

在 6 个月左右长出的，通常先长下牙床中间的门牙。少数宝宝从 3 个月起开始长乳牙，也有些宝宝直到一岁才开始长乳牙，这些都属正常情况，可能与遗传有关，妈妈们不用担心。到宝宝 3 岁的时候，他的 20 颗乳牙就应该全部长好了。

乳牙的生长顺序

萌牙顺序	牙齿名称	萌牙时间	萌牙总数
1	下中切牙	4～10 个月	2
2	上中切牙	4～10 个月	2
3	上侧切牙	4～14 个月	2
4	下侧切牙	6～14 个月	2
5	第一乳磨牙	10～17 个月	4
6	尖牙	16～24 个月	4
7	第二乳磨牙	20～30 个月	4

开始长乳牙的症状

症　状	表　现
发　热	有的宝宝出牙时会发低热，肛温多数在 38℃以下
流　涎	牙齿刚萌出时，刺激了齿龈上的神经末梢，使唾液分泌增多，但宝宝一下子又不会吞咽过多的唾液，造成不自主地流口水
痒	胚芽由于萌出时向上顶，会让宝宝常有发痒、不舒服的感觉，因而喜欢咬乳头、咬人、咬坚硬的东西以消除不适感
哭　闹	牙齿不仅白天长，晚上也在长，由于痒痒和不舒适，出牙期间宝宝晚上经常哭闹，难以入眠，这些现象会一直持续到牙齿萌出

6个月左右，宝宝开始长牙了。这时他的牙龈发痒，也是学习咀嚼的好时候了。那妈妈在这个时候能为宝宝做些什么呢？

❶ 准备些硬度适中的小食品　宝宝的幼嫩牙床能够承受的面米食品、炖得较烂的蔬菜、去核去茎的水果等，能有效帮助宝宝乳牙萌生及发育，并锻炼咀嚼肌，促进牙弓、颌骨的发育，从而促进宝宝牙龈、牙齿健康发育。

❷ 咬牙胶　采用无毒软塑胶制成，内部为空心，较柔软，在乳牙尚未萌发出时使用，可减轻出牙时的不适和烦躁。有的特别设计了突出沟槽，具有按摩牙龈的作用；有的会发出奶香味或设计成水果型，比较受小宝宝的喜爱。不过，咬牙胶一定要保持清洁。

另外专家建议，从宝宝长第一颗乳牙起，就该给他刷牙了。这样不仅可以及早防止龋齿产生，还可帮助宝宝从小养成良好的刷牙习惯。

妈妈应该使用专门为宝宝设计的牙刷，如果他很抗拒牙刷，妈妈可以用干净的纱布缠在手指上，代替牙刷为宝宝刷牙。刷牙应该每天早晚两次，且使用不含氟的宝宝牙膏。

妈妈会催眠，宝宝入睡快

宝宝从6个月开始，就不再像以往那样只要困乏就能入睡了，开始变得好动，不想睡觉，其实造成这种情况是有多方面的原因的。

首先，1岁以后，宝宝自我意识开始萌动，特别是学会走路后，当他们感觉到能控制自己的身体时，就想尽情试验自己的能力而尝试摆脱父母的控制。到了晚上睡觉的时间，如果他们仍玩心未尽，但行为却受到父母阻碍时，就容易发火哭闹，不肯睡觉。

其次，宝宝常认为父母最值得信赖，他们一旦与父母分离，就会感到担忧、烦躁，缺乏安全感，以致难以入睡，像有的妈妈白天要上班，晚上回家后，宝宝由于担心妈妈又会离开，就会特别依恋她。他们潜意识里认为，见不到的东西就都不存在了，因为不想同妈妈分离，于是迫使自己处于清醒状态，久久不愿入睡。

最后，宝宝体内调节功能尚未发育健全，中医学认为宝宝肝常有余，体质常偏于热，如果天气久晴不雨，就会感到烦闷气躁，晚间心肝火盛，故夜睡不宁时有发生，也影响睡眠。最后提醒，一些病理情况也会引起睡眠不安，如宝宝发热前夜常会翻覆不宁，缺钙可能引起夜惊等，这些都需要父母细心观察和判断。

因此，要想宝宝晚上睡得好，必须合理安排他们白天的活动。白天让宝宝玩得高兴，累了，到晚上他们自然会睡得香甜。另外，宝宝午睡的时间不宜过长，一般两个小时左右已足够；晚饭及临睡前不要让宝宝吃得太饱；晚饭后可适当进行一些轻松的活动，但不可玩得太过兴奋。临睡前，给宝宝洗一个舒服的温水澡，对睡眠有所助益。

为舒缓宝宝的情绪，还可以尝试在房间里播放一些诸如小夜曲或摇篮曲类的轻柔音乐，或在床上轻拥宝宝，同他一起唱歌、朗诵、讲故事，让他慢慢进入睡眠状态。当百般相哄宝宝依然不肯入睡时，父母千万不要太过于急躁，言语行动更要心平气和。首先要保证宝宝不下床，父母可以用图片、故事书或玩具等吸引他留在床上。如果宝宝执意要下床，也应尽量使他待在自己的房间里玩，再轻声细语哄他上床。若宝宝硬要走出房门，父母可以先关掉房外的灯，自己留在房间里，当宝宝自己走几步，发现外面黑乎乎的，一个人也没有，他自然会回来求助。这时，你可以轻声但坚决地对他说："天黑了，大家都睡觉了，妈妈不去，宝宝也不去，好吗？"宝宝其实都很聪明，当看到这样的环境，他一定会选择和妈妈留在温馨的房间里。此时，你可轻声和他说话、抚摸他的背、为他轻捏脚底和脚趾等，再告诉他这是睡觉而不是玩的时间，宝宝就会逐渐安静下来，最后选择安然入睡。

专家提示

每天要让宝宝按时作息，定时上床，不要随意破坏这一规律；睡前不要看电视，不讲过于刺激的故事，不可玩得过于兴奋；注意室内空气流通；床不要太软，被褥不要过厚，不要强迫限定宝宝的睡姿。

如何防止宝宝吸吮手指

有些宝宝爱把手指头放在嘴里吮着玩。吮手指已成习惯的宝宝，医学上叫“吸吮手指癖”，害处很多。

一节手指的皮肤上沾着十万九千多个细菌，像米粒一样大的指甲泥里，就藏着20多个寄生虫卵，当吸吮手指时，就会把这些吸到嘴里，引起痢疾、肠炎、肝炎、蛔虫病等疾病，影响身体健康。宝宝的牙床较软，吸吮手指时，手指往往把牙床压向一边，使牙齿排列不齐，影响牙齿的健美，且手指在嘴里搅动，常会刺激唾液的分泌，影响消化。同时吸吮手指时，唾液流在下巴、脖子和胸前，会使这些部位发生湿疹。

形成吸吮手指习惯的原因是多方面的，吸吮行为一般是从宝宝很小的时候开始的，宝宝刚出生时有本能的无条件反射，当奶头碰到他的脸时，找到后，便开始吸吮。随后，只要有东西碰到他的脸时，他就会同样认为是奶头，去寻找和吸吮，随着他的手臂动作的发展，当他自己的手触到嘴边时，他也迫不及待地吸吮起来，因为这时他还没有自我意识，不知道他所吸吮的小手是他自己身体的一部分。日积月累，就养成了吸吮手指的习惯。

总之，吸吮手指的习惯是宝宝在日常生活中养成的，父母应在日常生活中帮助宝宝纠正。要想改掉宝宝吸吮手指的习惯，父母应做到以下几点：

（1）宝宝的生活内容要丰富多彩。在活动期间要给宝宝适当的玩具，鼓励他的积极活动和探索，引导他认识周围世界，增添生活乐趣，父母还应付出一定时间和精力陪宝宝一起玩。总之，用发展宝宝积极而有意义的活动来代替消极郁闷的吸吮活动。

（2）用转移注意的方法，宝宝注意力还不能稳定，很容易转移。当他刚要把手送到嘴里时，父母可以握住他的小手说：“你看，谁来了？”“你看，这是什么呀？真好看。”或者用别的有趣的事物引起他的注意。时间一长，他也就不知不觉地忘记吃手了。

（3）养成好的生活习惯，发展

宝宝的独立性。宝宝饮食起居要有规律，让宝宝知道一定的时候得吃，一定的时候得睡，一定的时候得起，一定的时候得活动，这样可以减少宝宝的焦虑感和对成人的依赖性。

(4) 父母要学会了解宝宝，1岁宝宝还不能用语言来表达他的要求和愿望，做父母的更要注意了解宝宝的需要和情绪，予以正确对待，减少宝宝的焦虑感。

通过宝宝的指甲判断其健康状况

宝宝是否健康，是妈妈一生都关心的问题，父母可以从宝宝指甲中判断出宝宝的健康状态。正常宝宝的指甲是粉红色的，外观光滑亮泽，坚韧呈弧形，指甲半月颜色稍淡，甲廓上没有倒刺，轻轻压住指甲的末端，甲板呈白色，放开后立刻恢复粉红色。如果宝宝的指甲出现以下六个信号，可能是体内存在不健康的情况，父母就要注意了！

信号一：白色斑点甲

排除受到挤压、碰撞，致使甲根部甲母质细胞受到损伤所致，宝宝有可能是缺乏铁、锌等微量元素，这时候妈妈可以在宝宝的辅食里给予补充，如把瓜子仁或南瓜仁剥好，给宝宝当零食。也可将豆类和米一起煮成粥，都可以补充宝宝缺乏的微量元素。

信号二：黄灰异色甲

甲板变黄，可能是宝宝的食物中含过多的胡萝卜素，也可能是遗传原因导致，妈妈可以减少胡萝卜等含黄色素食物的摄入。而绿甲、灰甲、黑甲等多半是真菌感染引起。建议妈妈带宝宝尽快去医院做相关检查。手部湿热多汗易发真菌感染，所以要保持宝宝手部的皮肤清洁干燥，不要让宝宝长时间玩水，洗手后及时擦干。家里如有其他人出现了真菌感染，要注意宝宝隔离，避免交叉感染。

信号三：红色半月甲

鲜红色多是心脏病的征兆，建议妈妈带宝宝尽快去医院做相关检查。淡红色大多是贫血导致，可吃一些宝宝补血口服液，或者在食谱中增加如大豆、牛肉、菠菜、葡萄干等含铁补血的食物。

信号四：粗糙不平甲

凹凸不平是缺钙、锌的一种表现，随着宝宝的生长发育需要，要多给宝宝吃些骨头汤和鲜鱼汤；小的凹窝，宝宝指甲质地变薄变脆或增厚粗糙，失去光泽，则很有可能是银屑病的早期表现。

信号五：薄脆分层甲

这种情况大多是宝宝营养不良造成的，宝宝指甲中97%的成分是蛋白质，因此，妈妈要多注意宝宝的饮食营养，经常给宝宝吃鱼虾、奶、蛋等富含蛋白质和钙的食物，也要多给宝宝吃香蕉、大豆粉、牛肉、花生、鸡肉、瘦肉、海藻等富含锌、钾、铁等矿物质的食物。

信号六：甲根倒刺

主要原因是宝宝经常咬指甲或粗糙物体的摩擦造成的，比较长的倒刺是由于营养不均衡，缺乏维生素引起皮肤干燥造成的。建议多吃水果补充维生素，干燥的季节要给宝宝的小手涂上无刺激、含油分的护肤霜。

7个月：宝宝同步喂养方案

7个月的宝宝，身体发育开始趋于平缓。各种动作都有了飞速的发展，也正因为如此，从这月开始妈妈更要谨防宝宝发生意外了，如不要把危险的东西放在宝宝能够到的地方；不要让宝宝自己在床上玩耍；在没有栏杆的床上睡觉，妈妈一定要在身边，防止宝宝醒后掉到床下等。

权威发布，宝宝体格发育参照表

项目	男宝宝	女宝宝
体重	平均8.8千克	平均8千克
身长	平均70厘米	平均68厘米
头围	平均44.6厘米	平均43.5厘米
胸围	平均44.7厘米	平均43.8厘米
疫苗接种	本月没有接种任务	

喂养指导，听育儿专家怎么说

7个月宝宝的喂养方法

宝宝长到7个月时，已开始萌出乳牙，有了咀嚼能力，同时舌头也有了搅拌食物的功能，对饮食也越来越多地显出了个人的爱好，喂养上也随之有了一定的要求。

继续吃母乳和牛奶。但是因为母乳或牛奶中所含的营养成分，尤其是铁、维生素、钙等已不能满足宝宝生长发育的需要，乳类食品提供的热量与宝宝日益增多的运动量中所消耗的热量不相适应，不能满足宝宝的需要。因此，此时应该是宝宝进入离乳的中期了，奶量只保留在每天500毫升左右就可以了。增加半固体性的代乳食品，用谷类中的米或面来代替两次乳类品。在每日奶量不低于500毫升的前提下，减少两次奶量，用两次代乳食品来代替，比如馒头、饼干、肝末、动物血、豆腐等。

该月龄宝宝的食谱安排可参照如下标准制定。早晨7点：牛奶200毫升；上午9点：牛奶200毫升，蒸鸡蛋1个，饼干2块；中午12点：肝末（或鱼末）粥一小碗；下午3点：牛奶150毫升，馒头1片；晚上6点：面条（加碎菜、动物血少许）；晚上9点：牛奶150毫升。

宝宝餐限盐有方法

百味咸为主，食盐可谓调味品中的老大。在现代膳食中，宝宝钠盐摄入量逐渐增加，其中既有家庭一日三餐的盐超量，也有零食中含钠盐增多。但是专家指出，无论是健康宝宝，还是病儿，均不宜摄入过多的盐，饮食应该以清淡为主，太咸易引发呼吸道感染。

首先，高盐饮食使得口腔唾液分泌减少，更利于各种细菌和病毒在上呼吸道的存在；其次，高盐饮食后由于盐的渗透作用，可杀死上呼吸道的正常寄生菌群，造成菌群失调，导致发病；第三，高盐饮食可能抑制黏膜上皮细胞的繁殖，使其丧失抗病能力。这些因素都会使上呼吸道黏膜抵抗疾病侵袭的作用减弱，加上宝宝的免疫能力本身又比成人低，又容易受凉，各种细菌、病毒乘虚而入，导致感染上呼吸道疾病。吃得过咸，直接影响宝宝体内对锌的吸收而导致宝宝缺锌。

宝宝的口味是跟随父母的，若父母饮食习惯偏咸，宝宝也会爱吃咸的食物。因此，专家建议宝宝饮食以清淡为主，1～6 岁的幼童每天食盐不应超过 2 克，1 周岁以前以每日不超过 1 克为宜。味精、酱油、虾米等含钠极高，但由于风味和营养，宝宝可限量进食。父母给宝宝的膳食调味品，应遵循“四少一多”的原则，即少糖、少盐、少酱油、少味精、多醋。同时，还应该尽量避免咸腌食品、食用罐头和含钠高的加工食品。

此外，专家还建议使用“餐时加盐”的方法控制食盐量，既可以照顾到口味，又可以减少用盐。“餐时加盐”，即烹调时或起锅时，少加盐或不加盐，而在餐桌上放一瓶盐，等菜肴烹调好端到餐桌时再放盐。因为就餐时放的盐主要附着于食物和菜肴表面，来不及渗入内部，而人的口感主要来自菜肴表面，故吃起来咸味已够。这样既控制了盐量，又可避免碘在高温烹饪中的损失。

如何防止宝宝营养过剩

宝宝摄入合理的营养，对宝宝的身体发育是十分有益的，然而摄入过多的营养不但无助于宝宝的健康成长，还会给宝宝带来诸多疾病，比如高脂血症、心血管病、血管钙化等。怎么判断宝宝是否营养过剩呢？

出生后 1～6 个月：标准体重（克）＝出生时体重（克）＋年龄（月数）×700（克）。出生后 7～12 个月：标准体重（克）＝6000 克＋年龄（月数）×250 克，如出生后 8 个月的宝宝的体重为：6000 克＋250 克×8＝8000 克，即 8 千克。1 岁以后：标准体重（千克）＝8 千克＋年龄×2（千克）。同年龄的农村宝宝较城市宝宝轻1千克左右。一般认为体重超过以上标准体重的20%～29%为轻度肥胖，≥30%～49%为中度肥胖，≥50%为重度肥胖。

对已发生肥胖的宝宝应调整饮食，限制每天摄入量，并严格进行计算和控制。应严格限制肥肉、油炸食品、奶油食品和含奶油的冷饮、果仁、糖果及高糖饮料、甜点、洋快餐和膨化食品等。同时要增加运动量，坚持每天下午或晚上运动1小时左右，减少过度的睡眠时间以控制体重。

对未发生肥胖的宝宝应进行科学喂养。比如，每天进食的过程中，先进低能量的蔬菜和汤，再进高能量的肉食和主食，这样可以避免过多进食。提倡尽早建立定时、定量进食的习惯，何时进食是相对固定的。即便前一餐吃得不够，也无需安排加餐或零食。过分依赖餐馆或超市，会使宝宝难以摄取到新鲜而丰富的均衡营养，容易成为胖胖的营养不良儿。经常运动的宝宝不容易胖，而养成了懒惰的习惯就不妙了，体重难以控制。

钙——宝宝骨骼发育的重要元素

钙是人体骨骼构成的主要成分，也是人体循环、呼吸、神经、肌肉、骨骼等各系统的正常生理功能。研究表明，人体神经细胞在代谢的过程中，蛋白质等的代谢所需要的多种酶和激素均需在钙离子的激活下才有生物活性。另外，补充足够的钙会增强神经组织的传导能力和收缩性，使宝宝的注意力更加集中，休息和睡眠时也能彻底放松，从而保持旺盛的精力和良好的情绪。

钙的来源以奶及奶制品为最好，奶类不但含钙丰富，且吸收率高，是补钙的良好来源。蛋黄和鱼贝类含钙很高，蛋黄一般每100克含钙100毫克以上；泥鳅每100克含钙299毫克；蚌、螺含钙量每100克达2458毫克，虾皮含钙也极高，每100克达991毫克；植物性食物以干豆类含钙量最高，尤其是大豆制品，最高可达每100克含钙1019毫克，一般含量也达每100克100～400毫克。

营养配餐 本月宝宝饮食推荐

鸡肝糊

■ **原 料**

鸡肝2个，鸡汤100毫升。

■ **做 法**

● 鸡肝洗净，放入沸水中略焯去血水，再放入锅中，加适量清水，炖煮10分钟，取出晾至温热，切丁研碎，再次放入锅中，加入鸡汤，熬煮成糊状，拌匀即成。适口后，给宝宝喂食。

健康小提示 适合7个月的宝宝食用。鸡肝研碎后易于宝宝消化，可补肝、益肾、明目，还可防止宝宝营养性贫血、夜盲症等，促进宝宝生长发育。

芋头玉米泥

■ **原 料**

芋头2个，熟玉米粒60克。

■ **做 法**

● 芋头洗净，去皮，切块，放入水

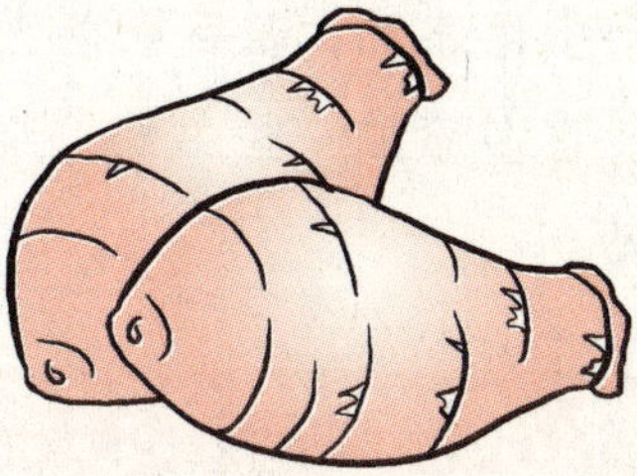

中煮熟，取出晾至温热；熟玉米粒洗净，放入搅拌机中，加少量水，搅打成糊状，倒入碗中，再将芋头放入玉米糊中，用勺背压成泥状，拌匀即成。适口后，给宝宝喂食。

健康小提示 适合7个月以上的宝宝食用。芋头玉米口味香甜，做成泥易消化，常吃可补益肝肾。

蛋黄土豆泥

■ **原 料**

土豆80克，熟蛋黄1个，牛奶适量。

■ **做 法**

● 土豆洗净去皮，蒸熟，用勺背压成泥状；蛋黄用勺背压成泥状，放入土豆泥中，加适量牛奶，混合拌匀，然后置于火上加热片刻即成，适口后给宝宝喂食。

健康小提示 适合7个月的宝宝食用。制作时，牛奶加入的量可依据宝宝吞咽程度添加，若吞咽能力强，可少量添加，若吞咽能力弱的宝宝，可多添加一些牛奶，避免宝宝哽噎。

蔬菜浓汤

原　料

番茄、土豆各1个，油菜2棵，胡萝卜1根，高汤100毫升。

做　法

- 番茄洗净，去除根蒂，切块；土豆洗净，去皮，切块；油菜洗净，切碎；胡萝卜洗净，去除根蒂，切块；将上述食材一同放入搅拌机中打碎，再倒入锅中，加入高汤，大火煮沸后，转小火慢熬，至汤浓稠即成，晾至温热后给宝宝喂食。

健康小提示 适合7个月以上的宝宝食用。浓汤中富含多种营养成分，可增强宝宝食欲，促进消化。

栗子粥

原　料

板栗4个，大米50克。

做　法

- 板栗洗净，放入水中煮熟，去壳，研碎；大米淘洗干净，放入电饭锅中，熬煮20分钟，加入板栗拌匀，继续熬煮成稠粥即成，晾至温热后给宝宝喂食。

健康小提示 适合7个月以上的宝宝食用。板栗中富含维生素B_2，常吃可预防宝宝患口腔炎症。

鸡肉粥

原　料

鸡脯肉40克，鸡蛋1个，大米60克，老抽、香油、姜末各少许。

做　法

- 鸡蛋洗净，磕破一个小口，将蛋清倒出；鸡脯肉洗净，剁成肉泥，加入蛋清、姜末、老抽，混合调匀；大米淘洗干净，放入锅中，加适量水煮沸，转小火熬成稀粥时，放入鸡肉泥拌匀，继续熬煮，至肉烂米熟后，淋上几滴香油拌匀即成，晾至温热后给宝宝喂食。

健康小提示 适合7个月以上宝宝食用。此粥富含蛋白质、维生素、碳水化合物及各种微量矿物质，可补充宝宝所需营养，利于宝宝成长。

南瓜粥

原　料

南瓜80克，粳米40克。

做　法

● 南瓜洗净，去除瓤和皮，擦成细丝；粳米淘洗干净；将南瓜和粳米一同放入电饭锅中，熬煮成稠粥即可，适口后给宝宝喂食。

健康小提示 适合7个月以上的宝宝食用。南瓜香甜易消化，能增进宝宝的食欲，提高宝宝吃辅食的主动性。

磨牙面包条

原　料

新鲜全麦面包片4片，鸡蛋1个。

做　法

● 鸡蛋洗净，磕入碗中，打散；将面包片切成细条状，蘸上蛋液，放入烤箱内烤熟即可，晾至温热后让宝宝自己拿着食用。

健康小提示 适合7个月以上宝宝食用。此时正是宝宝出牙期，可作为宝宝磨牙的食物。

一日营养餐

上午	06:00	母乳或配方奶 200 毫升
	09:00	香菇鸡肉羹 40 克
	12:00	什锦细面 45 克，添加鱼肝油 1 粒
下午	15:00	香蕉牛奶吐司 60 克
	18:00	酸奶 40 克
晚上	21:00	牛肉粥 50 克，面包片 1 片
	24:00	母乳或配方奶 200 毫升

另：每两餐之间，给宝宝喂少量白开水，避免宝宝口渴。

日常养护，轻松做“辣妈”

引导宝宝正确看电视

目前，电视已深深地融入我们的生活之中，不让宝宝看电视是不现实的。7 个月的宝宝已有了一定的专注力，而且对图像、声音特别感兴趣。这时适当地给宝宝看看电视也是一种好事，同时还可以锻炼宝宝对声音、色彩的敏感度，但看电视的时间不要超过 10 分钟。看电视的内容要有选择，要选一些宝宝喜欢看且图像变换较快、有声、有色、有图的电视节目，如宝宝节目、动画片、动物世界，甚至一些广告节目等，注意声音不应过大、过于强烈，以使宝宝产生愉快情绪为准，而且不易让宝宝疲劳。

宝宝看电视时，需要让宝宝和电视机保持一定距离，一般来说，是电视机屏幕对角线的 4～6 倍。屏幕较亮时，距离可以适当再远些；屏幕较暗时，看的距离可以适当近些。最好让宝宝坐在电视机的正前方，如果坐在旁侧，观察角度不应少于 45°。电视机安放的高度要合适，电视机的屏幕中心最好与宝宝的眼睛处在同一水平线上或稍微低一些。晚上看电视时，不要把灯全部关上，而应让房间保持一定的亮度，比如开一盏3～8W的灯，但不要让光线直接照射在屏幕上。每次不宜看太久，一般一天看半个小时就该休息，让宝宝看看远景，以免眼睛过度疲劳而影响视力。

宝宝嘴唇干裂的护理方法

宝宝嘴唇皮肤细嫩，很容易受到病毒感染发生炎症，再加上冬季室内空气干燥，妈妈喂奶时的疏忽，宝宝娇嫩的嘴唇就更容易雪上加霜。一旦宝宝嘴唇发病，该如何护理呢？

嘴唇起皮

宝宝嘴唇起皮的原因通常是因为宝宝吃奶频繁，相对时间过久，嘴唇皮肤长期性被奶水浸泡所引起的。由奶水浸泡引起的宝宝嘴唇起皮是没有任何疼痛感的。但也有宝宝嘴唇起皮是由于缺乏微量元素等病理原因引起的，需要妈妈特别注意。如果宝宝嘴唇起皮时经常哭闹，这说明宝宝是病理性嘴唇起皮，需要及时到医院治疗。

1 掌握喂奶时间 宝宝由于吸吮的力量不够，每次吃奶都要很长的时间。这时候妈妈就要严格控制宝宝吃奶时间，每次吃奶时间不要超过10分钟，并且每次喂奶后都要清洁宝宝嘴唇。

2 控制喂奶次数 妈妈要控制宝宝喂奶次数，每天的喂奶次数最好不要超过8次。如果宝宝食量较大，可以适当调整或请专家指导。

3 改正入睡习惯 很多妈妈都喜欢让宝宝含着奶头入睡，这对宝宝的嘴唇皮肤伤害严重。妈妈要改正让宝宝含着奶头入睡的不良习惯，减轻宝宝嘴唇负担。

嘴唇破皮

宝宝嘴唇出现破皮通常是由于病毒感染或饮食不当造成的，如疱疹、咽峡炎、B族维生素缺乏等；也可能是环境太干燥，水分不够。如果宝宝嘴唇破皮严重就需要及时就医治疗，以免造成宝宝出现其他病症。

1 补充水分 宝宝对水分的需求量很大，炎热或干燥季节，妈妈除了日常的喂奶外，还需要补充一定量的水分给宝宝，妈妈每天给宝宝补水不要少于100毫升。

2 湿润口唇 如果宝宝嘴唇出现干裂，妈妈可以用湿棉球经常擦拭宝宝嘴唇，或给宝宝涂些甘油，以保持宝宝嘴唇湿润。

3 保持合理温度 如果宝宝嘴唇出现干裂，妈妈可适当地降低补水的温度，太烫或太冰的水会加重宝宝的疼痛感。

4 保持室内湿度 干燥的空气环境也很容易引发宝宝嘴唇破皮，因此，妈妈可以在宝宝房间挂一个温湿计，掌控室内湿度。如果宝宝室内干燥，新妈妈可以使用加湿器增加湿度，使宝宝房间湿度保持在50%～60%之间。

烂嘴角

冬季出生的宝宝很容易患烂嘴角，烂嘴角又称为口角炎。宝宝发生烂嘴角时，开始嘴角通常出现发白现象，随后嘴角会逐渐糜烂；嘴角糜烂处会伴随烧灼、疼痛及痒感。烂嘴角发作时通常伴有阴囊炎、唇炎或舌炎等病症，因此新手妈妈们需要格外重视。宝宝在得了烂嘴角后，由于受到炎症刺激，嘴角会出现结痂，这时候新手妈妈应待其自然康复，而不要试图揭去硬痂，否则既不利于宝宝患处正常愈合，同时手上携带的病菌会引起新的感染与糜烂，造成宝宝病情恶化。

1 培养良好的喂食习惯 新手妈妈们要培养良好的喂食习惯，宝宝吃奶前要清洁自己的乳房，宝宝吃奶后要及时地为宝宝擦去嘴角的奶水。

2 试用维生素 B_2 宝宝的烂嘴角与维生素 B_2 密切相关，因此，当宝宝烂嘴角发作时，新手妈妈可以在医生指导下用维生素 B_2 口服及涂抹熟睡中的宝宝患处。

3 注意保暖 新生宝宝对温度的要求很高，新手妈妈要注意宝宝日常保暖。新手妈妈要根据天气变化及时为宝宝增减衣物，室内温度控制在28℃左右。

4 保持良好通风 新生宝宝室内空气要保持清新，每天都要开窗通风1小时左右。通风可以减少室内病菌数量，降低宝宝患病概率。

介绍几种给宝宝喂药的技巧

宝宝如果病了，自然要服药。但不少药味苦或有怪味，往往被宝宝“拒之门外”，此时父母十分焦急，又束手无策。其实，喂药也是一门科学，只要得法，喂药不会太困难。以下介绍几种喂药的技巧：

方法一

给6个月内宝宝喂药时，可在吃奶前用奶瓶喂，将调好的药液装入奶瓶中让宝宝吸吮。在喂药过程中如出现咳嗽，应立即停止喂药。还要注意不能将药物和乳汁混在一起服用，以免发生凝结反应，降低药物的疗效。

方法二

给人工喂养的宝宝喂药前，先将药物放在小勺内，用5毫升温水溶解。将空奶嘴放入宝宝的口内，当宝宝吸吮奶嘴时，即将溶解好的药液倒入空奶嘴中，宝宝便会随吸奶动作自然地将药物咽下，不易漏出。

方法三

给宝宝喂药也可用滴管，先将宝宝抱起，半卧于喂药父母的怀中，头部抬高，颈部垫以手帕或毛巾。将药与少许白糖混合，然后用滴管吸入后放在宝宝嘴角边，慢慢将药滴入口中。服完后，将宝宝抱起轻轻拍背部，使胃内空气排出，避免呕吐。

方法四

有的药物特别苦，如黄连素等，此时可在小勺内放些糖，然后放入药物，倒入口中后用糖水迅速送服。如果药物是散剂、片剂、丸剂，可研细后再溶于水中服。中药汤剂的量较多，可用小火浓缩至30～50毫升，并可适当加些调味剂。有些中药不溶于水，如琥珀屑，可用蜂蜜或芝麻糊调和后服用。

加强看护，防止宝宝摔落在地

宝宝从床上掉到地上，这是在任何一个家庭都难免的。特别是五六个月以后，宝宝的动作有了一定发展，已经会翻身、移动身体甚至滚动，尤其是腿脚喜欢乱蹬，反复用脚蹬被子，身体就会逐渐移到床边，碰巧就掉到地上。所以，当宝宝能用脚蹬开被子时，就必须注意预防宝宝的跌落。宝宝睡的小床一定要有栏杆，如让宝宝睡在大人床上，成人要不断地给予照顾，离开时，一定要用东西挡上。即使时间很短，也是不安全的，否则，不慎坠地，轻则伤筋折骨，重则颅脑损伤，危及生命。

所以宝宝睡觉时，一定要将床上的栏杆安好再离开房间。宝宝玩耍时，可放在地板上或地毯上，让宝宝坐着玩耍，或学滚动、踢脚而不至于跌伤。如在成人睡的大床上玩耍，成人要处于床的边沿，床的另三边沿不管是否靠墙，最好都用被子挡住，以免宝宝碰伤。

如果很不幸，你的宝宝从小床、躺椅、宝宝餐椅、厨房台面或是骑的玩具上狠狠地摔下来后，你都要彻底地检查他的受伤情况，特别是如果他伤到了头或背部时，要确保你的宝宝没有严重的创伤，没有骨折、脑震荡或其他内伤。不过虽然摔伤很严重，但是因为宝宝的骨骼还软，所以并不像大些的宝宝那样容易骨折。

专家提示

不能把熨斗、暖水瓶、铁锅等金属器具放在宝宝床边，以免宝宝从床上掉下来让金属器具刮伤脸，而留下终身疤痕。

第四章

8～10月，断奶期喂养方案

宝宝渐渐地长大了，手的动作变得更加灵活，吃饭的时候，宝宝往往把手伸到碗里，抓起东西就往嘴里放，妈妈可以适当增加一些粗纤维食物，有意识地锻炼宝宝的咀嚼能力，为宝宝的断奶做准备。随着宝宝月龄的增大，运动机能开始发达，母乳所供给的各种营养成分将不能满足宝宝身体生长发育的需要，妈妈们就要在适当的时候给宝宝断奶。

8个月：宝宝同步喂养方案

8个月的宝宝能力有了明显的增强，户外活动的意义就更大了，也更重要了。父母要尽最大可能多带宝宝做户外活动，不要老是把宝宝闷在家里教宝宝“知识”，这是不科学的育儿方法。那么，对于本月宝宝又该怎样喂养或者需要注意什么问题呢？

权威发布，宝宝体格发育参照表

项目	男宝宝	女宝宝
体重	平均9.12千克	平均8.49千克
身长	平均71.51厘米	平均69.99厘米
头围	平均45.13厘米	平均43.98厘米
胸围	平均45.28厘米	平均44.4厘米
疫苗接种	注射麻疹疫苗。宝宝满8个月的时候，体内的麻疹抗体基本消失，因此要给宝宝接种麻疹疫苗，并要一次性完成	

喂养指导，听育儿专家怎么说

8个月宝宝的喂养方法

用母乳喂养的宝宝一过8个月，即使母乳充足，也应该逐渐实行半断奶。原因是母乳中的营养成分不足，不能满足宝宝生长发育的需要。因此在这个月里，母乳充足的不必完全断奶，但不能再以母乳为主，一定要加多种代乳食品。用牛奶喂养宝宝，此时也不能把牛奶作为宝宝的主食，要增加代乳食品，但是每天牛奶的量仍要保持在500～600毫升之间。

继续增加辅食，可食用碎菜、鸡蛋、粥、面条、鱼、肉末等。辅食的性质还应以柔嫩、半固体为好，少数宝宝此时不喜欢吃粥，而对成人吃的米饭感兴趣，也可以让宝宝尝试吃一些，如未发生消化不良等现象，以后也可以喂一些软烂的米饭。宝宝满8个月后，可以把苹果、梨、水蜜桃等水果切成薄片，让宝宝拿着吃，香蕉、葡萄、橘子可整个让宝宝拿着吃。

该月龄的宝宝食谱的安排可参照如下标准制定：早晨7点：牛奶200毫升；中午12点：粥一小碗，菜末30克，鸡蛋1/2个；下午3点：牛奶200毫升；晚上6点：粥多半碗，鱼或肉末30克，豆腐30克；晚上9点：牛奶200毫升。

生病时要因“病”而喂

不到1岁的小宝宝身体一般都比较娇弱，需要大人的全心呵护。这一时期如果身体有些不适，本来就很娇弱的宝宝消化吸收系统会更加娇嫩，因此，特别需要父母在医生的指导下注意饮食的科学性，精心喂养，帮助宝宝早日康复。

呕吐

小宝宝呕吐一般有以下几种情况：生病了、吃多了、吃急了或不适应固状物。经常呕吐，宝宝的胃部可能比较难受，此时可喂点小麦茶或电解质溶液。当宝宝8个小时以上排不出尿或没有力气时，必须立即带宝宝去医院看急诊。当小宝宝喝了电解质溶液后，呕吐有所好转时，可以间隔着给宝宝喂点米粉粥。如果是咳嗽引起的呕吐，吐完后宝宝想吃，可以继续喂。

发热

宝宝发高热时补充水分非常重要。发热的宝宝睡醒起来后，大人可以给宝宝喂一点小麦茶、含糖分少的果汁或电解质溶液，以补充水分。发热的宝宝饿了想吃东西时，喂点母乳或米粉粥等容易消化的食物均可，不可一味地饿着宝宝。若宝宝没胃口不想吃东西，大人也不要勉强宝宝。退热后如果宝宝仍然不想吃食物，可以喂一些宝宝以前爱吃的食物，目的是让宝宝渐渐恢复食欲。

腹泻

宝宝腹泻大多数都是因喂养不当引起的，比如，未按时添加辅食、喂养不定时、食物变化种类太多、量或多或少，使宝宝胃肠道不能适应，消化不良而致腹泻，此时就需要调整喂养方法。母乳喂养的宝宝，不必停止喂奶，只需适当减少喂奶量，延长两次喂奶的间隔时间，使宝宝胃肠得到休息。牛乳喂养的宝宝发生腹泻时，如果每日腹泻超过10次，并伴有呕吐，应禁食6～8小时，最长不超过12小时，使宝宝胃肠道充分休息。禁食时应保证对宝宝充足的水分供应。待情况好转，逐渐改服米汤、冲淡的脱脂牛奶、稀释的牛奶等，至完全好转再恢复原来的饮食。

便秘

在宝宝便秘时首先要注意给宝宝补充水分，喂一些有助于缓解便秘的富含纤维素的水果及蔬菜，比平常喂更多的含有植物性纤维较多的苹果、南瓜、地瓜等食物。另外，便秘的宝宝还应进行适当的运动，这样可以加快肠胃的蠕动，有利排便。当便秘情况严重时，可在征求医生意见的情况下，给宝宝喂食适当的带有油性的食物。

外出就餐时让宝宝安静的小方法

带宝宝外出吃饭，选一个对

大人和宝宝都合适的饭店很重要。过分嘈杂的地方会让宝宝心情烦躁，常常哭闹不停，也影响了你的好心情。因此选一个安静的饭店吃一顿合口的饭菜是非常惬意的，宝宝也会从中接受一些新鲜信息。

现在许多地方都出售宝宝就餐时用的高脚椅子，一些饭店也充分地为年轻的父母考虑，准备有高脚椅子，你也可以带一个便携式高椅，将宝宝安放在桌子旁，同时带上一些宝宝爱吃的小食品、果汁等，也可以带上宝宝喜爱的玩具，吸引他的注意力。另外，带宝宝外出吃饭还有一个小窍门：出发前，先喂宝宝吃饱，这样你也就可以更好地享受美食了。

专家提示

带宝宝外出吃饭有一个关键的问题，那就是如何及时处理宝宝的大小便？专家建议最好出门前换一件干净的纸尿裤，随身多带一些纸尿裤和纸巾以做准备。

外出时不要用保温杯装奶

有的父母常常将奶存放在保温杯中，认为这样既省时又省力，免去了每次特别是夜间冲调奶粉的麻烦，又使得宝宝饥饿时马上就能喝到温度适宜的奶。这种做法看似很好，其实是很不妥当的。

自然界中细菌是无处不在的，奶中含有丰富的营养成分，是细菌最好的天然培养液，而保温杯又提供了适宜细菌繁殖的温度。细菌大量繁殖产生毒素，加上宝宝的消化道黏膜薄嫩，极易发生感染，所以宝宝吃这种奶后常常会出现呕吐、腹泻等消化道感染的症状，严重者感染可弥漫全身，危害宝宝身体健康。

所以为了宝宝的健康，父母不要怕麻烦，最好在每次喂奶前及时冲调奶粉，并注意观察，恰当地估计宝宝每次大约能吃多少毫升奶，这样就可以避免每次吃奶后剩余奶的浪费。如果确实剩余奶量较多需要保存时，应将牛奶冷藏，下次哺喂时再重新加热消毒。

营养配餐 本月宝宝饮食推荐

什锦细面

■ 原 料

龙须面30克，鱼肉25克，番茄1/2个，胡萝卜1/2个，菠菜2棵，姜末少许。

■ 做 法

● 鱼肉洗净，去除皮和刺，剁成泥，放入姜末，调匀；番茄洗净，用开水略烫一下去皮，去除根蒂，剁碎；胡萝卜洗净，上锅煮熟，捞出压成泥；菠菜洗净，沸水中焯软，捞出剁碎；将锅置于火上，加适量水，放入番茄、胡萝卜、菠菜煮沸，下入鱼泥，搅拌调匀，稍煮片刻，下细面，煮至熟烂即成，适口后，用筷子夹断一点点喂给宝宝。

健康小提示 适合8个月的宝宝食用。喂食时，面和汤要混合喂给宝宝，避免宝宝嘴干，不易咀嚼。

牛肉粥

■ 原 料

牛肉30克，米饭1小碗，姜末少许。

■ 做 法

● 牛肉洗净，放入锅中，加适量清水煮沸，去除浮沫，放入姜末，用小火慢炖30分钟捞出，切碎；将米饭与牛肉碎一同倒入牛肉汤中调匀，大火煮沸后，再用小火熬煮至烂熟即成，晾至温热后给宝宝喂食。

健康小提示 适合8个月的宝宝食用。牛肉耐咀嚼，可充分锻炼宝宝的咀嚼肌，具有强筋骨、补脾胃的功效，使宝宝身体强健。

芝麻糙米粥

■ 原 料

糙米45克，黑芝麻35克，白糖少许。

■ 做 法

● 黑芝麻除杂后研碎；糙米淘洗干

净，放入电饭锅中，加适量水，熬煮至稀粥，加入黑芝麻拌匀，继续熬煮至米熟烂即成，晾温后加少许白糖调味，即可给宝宝喂食。

健康小提示 适合8个月的宝宝食用。糙米属粗粮，常食能提高宝宝免疫功能，黑芝麻润肠养肝，搭配食用既可补充宝宝每日所需，还可预防宝宝便秘，促进宝宝生长发育。

蔬菜粥

原 料

大米30克，小油菜2棵，老抽1滴。

做 法

● 大米洗净后，浸泡30分钟，捞出；小油菜洗净，沸水焯一下，切碎；将大米倒入电饭锅中，加适量清水，煮沸后加入小油菜调匀，继续熬煮成稠粥，滴入1滴老抽调味即成，适口后给宝宝喂食。

健康小提示 适合8个月的宝宝食用。若宝宝咀嚼能力差，粥可做稀一点，易于宝宝咀嚼消化。

酸奶香米粥

原 料

香米50克，酸奶50克。

做 法

● 香米淘洗干净，放入锅中，加适量清水，熬煮成极烂的粥，晾至温热加入酸奶搅拌调匀，即可给宝宝喂食。

健康小提示 适合8个月的宝宝食用。酸奶中酸性较强，搭配香米可减弱其中酸性，避免损伤宝宝脾胃，但酸奶忌加热，一定要在粥晾至温热后再加入，避免酸奶中的益生菌流失。

香菇鸡肉粥

原 料

大米30克，鸡脯肉45克，香菇2朵，油菜2棵，植物油5毫升。

做 法

● 大米淘洗干净；鸡脯肉洗净，剁成泥；油菜洗净，切碎；香菇洗

净，剁碎；将锅置于火上，加入植物油烧热，下鸡肉泥、香菇碎翻炒片刻，再放入大米，混合调匀，加入适量清水，加盖熬煮15分钟，加入油菜碎，继续熬煮成稠粥即成，适口后给宝宝喂食。

健康小提示 适合8个月的宝宝食用。此粥热量较低，富含蛋白质，特别适合胖宝宝食用，可调节身体状态，保证宝宝健康成长。

香蕉牛奶吐司

原　料

吐司4片，香蕉1根，葡萄干少许，热牛奶60毫升。

做　法

● 吐司去除四边烤焦部分，切丁；香蕉去皮压成泥；葡萄干洗净，沥干切碎；将上述食材一同倒入碗中，加入牛奶，混合各料，即可给宝宝喂食。

健康小提示 适合8个月以上的宝宝食用。加入水果牛奶的吐司，营养较丰富，适合宝宝口味，吐司做好后，要尽快食用，否则泡烂了影响口感。

苹果葡萄干粥

原　料

大米45克，苹果1/2个，葡萄干15克。

做　法

● 大米淘洗干净；苹果洗净，去核，切成薄片；葡萄干洗净，切碎；将苹果片和大米一同放入锅中，加适量水，煮沸后，放入葡萄干，转小火慢熬30～40分钟即成，适口后给宝宝喂食。

健康小提示 适合8个月的宝宝食用。此粥味道甜美，适合宝宝的口味，还有助于胃肠蠕动，预防宝宝便秘。

一日营养餐

上午	06：00	母乳或配方奶 150～200 毫升
	09：00	三鲜豆腐脑 1 碗，馒头片 1 小片
	12：00	南瓜拌饭 50 克，添加鱼肝油 1 粒
下午	15：00	芒果香蕉奶昔 60 克
	18：00	肉松面片 50 克
晚上	21：00	山药麦片粥 40 克
	24：00	母乳或配方奶 150～200 毫升

另：每两餐之间，给宝宝喂少量白开水，避免宝宝口渴。

日常养护，轻松做“辣妈”

训练宝宝坐便盆

8 个月的宝宝已坐得很好，即使父母放开手，也能坐得稳稳当当了。此时，父母应该培养宝宝坐便盆的习惯。每天定时让宝宝坐在便盆上排便，久而久之就形成了习惯。但是，在这个时期里决不能强迫宝宝坐盆，如宝宝一坐盆就打挺，或吵着闹着不干，或过了 5～7 分钟也不肯排便等，就垫上尿布，都不必太勉强，但每天必须坚持让宝宝坐盆，时间一长，经反复练习，宝宝一坐盆就可以排大小便了。

那么，该怎么样让宝宝练习坐便盆呢？培养宝宝定时大便，一般说来以早上为好，这样可以使宝宝一天都轻松愉快；如果在临睡前大便，也可以使宝宝夜间睡眠深沉踏实。应该根据宝宝的具体情况进行训练，不必强迫。起初可以让宝宝每次坐 2～3 分钟，1 岁以后逐步延长到 5～10

分钟。如果不能顺利排便，可过一会儿再坐盆，切忌强迫宝宝长时间坐在便盆上，久坐便盆，宝宝会因此发生脱肛。

从本月开始，父母还应训练宝宝逐渐减少使用尿布，直至完全不再用尿布，穿封裆裤。特别是女宝宝，尽量不要穿开裆裤，以免引起细菌或寄生虫感染。最好从夏天开始，父母可以多准备几条短裤，起初宝宝难免还会尿湿裤子，不必苛责，需要及时更换，然后告诉宝宝想大小便时要及时找盆，自己拉下裤子坐下。经过多次训练后，宝宝会逐渐形成习惯。冬天使用便盆，尤其是尚不能自动坐盆的小宝宝使用便盆时，要想办法先将盆边加加温，以免冰冷刺激，使宝宝抑制大小便，破坏原已形成的规律和习惯。

需要让父母值得注意的是，切忌养成宝宝饭后大便的不良习惯，以免宝宝吃一半饭就要大便，影响宝宝进食。如果宝宝已有这种习惯，可以让他在进食之前先坐一会儿盆，排空大便后再吃饭。

专家提示

练习坐便盆时，必须由父母托着或扶着，因为宝宝坐在盆上不稳，易摔倒，易疲劳；父母要有耐心和信心；只有坚持不懈，才能成功，养成习惯后终身受益。

适当给宝宝进行日光浴

孙思邈在《千金要方》中说：“凡天气和暖无风之时，令母将儿抱日中嬉戏，数见风日，则令血凝气刚，肌肉硬密，堪耐风寒，不致疾病。”现代医学也认为，阳光中含有紫外线、红外线、可见光三种光线，其中紫外线能够增强皮肤抵抗力，可杀菌消毒。经常晒太阳能杀死皮肤上的细菌，预防疖疮、毛囊炎、湿疹等皮肤病。

宝宝正在生长发育时期，对钙、磷的需要量较多，骨骼中的钙、磷含量不足时，宝宝易得佝偻病。钙、磷的正常代谢，有赖于维生素 D 的参加。在阳光的照射下，皮肤内的 7－脱氢胆固醇变为维生素D，能促进对钙、磷的吸收。因此，宝宝经常晒太阳，可以防治佝偻病，刺激神经系统的活动，增进肌肉和骨骼的发育，促进血液循环和呼吸消化等机能的提高。阳光中的紫外线照射，能刺激机体的造血机能，使红细胞的数量增多，血色素增加，改善红细胞的质量，增强机体的免疫力。可见，宝宝经常晒太阳，还能够防治营养不良和贫血。那怎么对宝宝进行日光浴呢？

日光浴最好从夏末开始，选择清洁、平坦、干燥、绿化较好、空气流畅但又避开强风的地方。可以先让宝宝在阳光下（1岁以上宝宝）或阴凉处（1岁以内宝宝）自由活动，以增加宝宝兴趣。1岁以内宝宝最初每次锻炼2～5分钟，逐渐延长到30分钟，春秋季以上午10～11点为宜，夏季可安排在上午8～9点，冬季在中午12～14点。夏季进行可适当使用防晒霜，注意保护宝宝眼睛，头部上方应有遮阴的东西，如戴上凉帽或暗色护目镜；先照背部，再照侧面，最后为腹部，尽量在裸体状态（只穿三角裤）进行。开始时，身体各处各照10分钟。每天1次，6天后停1次。

但值得注意的是宝宝必须满3个月后才能进行日光浴；晒太阳时不宜空腹，最好不要给宝宝洗澡。最好在午餐后1小时后进行。日光浴的时间应循序渐进，逐渐延长。如发现宝宝皮肤变红、出汗过多、脉搏加速，应立即回家给宝宝喝点淡盐水，或用温水给宝宝擦身。每次日光浴做完后要及时给宝宝擦汗，换内衣，最好能及时给宝宝补充些水分，喂点果汁、蔬菜汤等。另外，在给宝宝进行日光浴的时候，妈妈一定要认真观察宝宝的变化。如果宝宝出现出汗过多、睡眠不好、食欲减退、易疲乏等症状，应该立即停止日光浴，请医生检查。

别让宝宝哭个不停

宝宝适度的哭是允许的，也是非常需要的，但父母要把握好宝宝哭的时机和程度。研究证实，过分的哭会使胸腹腔内压增高，有碍胸腹内器官活动，易造成暂时性缺氧。进食、吸吮、洗浴时逗哭，容易将食物、水汁吸入气管。逗哭过度，会引起痴哭、口吃等不良习惯。大哭会引起大脑长时间兴奋，有碍大脑正常发育。过分大哭还会引起下颌关节脱臼。因此，如何安抚哭不停的宝宝成了每个妈妈逃不掉的作业。

1 抱着宝宝有节奏地进行运动 妈妈可以抱着宝宝，动作宜柔和，有节奏或左右或高低来回摇晃宝宝，这种摇动和宝宝在妈妈子宫时的感觉很像，能让宝宝安静下来。

2 遮蔽生活环境中的噪声 噪声也会引发宝宝的不安，因为宝宝的神经系统还没有发育完善，所以还不能隔绝来自周边环境的刺激，如果外面环境比较吵，妈妈可以关上窗，播放一些柔和好听的音乐，掩盖让宝宝心烦的杂音。还可以抱着宝宝贴进自己的心脏处，让宝宝听听妈妈的心跳声，宝宝就可以安静下来。

3 带宝宝出去走走 带宝宝到外面走走，也能安抚哭不停的宝宝，这招对很多宝宝都很起作用。有的宝宝爱好躺在童车里的感觉，有时都不用把他推出去，光是躺在童车里在家里兜兜，他也能立刻安静。

4 播放或者哼唱好听的摇篮曲 让宝宝听柔和、好听的摇篮曲也是十分经典的安抚方式，这特别适合从睡梦中惊醒的宝宝，摇篮曲能帮助他再次入睡。如果妈妈觉得自己唱歌不好听，可以用温柔的声音对宝宝说几句安慰的话。

5 抚触宝宝 抚摸所带来的触觉刺激通过皮肤传入到宝宝的小脑神经，这也能让宝宝安静下来。值得注意的是，长时间舒服的抚触比短时间的抚摸更有效果。

如果所有方法都用尽了，宝宝依然还是哭个不停，可能是因为妈妈安抚得“太使劲了”，过犹不及而让宝宝更添烦躁不安；有时不去安抚宝宝，让他自己哭一哭，说不定过一会儿就不哭了。

专家提示

环境过于花哨，过多的视觉刺激也会让宝宝容易烦躁哭个不停。有些宝宝的床饰太多了，去掉些玩具，换上比较朴素的床单，宝宝就变得安静多了。

给宝宝梳头要注意

经常梳头可以刺激头皮的血液循环，供给发部各种营养，促使色素细胞生出黑色素，并使头发内空气流通，以利于头发生长、变黑。所以，应该养成经常梳头的好习惯，但是给宝宝梳头需要格外小心。

(1) 给宝宝洗发之前，先用小梳子将头发理顺，这样即可防止头发缠结在一起，避免头发难以梳理，用力梳时损害头发。

(2) 小梳子齿距要宽一些，梳齿的顶端不要过尖，如果有塑胶薄套包着最好，这样不容易划伤宝宝的头皮。

(3) 梳理头发时，一只手要抓住发梢，尤其是头发很乱时。这样可减少宝宝头皮的受力程度，避免头发受力脱掉，并可减轻梳理时的疼痛。

(4) 给宝宝扎小辫子时，不要将宝宝的头发使劲扯紧，也不要用橡皮筋捆扎，这样，很容易使经常被拉扯的部位变秃，并使头发变细。

(5) 用吹风机给宝宝吹发时以低温适宜，以防伤害宝宝脆弱的发丝和稚嫩的头皮。

(6) 每两个月左右给宝宝修剪一次头发，不要让小女孩脑门上的刘海儿长过眉毛，这样，头发会长得更健康。

(7) 如果喜欢给宝宝的头发分头路，最好每隔几天就换一个部位，不然的话，总是分头路的部位头发会越来越稀少。

9个月：宝宝同步喂养方案

9个月的宝宝，运动能力更强了，显得更加活跃，只要醒着就一刻也不停地活动着，妈妈眼睛不能离开宝宝，因为宝宝随时可能把事情搞得一团糟，他变成了一个十足的“小捣蛋鬼”。也正因为如此，宝宝需要消耗更多的能量。而父母能做的除了注意他的安全问题外，还要科学喂养，让宝宝不缺乏营养。

权威发布，宝宝体格发育参照表

项目	男宝宝	女宝宝
体重	平均9.4千克	平均8.8千克
身长	平均73厘米	平均71厘米
头围	平均45.6厘米	平均44.5厘米
胸围	平均45.4厘米	平均44.6厘米
疫苗接种	注射第二次流行性乙型脑炎疫苗，注射第二次流行性脑脊髓膜炎疫苗	

喂养指导，听育儿专家怎么说

9个月宝宝的喂养方法

宝宝从第9个月起，母乳开始减少，有些母亲奶量虽没有减少，但质量已经下降。所以，此时必须给宝宝增加辅食，以满足小儿生长发育的需要。从本月起，母乳喂养的宝宝每天喂3次母乳（早、中、晚），上、下午各添加1顿辅食。

人工喂养的宝宝每天需750毫升牛奶，分3次喂，上、下午各喂1顿辅食。宝宝第9个月时，消化蛋白质的胃液已经充分发挥作用了，所以可多吃一些蛋白质食物，如豆腐、奶制品、鱼、瘦肉末等。宝宝吃的肉末必须是新鲜瘦肉，可剁碎后加作料蒸烂吃。

应该注意，增加辅食时每次只增加一种，当宝宝已经适应了，并且没有什么不良反应时，再增加另外一种。此外，只有当宝宝处于饥饿状态时，才更容易接受新食物。所以，新增加的辅食应该在喂奶前吃。

该月龄的宝宝食谱的安排可参照如下标准制定：早上7点：母乳喂哺15～20分钟；上午9点：饼干3片，鲜果汁100毫升；中午12点：喂蛋花青菜面30克；下午3点：母乳喂哺15～20分钟；晚上7点：清蒸带鱼25克，土豆泥50克；米粥25克；晚上9点：母乳喂哺20～25分钟。

牛奶喂养，妈妈谨防三大误区

宝宝仍处于生长发育较快的时期，加上活动量增加，因此，机体所需要的热量和营养素仍较多。因宝宝的咀嚼能力尚差，消化吸收功能还不完善，所以每天给宝宝吃250～500毫升新鲜的牛奶，可代替母乳的营养。牛奶是仅次于母乳的营养品，如果没有鲜牛奶也可以用奶粉调配。每250毫升牛奶可供给机体蛋白质8.7克、脂肪8.6克、碳水化合物11.5克、热量660千焦。但是值得注意的是，在对宝宝进行牛奶喂养时，不要走进以下误区：

维生素越多越好

据了解，因为某些营养物质（如维生素 A、维生素 D、维生素 E、铁、锌等）长期过量超标食用会产生毒性，国家对宝宝配方奶粉中各种营养物质的含量有严格的指标。但有相当多的消费者并不了解这些标准，以为宝宝奶粉营养成分含量越高越好，实际上这样不仅浪费金钱，还会影响宝宝健康。如国家规定100克宝宝奶粉中维生素 A 的含量是1250～2500 国际单位，如果奶粉中维生素 A 含量超高而使宝宝长期过量摄取，会造成宝宝皮肤方面的疾病，甚至引起头痛、眩晕、恶心、呕吐等。

孕妇奶粉也可喂宝宝

调查发现，有部分父母以为孕妇奶粉既然可以给妈妈吃，那直接给宝宝吃效果应该更好，因而胡乱为宝宝选购奶粉。专家指出，这是一种十分错误的认识，因为很多孕妇奶粉为满足准妈妈在怀孕期对钙的需求，添加了大量的钙，这些成分虽然宝宝也需要，但过多食用反而会增大宝宝的肾脏负担。

宝宝半岁前断奶

调查发现，有33.2%的消费者是通过电视广告获取奶粉消费知识的，部分奶粉广告存在误导成分，使父母误认为宝宝奶粉的营养超过母乳。调查结果显示，有超过七成的父母在宝宝半岁时已开始用奶粉喂养宝宝，甚至有的妈妈在宝宝3个月左右就给孩子断奶，这与“提倡母乳喂养”相违背。

喝肉汤同时莫忘吃肉

宝宝9个多月后已经能吃些鱼肉、肉末、肝末等食物，但不少父母仍只给宝宝喝汤，不食其肉，他们是低估了宝宝的消化能力，总以为宝宝小，牙齿少，没有能力去咀嚼、消化食物，也有的父母认为汤的味道鲜美，营养都在汤里，这些看法都是错误的，它限制了宝宝更多地摄取营养。

鱼、鸡或猪等动物性食物煨成汤时，确实有一些营养成分溶解在汤内，它们是少量的氨基酸、有机酸、肉精、嘌呤基、钙等，增加了汤的鲜味，但大部分的精华，像蛋白质、脂肪、矿物质都还留在肉内。

动物性食物主要的营养成分是蛋白质，蛋白质遇热后会变性凝固，绝大部分都在肉里，只有少部分可溶性蛋白质跑到汤里去了。汤里含有的蛋白质只是肉中的3%～12%，汤里的脂肪仅为肉中的37%，汤中的矿物质含量仅为肉中的25%～60%。可以这么说，无论鱼汤、肉汤、鸡汤多么鲜美，其营养成分还是远不如鱼肉、猪肉、鸡肉，如果宝宝只喝汤不吃肉，所获得的动物性蛋白质是很少的，不能够满足宝宝身体的需要，更影响宝宝神经系统的发育。因此，父母在喂宝宝汤的时候要同时喂肉。

蜂蜜——想要宝宝爱你真的好难

说起蜂蜜，大家会想到什么？甜美可口，有排毒养颜的功效……没错，蜂蜜里含有丰富的维生素、葡萄糖、果糖、多种有机酸和有益人体健康的微量元素，是一种营养丰富的滋补品。可是，对于1岁以下的宝宝来说，就要另当别论了！

蜂蜜在酿造、运输与储存的过程中，常受到肉毒杆菌的污染，这是因为，蜜蜂在采取花粉酿蜜的过程中，很有可能会把被肉毒杆菌污染的花粉和蜜带回蜂箱，所以蜂蜜中含有的肉毒杆菌芽孢非常高。而肉毒杆菌的芽孢适应能力很强，它在100℃的高温下仍然可以存活。宝宝的抗病能力差，非常容易使入口的肉毒杆菌在肠道中繁殖，并产生毒素，而宝宝肝脏的解毒功能又差，因而会引起肉毒杆菌性食物中毒。

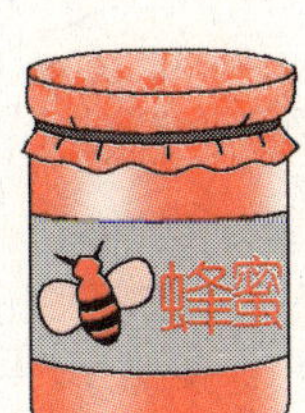

肉毒杆菌中毒是细菌性食物中毒中最凶险的一种，其症状主要有：病初表现为头晕、头痛、全身无力，尤其以颈部无力最明显，因而抬头困难；继之有四肢麻木、舌头发硬；接着可发生各种肌群麻痹。宝宝常表现为面部无表情、视物模糊、睁眼困难，有时还有斜视，眼球运动也受到限制。因负责吞咽的肌肉麻痹，咀嚼吞咽也有困难，吃东西时呛咳，甚至完全发不出声音。

据有关资料显示，吃蜂蜜的宝宝会比不吃蜂蜜的宝宝患病率高出8倍，因此在宝宝1岁之前，请勿添加蜂蜜，和蜂蜜比起来，其他的碳水化合物补充更加安全，可以用新鲜的果汁来取代蜂蜜给宝宝补充营养。

此外，宝宝喝了蜂蜜水之后反而不愿喝白开水，养成了宝宝从小不喝白开水的习惯，会造成日后对食物的偏食。因此，建议1周岁以内的宝宝以不喂食蜂蜜为宜。

营养配餐 本月宝宝饮食推荐

山药麦片粥

原　料

粳米50克，山药35克，麦片25克，枸杞子5粒。

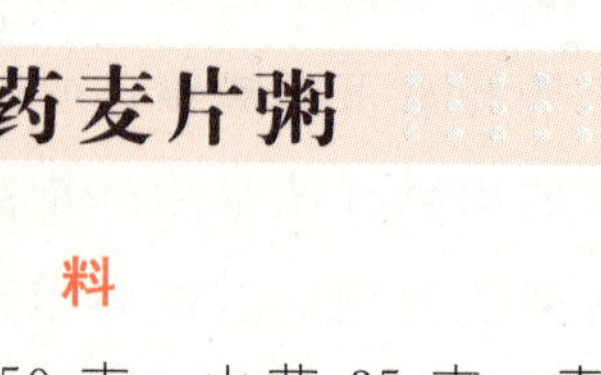

做　法

● 粳米淘洗干净；山药去皮洗净，切成小丁；将粳米、山药、麦片、枸杞子一同放入锅中，加适量水，煮沸后，转小火熬煮40分钟即成，适口后给宝宝喂食。

健康小提示 适合9个月的宝宝食用。枸杞子能补血明目，搭配山药煮粥可调养脾胃，提高食欲，促进宝宝成长。

三角面片

原　料

馄饨皮5张，青菜2棵，高汤

适量。

■ 做 法

● 青菜洗净，切碎；将馄饨皮拦腰切成两半后，再切一刀成小三角形；锅中加入高汤，煮沸后，下入三角面皮，煮沸后放入青菜碎，调匀，转小火慢煮15分钟即成，适口后给宝宝喂食。

健康小提示 适合9个月的宝宝食用。此时宝宝的好奇心较强，三角形的面皮能激发宝宝的好奇心，会在品尝味道的同时，增进食欲。

芒果香蕉奶

■ 原 料

小芒果2个，香蕉2根，牛奶150毫升。

■ 做 法

● 小芒果去皮，取出果肉；香蕉去皮，切块；将牛奶、小芒果肉、香蕉块一同放入家用搅拌机中，搅打成浆后，即可给宝宝喂食。

健康小提示 适合9个月的宝宝食用。奶昔中既有果味，又有宝宝喜欢的奶味，常食使宝宝渐渐忘记喝奶的欲望，为断奶做准备。

草莓蛋糕

■ 原 料

面粉100克，鸡蛋2个，草莓8个，蛋糕发酵粉5克，牛奶、白糖各适量。

■ 做 法

● 草莓洗净，去蒂，切丁；鸡蛋洗净，磕入碗中，打散；将面粉放入小盆中，加入草莓、蛋液、白糖、蛋糕发酵粉混合，再缓缓加入牛奶，调成面糊状，再倒入烤盘中，放入烤箱中，调制中档火候，烤10～15分钟即成，取出后，晾至温热切成小片，供宝宝食用。

健康小提示 适合9个月的宝宝食用。蛋糕烤成金黄色为佳，若把握不好可先烤5分钟，打开观察一下，再继续烤几分钟。

牛肉冬菇粥

■ 原　料

牛肉35克，香菇40克，大米45克。

■ 做　法

● 香菇洗净，切碎；牛肉洗净，放入锅中，加适量清水煮沸，去除浮沫捞出，晾凉切碎；大米淘洗干净，放入锅中，加适量清水，煮沸后，放入牛肉碎和冬菇碎，转小火熬煮至肉烂米熟即成，适口后给宝宝喂食。

健康小提示 适合9个月的宝宝食用。香菇牛肉耐咀嚼，常食既可锻炼宝宝的咀嚼能力，而且营养丰富，促进宝宝健康成长。若宝宝咀嚼能力差，烹饪时可将牛肉、冬菇切碎一些或多煮一会儿。

肉松面片

■ 原　料

薄皮面片30克，青菜2棵，肉松10克，生抽1滴。

■ 做　法

● 青菜洗净，切碎；将锅置于火上，加适量清水，煮沸后，下入面片，煮至快熟时加入肉松和青菜碎，加1滴生抽调匀，再煮3～5分钟即成，适口后给宝宝喂食。

健康小提示 适合9个月的宝宝食用。肉松面营养丰富，口味鲜美，且易嚼食。

三鲜豆腐脑

■ 原　料

鸡肉15克，虾仁3个，香菇2朵，豆腐脑60克，鸡蛋清1个，高汤适量，淀粉、香菜末各少许。

三鲜豆腐脑

■ 做　法

● 鸡蛋洗净，磕一个小口，倒出蛋清；香菇洗净，切碎；虾仁、鸡肉洗净，分别剁成泥，混合后，加入少许蛋清、淀粉调匀；将锅置于火上，加入适量高汤，煮沸后，加入鸡肉泥、虾肉泥和香菇碎调匀，转小火熬煮15分钟，水滚时，慢慢滑入豆腐脑，略煮片刻，撒入香菜末，搅拌调匀即成，适口后给宝宝喂食。

健康小提示 适合9个月的宝宝食用。豆腐脑细嫩爽滑，营养丰富，适合宝宝食用。

南瓜拌饭

原　料

大米45克，南瓜25克，白菜叶1片，高汤少许。

做　法

● 南瓜去除瓤、皮，洗净，切丁；白菜叶洗净，切碎；大米淘洗干净，放入电饭锅中，加水适量，煲煮至沸腾时，放入南瓜丁和白菜叶，加入少许高汤，混合拌匀后，继续煲煮至熟烂即成，适口后给宝宝喂食。

健康小提示 适合9个月的宝宝食用。南瓜是宝宝辅食的最佳食品之一，易咀嚼吞咽。

一日营养餐

上午	08:00	母乳或配方奶200毫升
	10:00	蘑菇豆花汤1小碗，馒头片2片
	12:00	菠菜面60克，添加鱼肝油1粒
下午	15:00	新鲜水果2~3块
	18:00	八宝米浆60毫升，草莓蛋糕1块
晚上	22:00	牛奶或配方奶200毫升

另：每两餐之间，给宝宝喂少量白开水，避免宝宝口渴。

日常养护，轻松做“辣妈”

教宝宝用杯子喝水

也许在不经意的某一天，你正在端着杯子喝水，如果看见宝宝望着你的动作，咂嘴并动手抢杯子，也想品尝一下味道，你该有什么反应呢？细心的父母不会呵斥宝宝的莽撞，相反，他们能够意识到这是开始训练宝宝尝试用杯子喝水的机会和信号。在7～8个月时，宝宝捧着杯子喝水，需要父母托着。对于9～10个月的宝宝，他们的双手渐渐有力，父母可以渐渐松开手，让宝宝自己捧杯喝水。训练宝宝用杯子喝水时，需注意：

(1) 选择的杯子要小、轻、不怕摔碎的材质，让宝宝双手可以握住杯子。

(2) 每次只往杯中倒少量水，喝完后再添加。避免宝宝拿不稳杯子时，水洒到身上。

(3) 让宝宝锻炼自己用杯子喝水是学习的过程，有利于宝宝自理能力的提高，同时训练了手的平衡能力，从而促进了宝宝智力的发育。

有的父母怕宝宝把水洒到身上，往往限制宝宝用杯子喝水，无形中使宝宝失去了一个很好的学习机会。因此，建议父母仔细观察宝宝能力发展的细微进程，及时鼓励他的进步，并提供良好、安全的学习机会。

专家提示

宝宝刚开始练习使用杯子时，可能没力气捧起杯子，父母可帮忙托着，所以给宝宝选择带双把的耳杯最适宜。刚开始最好选择带奶嘴的杯子，随着宝宝熟练程度的提高，可去掉奶嘴，让宝宝继续练习使用。

如何满足宝宝对父爱的需求

心理学家格塞尔曾指出：“失去父爱是人类感情发展的一种缺陷和不平衡。”心理学家和社会学家所做的大量调查也表明：没有父爱的家庭会严重影响宝宝的身心健康，造成宝宝性格心理的缺陷。因此，让宝宝感受到爸爸的存在，体会到爸爸对自己的爱，其意义在于使宝宝有一种心理寄托，获得安全感，正常健康地成长。宝宝在成长过程中，既需要母爱，也需要父爱。宝宝渴望父爱同渴望母爱一样。那么，做爸爸的应怎样满足宝宝对父爱的需求呢？

(1) 要学会照料宝宝，不管工作多么繁忙，下班回家也要先抱抱宝宝，要协助妻子给宝宝洗澡、换尿布、帮助宝宝洗脸、刷牙、整理床铺、穿脱衣服。

(2) 要随时注意接近宝宝，多和宝宝交谈，倾听他对你的讲话；一有机会便带领宝宝到公园、郊外游玩。

(3) 要做宝宝的玩耍伙伴，常和宝宝玩耍，这是与宝宝交流的最好机会。多跟宝宝一起游戏，使自己“返璞归真”，回到童年，让自己进入宝宝的“玩伴”角色，认同和遵守宝宝们的游戏规则。这样，爸爸和宝宝是“玩伴”、是“朋友”，可使宝宝深深感到父爱的温暖。

(4) 让宝宝精神愉快，不要强行让宝宝规规矩矩地不吵不闹；不能因工作忙而厌烦宝宝；更不能因工作不顺心而回到家里就向宝宝发脾气。应时刻把爱心献给宝宝，让宝宝精神宽松愉快。

总之，在人类丰富而复杂的感情世界中，父爱也是一种伟大而崇高的感情。为了宝宝的身心健康，爸爸应热爱自己的宝宝，充分满足宝宝对父爱的需求。

排除客厅险情，给宝宝更多的爱

宝宝学会了爬行，客厅就成了他们在家活动的主要场所。宝宝这里摸摸，那里碰碰，说不定什么时候，杯子倒了，玻璃碎了，抽屉翻了，小家伙不是头顶起包就是小手瘀肿……好一个险情迭出！妈妈纵是有三头六臂，面对淘气的小宝宝也免不了手忙脚乱。那么到底该关注哪些细节才能有效而又轻松地排除来自客厅的各种险情呢?

(1) 茶几应收拾整洁，注意不要把打火机、火柴、针、剪子、酒瓶等危险品放在茶几上，这些物品都应该放在宝宝够不着的位置，或者收纳在宝宝打不开的容器里。

(2) 电视机、录像机、影碟机等电器要妥善安置，其电源插座最好隐蔽起来，不用时最好切断电源，使用时最好有成人陪伴在宝宝身边，防止他拽拉电线，或者用小手去抠各种按钮，导致触电。

(3) 容易被打碎的东西不要让宝宝碰到，尤其是热水瓶等危险品。矮茶几上不要放置热的或重的物品。家里不要种植有毒、有刺的植物。

(4) 家具、门、窗的玻璃要安装牢固，避免碰撞引起破碎。墙上的搁物架一定要固定好，位置以宝宝够不着为宜。

(5) 饮水机最好选购那种带安全护门的产品，并且给护门装上安全锁。

还有一些是想不到的危险，如放在桌上的茶具、花盆、热的饭菜等，尽管宝宝够不着，但他有可能抓住拖到地面上的桌布，把桌布上面的物品拉下来，砸着宝宝或烫着宝宝，父母更应注意预防这种类型的危险发生。总而言之，一定要做到万无一失。

蒙头睡觉——宝宝健康的隐患

有些宝宝喜欢把头蒙在被子里睡觉，开始是觉得好玩，偶尔两次没关系，但若形成蒙头睡觉的习惯就不好了。

蒙头睡觉时，呼吸的空间范围小，空气不流通、不卫生，会使宝宝睡眠不安定，入睡不深，老是处在一种浅睡眠状态，容易惊醒，也

容易做梦，对宝宝健康是不利的。造成蒙头睡觉的原因是多方面的，有的是天气冷，宝宝把头蒙在被子

里觉得暖和舒服；有的是父母在睡前跟宝宝玩耍，常引导宝宝钻入被窝里；也有的是宝宝看了害怕的电视，听了大灰狼、老虎的故事而躲在被子里；有些家庭卧室光线太亮，父母在房里做事，怕影响宝宝入睡而使宝宝采取蒙头睡觉的做法，蒙头睡的次数多了就会慢慢形成习惯。

纠正宝宝蒙头睡觉的习惯可以通过讲道理和逐步改过的办法，不要责骂和粗暴。可以待宝宝入睡后把被子拉下来些，南方的冬季室内空气较冷，可把被子盖在脖子稍上，让口、鼻、眼露在被子外面。

10个月：宝宝同步喂养方案

宝宝的变化显而易见，从刚出生时的柔弱无助，到现在的独立自主，宝宝随时令你惊喜无限。10个月的宝宝会叫妈妈、爸爸；可认识常见的人和物；能够独自站立片刻；能迅速爬行；大人牵着手会走；喜欢被表扬；主动地用动作表示语言。宝宝在不断进步的同时，也迎来了人生里程中第二次重大的变化——断奶。如何为宝宝断奶？断奶后怎么喂养宝宝？……一系列的问题在父母脑海中盘旋，本章就解开你心中的疑问。

权威发布，宝宝体格发育参照表

项目	男宝宝	女宝宝
体重	平均9.66千克	平均9.08千克
身长	平均74.27厘米	平均72.67厘米
头围	平均46.09厘米	平均44.89厘米
胸围	平均45.99厘米	平均44.89厘米
疫苗接种	本月没有接种任务	

喂养指导，听育儿专家怎么说

10 个月宝宝的喂养方法

宝宝长到 10 个月以后，乳牙已经长出 4～6 颗，有一定的咀嚼能力，消化机能也有所增强，此时可以断掉母乳，用代乳食品和牛奶喂养。怎样喂养 10 个月的宝宝呢？

（1）断母乳，用主食代替母乳。除了一日三餐可用代乳食品外，在上午、下午还应该给安排一次牛奶和点心，用来弥补代乳食品中蛋白质、矿物质的不足。

（2）用牛奶喂养宝宝的，此时应减少牛奶的量，最好将喂牛奶的时间安排在上午、下午，每天牛奶的量不超过 500 毫升。

（3）增加辅食。此时的宝宝已有了一定的消化能力，可以吃点烂饭之类的食物，辅食的量也应比上个月略有增加。如果以往辅食一直以粥为主，而且宝宝能吃完一小碗，此时可加一顿米饭试试。开始时可在吃粥前喂宝宝 2～3 匙软米饭，让宝宝逐渐适应。如果宝宝爱吃，而且消化良好，可逐渐增加。

该月龄的宝宝食谱安排可参照如下标准制定：早上 7 点：牛奶 180 毫升，面包 2 块（10 厘米见方）；上午 9 点：温开水 100 毫升，饼干 2 块；中午 12 点：米饭半小碗，鸡蛋 1 个，蔬菜适量；下午 3 点：牛奶 180 毫升，小点心 1 个，水果适量；晚上 7 点：稀饭 1 小碗，鱼、肉末、蔬菜各适量；晚上 9 点：鲜牛奶 100 毫升。

专家提示

中午吃的蔬菜可选菠菜、大白菜、胡萝卜等，切碎与鸡蛋搅拌后制成蛋卷给宝宝吃。下午加点心时吃的水果可选橘子、香蕉、番茄、草莓、葡萄等。

断奶——宝宝饮食转变的分水岭

母乳虽然是宝宝最好的食物，但随着宝宝一天天长大，身体对各种营养素的需要越来越大，母奶的量及其所含的成分已不能满足宝宝生长发育的需要，断奶也是必然的事。

断奶的月龄并没有硬性规定，如果母乳多可多喂一段时间，一般从本月开始断奶。若母乳少的话，宝宝又不愿吃奶制品或其他食品，则应早一点断奶，到了该断奶的时间，妈妈不要犹豫不决，否则不但会使宝宝对母亲产生过度的依恋心理，还会使宝宝正确添加换乳期食品受到限制，导致宝宝出现营养不良，影响宝宝体格、智力和心理等方面的发展。所以，在给宝宝断奶时，需要注意以下五大事项：

1 把握断奶的关键时机 断奶需要选择适当的时机。首先必须选择宝宝身体状况最佳时断奶，否则会影响宝宝的健康。因为断奶、改吃牛奶和辅食后，宝宝的消化功能还需要适应一个阶段。此时宝宝的抵抗力会略有下降，所以断奶要考虑宝宝的身体状况。生病期间不宜断奶，体弱的宝宝可适当推迟断奶的时间。

2 断奶的技巧 宝宝已经习惯了母乳，断奶需要有一个准备的过程。可用母乳和牛奶混合喂养一段时间，逐步让他接受牛奶和其他食物，从而断掉母乳。不要用药物或辛辣品涂在乳头上，迫使宝宝放

弃母乳，以免给宝宝心理上造成不良影响。

3 断奶要循序渐进 自宝宝6～8个月起，就逐渐减少哺乳的次数。可先减去1次，由奶粉、豆浆或鸡蛋羹代替。以后再根据宝宝的适应情况减少喂奶的次数，同时将宝宝的口味由单一逐渐变为多样。1岁左右的宝宝多数会长出部分乳牙，食物可以从流质逐步过渡到半固体、固体，由泥、粥、羹状变为末、丁、小碎块。慢慢适应后，宝宝能进食了，也就可以做到自然断奶了。

4 断奶后宝宝要吃什么 母乳虽然断了，但奶类仍然是宝宝饮食中的一个重要组成部分，每天应保证摄入牛奶500毫升以上，并逐步过渡到以肉、蛋、谷物、蔬菜、水果为主的饮食结构，初步形成一日三餐的格局。原则上宝宝食品的味道要清淡。虽然随着宝宝日渐成长，也可以在食物中加入少许调料，但分量不应超过大人的三分之一，以防宝宝肝脏和肾脏负荷过重。要避免给宝宝吃油分多、刺激性强、难消化的食物，也不宜多吃糖含量多的食物。尤其是刚刚开始吃代乳食物的宝宝，应避免食用动物性蛋白质的大骨头或小鱼汤汁，以免造成肾脏的负担，一定要等宝宝适应了蛋白质以后再慢慢转换。

5 断奶后妈妈应注意的问题 用慈爱的眼神向宝宝传递母爱，让宝宝生活在关爱中。别小瞧了宝宝，他也是很敏感的，一旦从妈妈身上感受到不耐烦，就会变得烦躁不安。妈妈要抱着轻松、愉悦的心情来喂宝宝食物，要耐心细致、不厌其烦。把宝宝抱在膝上，一边跟他说话一边喂饭，将汤匙慢慢靠近宝宝的嘴边，等宝宝把食物吸吮进去。如果他吐出来，也不要着急，一定是食物不合他的胃口，要么就是太凉、太热，给他擦干净就可以了。

五大方法让宝宝不捡东西吃

10个月的宝宝已经能用拇指和食指捡起小的东西了。虽然父母为宝宝的进步感到高兴，但随之带来的麻烦会令父母急不得、恼不得：

无论捡起的东西是否能吃，宝宝都会放在嘴里尝尝；不希望他拿的东西如吃饭时的盘子碗筷，他会拿起来敲敲打打、乱扔，其实，这些行为只是宝宝尝试使用新本领的表现。如果父母能够利用这个机会给宝宝准备足够的食物，让他们捡起来吃，在锻炼宝宝手眼协调的同时，增加了宝宝对食物的兴趣，对缓解乱扔东西有一定的作用。这时，父母需要做到的是：

(1) 认识到这是正常行为的表现，宝宝正在运用新的技能，练习用新的技能控制物体的能力。

(2) 当宝宝把捡起的食物丢得到处都是时，不要训斥、限制宝宝，需要告诉他应该怎么做。

(3) 当宝宝捡起不能吃的东西并放到嘴里时，可以采用转移注意力的方法，替换宝宝手中的物品，而不要急忙夺下来，这样会使宝宝不安，并可能形成其他不好的习惯(如吮手指)。

(4) 给宝宝准备的可以捡起来吃的食物，需要种类多一些，如薯条、熟的胡萝卜、软质水果等。颜色需要丰富一些，但量不要太多。

(5) 吃饭时，允许宝宝动手捏食物吃，这样会让宝宝体会到吃饭的乐趣。

纠正偏食讲究方法

宝宝在此月期间已经开始对食物有所偏好，比如喜欢吃肉，不喜欢吃肝泥，不喜欢吃菜而喜欢吃甜食等，这些都是最初的偏食，偏食会影响到各类营养元素的补充，长此以往很容易造成营养不良，所以要把宝宝的偏食扼杀在萌芽状态。尽量在宝宝小时候就给他吃更多种类、更多口味的食物，不要过早在辅食里添加调味料，让宝宝能够适应更多的食物口味。那么怎么纠正宝宝偏食的坏习惯呢？

1 从小培养宝宝良好的饮食习惯 父母从给宝宝添加辅食时就要引起注意，增加辅食要科学、合理、全面，使宝宝对每种食物都爱吃，并且要定时、定量，每顿饭要按时吃完，形成良好的习惯，为断奶打基础。每天按一定的次数和时间吃饭，时间一长，宝宝就会形成正常的饮食习惯，到接近吃饭时，就会自动分泌消化液，产生饥饿感，吃饭时也会感到香甜。

2 让宝宝养成不吃零食的习惯 如果宝宝零食不离口，胃肠不停地蠕动，分泌消化液得不到休息，长期这样就会使消化功能紊乱。当吃饭时，消化液供不应求，吃进的食物停在胃里，不能很好地消化吸收，宝宝就没有食欲了。由于宝宝没有了食欲，必定不好好吃饭，东挑西挑，拣爱吃的吃，久而久之就会形成偏食的毛病。因此，千万不要让宝宝养成吃零食的习惯。

3 为宝宝树立好榜样 想让宝宝不偏食，首先父母要做到不偏食，如果父母这不吃那不吃，就会对宝宝形成潜移默化的影响，宝宝也会学着大人挑拣食物。因此，要预防和纠正宝宝的偏食，做父母的就必须以身作则，给宝宝树立一个好的示范。

4 讲究烹调方法，注意合理搭配 给宝宝做饭，也要讲究烹调技术，特别是注意色、香、味俱全，以引起宝宝的兴趣，如果饮食单调，会影响宝宝的食欲，也会形成偏食。

营养配餐 本月宝宝饮食推荐

海带细丝小肉团

原　料

海带 10 克，瘦肉泥 25 克，葱末、姜末、盐各少许。

做　法

● 将海带洗净，切碎，加入瘦肉泥、葱末、姜末、盐混合搅拌，用手团成小肉团；将锅置于火上，加适量清水煮沸，一个个放入小肉团，再放入海带碎，熬煮15分钟即成，适口后供宝宝食用。

健康小提示 适合10个月的宝宝食用，可充分锻炼宝宝咀嚼能力。制作时，肉团可做小一点，以宝宝口大小为宜，这样更容易咀嚼。

火腿土豆泥

■ 原　料

火腿肉10克，土豆1个，黄油3克。

■ 做　法

● 将土豆洗净，上笼蒸熟，去皮，碾碎；火腿肉切碎；将土豆泥、碎火腿、黄油混合调匀，上锅蒸5分钟即成，适口后给宝宝喂食。

健康小提示 适合10个月的宝宝食用。土豆泥营养丰富，且易吸收，搭配火腿，风味更加独特。

八宝米浆

■ 原　料

水发银耳5克，水发莲子3枚，水发百合6克，红枣2枚，核桃仁6克，花生仁5克，黑芝麻3克，粳米60克。

■ 做　法

● 银耳去除黄色杂质，撕碎；百合撕碎；红枣洗净，去核；莲子掰开；核桃仁、花生仁、黑芝麻、粳米分别洗净，沥干水分；将上述食材一同倒入全自动豆浆机中，加水至上下水位线之间，待煮好后倒入碗中，适口后给宝宝喂食。

健康小提示 适合10个月的宝宝食用。八宝米浆原料丰富，营养全面，易于宝宝消化吸收。

蘑菇豆花汤

■ 原　料

蘑菇25克，豆花40克，水发木耳8克，高汤适量，植物油、姜末、盐各少许。

■ 做 法

● 蘑菇洗净，切丁；水发木耳洗净，去蒂，撕碎；将锅置于火上，放入少许植物油，烧至七成热，放入姜末煸炒，再放入蘑菇丁、木耳碎丁，略翻炒后加入高汤煮沸，加入豆花，焖煮 5 分钟，加少许盐调味即成，适口后与主食一同喂给宝宝。

健康小提示 适合 10 个月宝宝食用。豆花汤营养丰富，蘑菇能开胃，搭配食用既可补虚也可增强体质，特别适合病后体虚的宝宝食用。

奶香菜花

■ 原 料

菜花 15 克，牛奶 30 毫升，火腿末 10 克，盐少许。

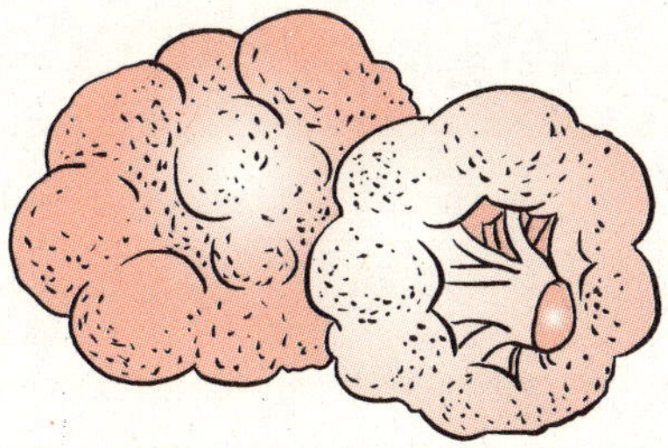

■ 做 法

● 菜花洗净，切成小块，放入沸水中，加少许盐，焯煮片刻，捞出；另起一锅，放入菜花、牛奶、火腿末，熬煮至牛奶被菜花火腿末吸收即成，适口后给宝宝喂食。

健康小提示 适合 10 个月的宝宝食用。菜花不宜切得太大或太碎，太碎不利于宝宝咀嚼，太大易使宝宝哽噎，应以宝宝适口为宜。

鱿鱼紫菜饭

■ 原 料

紫菜 8 克，鱿鱼丝 20 克，熟芋头 10 克，青菜 2 棵，大米 60 克。

■ 做 法

● 紫菜撕碎；鱿鱼丝切碎；熟芋头去皮，压成泥；青菜洗净，切碎；大米淘洗干净，放入锅中，加适量清水煮沸，放入芋头泥、青菜、鱿鱼碎、紫菜碎混合调匀，转小火慢煮至熟烂即成，晾至适口后给宝宝喂食。

健康小提示 适合 10 个月的宝宝食用。紫菜中富含 B 族维生素及维生素 E，可帮助宝宝维持机体酸碱平衡，有利于宝宝成长发育。此饭热量较低，特别适合胖宝宝食用。

菠菜面

■ **原　料**

手工鸡蛋面20根，菠菜3棵，香菇1朵，水发木耳1朵，高汤适量。

■ **做　法**

● 将买来的手工鸡蛋面切成小段；菠菜洗净，用沸水焯一下，去除草酸，捞出切碎；香菇洗净，切碎；水发木耳去蒂，撕碎；将锅置于火上，加入高汤和少许水，煮沸后，加入手工鸡蛋面、菠菜碎、香菇碎、木耳碎，转中火煮至面熟烂易嚼即成；晾至适口，用筷子给宝宝喂食，面和汤共食。

健康小提示 适合10个月的宝宝食用。适量食用菠菜不会使宝宝体内的钙流失，可促进宝宝身体新陈代谢，促进脂肪、蛋白质和碳水化合物的吸收，有利于宝宝的成长发育。

一日营养餐

上午	08:00	母乳或配方奶250毫升
	10:00	水果蛋糕1小块，鱼肝油1粒
	12:00	鸡肉松饭50克，南瓜饼1小块
下午	15:00	水果沙拉60克
	18:00	鸡汤水饺70克
晚上	22:00	母乳或配方奶250毫升

另：每两餐之间，给宝宝喂少量白开水，避免宝宝口渴。

日常养护，轻松做“辣妈”

鼓励宝宝多裸睡

季节交替、气温变化的时候往往也是儿科门诊人满为患的时候，抵抗力不强的宝宝很容易因为外界环境的变化而感冒、流鼻涕。提高宝宝抵抗力的方法有很多种，除了常见的空气浴、日光浴、水浴，还有一个非常简单的方法就是让宝宝裸睡。

裸睡并不是一个新鲜的话题，它可以改善睡眠质量，促进血液循环，对某一些疾病还具有缓解症状的作用。以往裸睡在成年人中较为常见，对于正在成长中的宝宝尤其是几个月的小宝宝，由于考虑到他们皮下脂肪少，保暖能力较弱，对疾病的抵抗能力差，所以很少有父母会让宝宝尝试裸睡。但事实上，在恰当的条件下，用正确的方法让宝宝裸睡，对宝宝的生长发育有意想不到的好处。

1 增强宝宝抵抗力 每天睡觉前，妈妈为宝宝脱衣服，做各项睡前准备工作时，宝宝的身体都不可避免地要和空气直接接触。气温和皮肤表面存在着温度差异，温差对宝宝的身体机能形成刺激，温差越大，刺激强度就越大，这可以有效促进身体的新陈代谢，帮助宝宝改善体温调节的能力，提高宝宝对疾病的抵抗能力。

宝宝进入梦乡之后，会自然地翻身、蹬腿……这些动作都会加速睡袋内的空气流动，穿衣入眠的宝宝对这些变化的感受是间接的，但裸睡的宝宝，他们的皮肤可以直接感受到各种不同的细微变化，对温度的改变可以及时做出相应调整。

经常经受类似锻炼的宝宝对疾病的抵抗能力自然会增强。

❷ 促进宝宝的智力发育 宝宝探索世界的第一步是感受世界。积极利用感官发育敏感期，对宝宝进行感觉刺激是促进宝宝智力发育的很重要的一环。皮肤是人体和外界的屏障，同时也是最重要的感觉器官。通过裸睡，宝宝的皮肤直接和睡袋接触，可以感受到温暖、柔软的棉布；睡觉前，妈妈为宝宝清洗，用手掌怀抱宝宝的小身体，水的流动，微凉的水温……种种不同的感觉，时时刺激着宝宝，对宝宝的大脑发育有着积极的作用。

怎样让宝宝睡得更香甜呢？父母可以尝试以下三个步骤，或许过一段时间，你会发现宝宝更容易入睡，睡眠质量也提高了呢！

❶ 安抚宝宝睡前情绪 在睡觉时间到来之前，不要让宝宝太兴奋，如果宝宝在睡觉前有一个习惯性的哭闹前奏，不要立刻把宝宝脱光。父母应该平时留心，掌握宝宝的睡眠习惯，帮助宝宝建立起一个良好的睡眠反射习惯，在哭闹前奏开始之前就可以做准备，逗他笑，让他心情愉快。然后才可以帮宝宝脱衣服。

❷ 清洁宝宝的身体 宝宝情绪平稳后，就可以开始为宝宝清洗身体。将宝宝的身体打湿，用掌心轻轻揉搓至全身，直至身体微微发红，力度不能太大，也不能太轻，沐浴露可以隔天用一次，用清水冲干净后，涂上润肤露，取一块大毛巾将宝宝全身包住，擦干后放进睡袋里面。整个过程要快，动作要干脆，室温调节在25℃左右。

❸ 宝宝睡着后再离开 宝宝躺下后，不要立刻走开，你可以看着他的眼睛，跟他说话，轻轻哼歌或者拍拍他的身体，各种温和的适合宝宝的活动都可以，直到他睡着。有些妈妈在宝宝闭上眼睛后就会马上起身去做其他事情，其实这个时候很有可能宝宝并没有真正睡着，你一走开，他就会醒，这样的过程有过几次后，你就发现宝宝变得好像不容易睡着了。正确的做法是，看见宝宝闭上眼睛，将刚才的活动延续一会儿。然后不妨坐在宝宝身边找本书看看，一段时间后再离去，这样做的目的是要和宝宝之间建立起足够的信任感。

专家提示

如果你打算让宝宝尝试裸睡，需要从夏天开始，但要注意的是，夏天一定不能让宝宝全裸，可在他肚子上盖块毛巾，以防着凉腹泻。等天气慢慢变凉，需要盖被子的时候，便可让宝宝裸睡了。

穿开裆裤有害宝宝健康

传统习惯中，父母总是让宝宝穿着开裆裤，即使是寒冷的冬季，宝宝身上虽裹得严严实实，但小屁股依然露在外面冻得通红。这种不好的习惯容易使宝宝受凉感冒，所以在冬季要给宝宝穿死裆的罩裤和死裆的棉裤或有松紧带的毛裤。此外，穿开裆裤还很不卫生。宝宝穿开裆裤坐在地上，地表上的灰尘垃圾都可以粘在屁股上。此外，地上的蚂蚁等昆虫或小的蠕虫也可以钻到宝宝的外生殖器或肛门里引起瘙痒，还可能因此而造成感染，特别是交叉感染蛲虫。

蛲虫是生活在结肠内的一种寄生虫，在温暖的时候便会爬到肛门附近产卵，引起肛门瘙痒，宝宝因穿开裆裤可用手直接地抓抠，这样手指甲里便会有虫卵，宝宝吸吮手指时通过手又吃进体内，重新感染。通过玩玩具、坐滑梯还可能使其他小朋友也受感染。蛲虫病的传染能力特别强。在家里，宝宝若和父母睡一张床，还会感染给父母，夜里蛲虫会从屁股里钻出来产卵，产完卵后又钻回肛门里，天天如此，新老接替不断。蛲虫卵随着人们的衬裤掉到被子上和被单上，只需一天时间这些虫卵就可发育成熟。在人们整理床单、被子时，这些虫卵便会随空气而吸到鼻腔或口腔、咽腔，然后进入胃和小肠，几天以后就发育成熟变为成虫了。

要消灭蛲虫，全家人可能都得服阿苯达唑或甲苯达唑口服片；睡觉时要穿睡衣，不要让宝宝的手指直接去抓肛门；将裤衩、褥单等污染物煮沸洗净；要将宝宝的指甲剪短，将手洗干净。最根本的办法是不要让宝宝穿开裆裤，以免引起不必要的受冻或其他疾病。

勤背宝宝——开发智力的新领域

研究表明，背宝宝作为一种育儿的辅助手段，不会伤害宝宝的躯体四肢，也不会影响宝宝的睡眠；相反，由于宝宝同妈妈的这种密切接触，还会给宝宝的生长发育带来益处。

1 促进脊柱正常发育 刚出生的宝宝脊柱几乎是直的，但正常成人脊柱则呈“S”形，具有颈曲、胸曲、腰曲和骶曲四个生理弯曲。宝宝整天躺卧在童床里，显然不利于刺激脊柱的正常生理弯曲形成。尤其是2岁以内的宝宝，若平卧时间太长，会引起枕骨平塌，形成“扁头”；而侧卧睡得过久，又会导致两侧面颊生长不对称。但这些情况对于背着的宝宝来说，都是不容易出现的。

2 促进宝宝的第二信号系统发育 第二信号系统指的是语言和大脑的其他功能。父母如能适当安排时间背着小宝宝，一面可腾出手来料理家务，一面又能同宝宝呢喃对话，可以培养宝宝的语言能力，促进大脑的发育。

3 增进母子情感 母子肌肤的频繁接触，还可促使乳汁分泌，有利于宝宝的营养供给，增加母子之间的感情。既然背宝宝有这么多的好处，那么该怎么样背宝宝才是正确的方法呢？

首先找一块长方形的布，这块布的材料必须得结实并且柔软。棉质的材料会比较好。当然，这块布也需要足够的大，长度最好与你的手臂展开齐平。接着，将布放在你的腰间，想象一下就像在穿裙子一样。身体前倾，抓住布的两端，找人帮忙让你的宝宝趴在你的背上。然后用布包住宝宝的臀部和背部，视宝宝的大小，如果小一点的宝宝要将宝宝的肩膀也包住。这时，布的一端放在你的肩膀，另一端穿过你的腋下，在胸前打结，走路的时候记得稍微前倾，这样你的宝宝会比较舒适。你要将宝宝的脚缠在你的腰间，就像你背着他一样。也可以举起其中的一个手，让你的宝宝从腋下穿过，将打结处移动到你的肩膀，这样就可以在前面斜抱着你的宝宝了。

选对餐具，培养宝宝良好的饮食习惯

宝宝的吃饭问题对于很多妈妈来说是个大麻烦，哄骗、诱惑、威胁……百般武艺都用上了，效果却不明显。不过，如果餐具是宝宝所钟爱的，也许他会兴致大发，稀里哗啦地扒光碗里的饭；也许他会因为爱上了餐具，而爱上吃饭。那么该怎么样为宝宝选择适合他的餐具呢?

(1) 给宝宝选购餐具最好选择那些专用的宝宝餐具，因为这些餐具会根据宝宝的生理特点加以设计，比较适合宝宝使用。另外，在买餐具的时候，可以带宝宝一起去，因为餐具是给宝宝使用的，如果让他挑选了自己喜欢的餐具，那么便能够吸引他自己吃饭。

(2) 目前市场上宝宝餐具大多用塑料制成。宝宝吃饭的时候可是状况多多，玻璃碗或传统的陶瓷碗太重，不方便让宝宝使用，也容易打碎。

(3) 宝宝餐具的样式也是五花八门，有圆形、椭圆形、多边形等。而勺子除了传统的直线形样式以外，还有一种勺头弯曲的样式，因为年龄小的宝宝手不会拐弯，用勺子勺起饭后往嘴里送比较困难，所以就设计了这种勺头拐弯的勺子，方便宝宝把饭送进嘴里。

(4) 宝宝餐具的功能也很多，有底盘带吸盘的碗，能够把碗吸在桌面上不会移动，这样就不容易被宝宝打翻；感温的碗和勺子，能够让父母掌握温度，不至于让宝宝烫伤；耐高温的餐具，能够进行高温消毒，保证安全卫生。

(5) 给宝宝选用餐具的时候，

一定不要选择那些色彩鲜艳、颜色杂乱的餐具，因为颜色中铅的含量比较高，容易引起宝宝铅中毒。宝宝餐具一般都是无色透明的塑料制成，为了吸引宝宝，有的产品加了一些可爱的卡通形象，颜色大多单一且色泽很浅。一般来说，知名品牌都是经过国家检测部门检测，所用的颜色对宝宝没有影响。而筷子最好选择没有含漆的，因为漆中含有有害物质，而且使用次数多了以后，筷子上的漆会脱落，容易让宝宝吃进肚子里。

如何为宝宝清洗餐具，也是父母眼中的一大难题！塑料餐具跟陶瓷餐具相比，既有优点又有缺点，优点是不容易打碎，缺点则是不容易清洗，尤其在食用了比较油腻的食物以后，感觉不管怎么清洗，都有一层油附在上面。但是，不管是什么材质的宝宝餐具，在使用后，都不应搁置太久，以免细菌滋生。因此，在清洁餐具时，可用一些温和的洗涤剂，洗净以后用清水冲洗掉洗涤剂，一定要保证餐具上没有残余洗涤剂，否则，这些残留物质会损害宝宝健康。清洁完毕以后，再用热水冲一下，不需要用抹布擦干，自然晾干就可以了。

第五章

11～12月，过渡到成人饮食喂养方案

宝宝的变化是显而易见的，从刚出生时的柔弱无助，到现在的独立自主，宝宝随时会让家人惊喜无限。这个时期宝宝的手指会更加灵活，大脑也会更聪明。从这个月起，家长们应让宝宝尝试各种味道的辅食，鼓励宝宝到餐桌上来与家人一起进餐，爸爸妈妈们还要注意培养宝宝良好的饮食习惯，这与将来宝宝的健康饮食息息相关，家长们绝不可掉以轻心。

11个月：宝宝同步喂养方案

此时的宝宝，有的会颤巍巍地向前迈步了，但大多是不协调的交叉步，自己绊倒自己。有的宝宝已经会单手扶着床沿走几步……因此，有些父母为了让宝宝更好地学走路，就把他整天放进了学步车中，然后自己做自己的事情。这样对宝宝的智力发育没有任何帮助，还有阻碍的可能。同时需要注意的是，宝宝在学步车里，活动范围更大了，使得宝宝利用自己的移动能力，触摸各种物体，增加了很多安全隐患。

权威发布，宝宝体格发育参照表

项目	男宝宝	女宝宝
体重	平均9.8千克	平均9.2千克
身长	平均75.3厘米	平均74厘米
头围	平均46.3厘米	平均45.2厘米
胸围	平均46.2厘米	平均45.1厘米
疫苗接种	风疹与流行性腮腺炎疫苗。这两种疫苗在宝宝8～12个月中注射一次即可	

喂养指导，听育儿专家怎么说

11 个月宝宝的喂养方法

此时的宝宝不再以母乳、牛乳为主要的日常饮食，从而结束了断乳期，开始吃离乳后的饮食了。怎样喂养 11 个月的宝宝呢?

有人认为离乳是连牛奶都要停止吃，这是错误的。因为宝宝在生长发育的过程中，无论如何都不能缺少蛋白质。虽然在宝宝的食谱中有动物性食品的安排，但量不足，而从牛奶中补充是最佳的补充方法。至于牛奶的量可根据宝宝吃鱼、肉、蛋的量来决定。一般来说，宝宝每天补充牛奶的量不应该低于 500 毫升。

宝宝离乳后，谷类食品成为了宝宝的主食，热量的来源大部分也靠谷类食品提供。因此，宝宝的膳食安排要以米、面为主，同时搭配动物食品及蔬菜、豆制品等。随着宝宝消化功能的逐渐完善，在食物的搭配制作上也可以多样化，最好能经常更换花样，如小包子、小饺子、馄饨、馒头、花卷等，以提高宝宝进食的兴趣。

该月龄宝宝的食谱可参照如下标准制定：早晨 7 点：粥 1 小碗，肉饼或面包 1 块；上午 9 点：牛奶 150 毫升；中午 12 点：喂饭（米 25 克、肉末 25 克、蔬菜 25 克）；下午 3 点：牛奶 100 毫升，豆沙小包 1 个；晚上 7 点：烂饭 1 小碗，鱼、蛋、蔬菜或豆腐；晚上 9 点：水果 50 克。

豆制品——宝宝的植物高蛋白食品

一般豆制品是指黄豆制品。黄豆制品有黄豆粉、豆浆、豆腐、豆腐干、素百叶、素鸡、腐乳、黄豆芽。豆制品主要含有植物蛋白，黄豆所含的蛋白是植物蛋白质中最好的一种。黄豆内含有丰富的蛋白质（占 39.9%）、脂肪（占 17.2%）及矿物质，其中 80% 的铁可以利用。黄豆内的蛋白主要是大豆球蛋白，氨基酸与酪蛋白的氨基酸相似，仅赖氨酸、缬氨酸较低，但仍是植物蛋白中最适合宝宝营养需要的一种。

值得注意的是，黄豆经过加工后可提高蛋白质的吸收率，比如洗净的黄豆500克，加水4000毫升，浸泡24小时，去皮后连水磨成粉浆，然后过滤，每1000毫升豆浆加盐1克、乳酸钙3克、淀粉20克、蔗糖60克，再煮沸20分钟，同时不断搅动，就成了一杯美味的豆浆。又如各种用豆制品制作的菜肴，也是宝宝餐桌上不可缺少的，如猪血豆腐汤、猪肝泥豆腐羹、碎菜蛋花豆腐汤、鱼肉豆腐羹等，味美可口，实为宝宝喜食的佳肴。

五种食物不要吃

婴儿期食物的安全非常重要，这是父母们很清楚的事情。尤其是宝宝快1岁时喜欢模仿大人，看到大人吃东西，宝宝就会表现出想吃，这时父母别什么都给宝宝吃，应对食品进行选择。如瓜子、花生、糖果等小而滑的、尖而硬的食品不应给宝宝吃，因为宝宝虽然已长出牙，但其咀嚼功能还没有完全发育成熟，宝宝没有能力食用。再者，颗粒状的食品容易引起呛咳，甚至进入气管发生危险。所以宝宝不宜吃以下五种食品：

(1) 含脂肪和糖太多的食品，如巧克力、麦乳精、元宵、年糕、粽子等，宝宝吃后不易消化，会引起宝宝腹泻。

(2) 刺激性较大的食品，如辣椒、大葱、大蒜、生姜、酒类、咖啡等，因为这类食物容易损伤宝宝的口腔、食管和胃黏膜。

(3) 熏烤、油炸食品，这些食物不容易消化，吃后极易引起宝宝呕吐或胃肠功能紊乱。

(4) 不符合卫生的小食品，如棉花糖、爆米花等。

(5) 小粒食品，如瓜子、带刺的鱼、带子的西瓜等。宝宝也不宜喝含糖量高和有色素的饮料。

莫让成人饮料伤害宝宝

都说给宝宝喝饮料不好，可是，一进超市，又有哪一个宝宝能真正逃脱掉饮料的诱惑呢？饮料，在不得不喝的情况下，怎样选择才能真正对宝宝健康有益呢？

喝什么？怎么喝？面对汽水、可乐、绿茶等饮料，也许宝宝自己只拿那些能从包装上吸引他们的瓶瓶盒盒；但作为父母，考虑的就多了，比如饮料中有没有色素？加没加防腐剂？宝宝喝了会不会肚子胀？会不会影响吃饭？会不会发胖等问题一股脑儿涌了上来。别急，先冷静下来，其实父母只要不让宝宝喝以下四种类型的饮料，其他饮料少喝点还是无妨的。

❶ 兴奋剂饮料　如咖啡、可乐等，其中含有咖啡碱，对宝宝的中枢神经系统有兴奋作用，影响脑的发育。

❷ 酒精饮料　酒精刺激宝宝胃黏膜、肠黏膜乳头，可造成损伤，影响正常的消化过程。酒精对肝细胞有损害作用，严重时可使转氨酶增高。

❸ 茶水　虽然含有维生素、微量元素等对人体有益的成分，但宝宝对茶碱较为敏感，可使宝宝兴奋、心跳加快、尿多、睡眠不安等。茶叶中所含鞣质与食物中蛋白质结合，影响消化和吸收。饮茶后铁元素的吸收下降 2～3 倍，可致贫血。如以色列人有让宝宝喝茶的习惯，其中 32.6% 的宝宝有贫血症，而不喝茶的宝宝患贫血症只占 3.5%。

❹ 汽水　内含小苏打，能中和胃酸，不利于消化；胃酸减少，易患胃肠道感染；含磷酸盐，影响铁的吸收，亦可成为贫血的原因。

营养配餐 本月宝宝饮食推荐

南瓜饼

原　料

面粉 40 克，南瓜泥 30 克，黄油 15 克，发酵粉 3 克，白糖少许。

做　法

● 将面粉倒入盆中，放入南瓜泥、白糖、发酵粉混合搅拌，加少量水，制成南瓜饼胚；将平底锅置于火上，放入黄油，待油热后，放入饼胚，双面煎至金黄色即可，晾凉后切成小三角，供宝宝食用。

健康小提示 适合11个月的宝宝食用。南瓜属温性食物，可暖胃补虚，且口感糯甜，适合宝宝食用。

鸡肉松饭

原　料

鸡脯肉50克，软米饭1碗，芹菜15克，植物油、盐各少许。

做　法

● 鸡脯肉洗净，剁成肉末；芹菜洗净，抽丝，切成碎末；将锅置于火上，倒入植物油，烧至七成热，下入鸡肉末、少许盐，翻炒几下，再下芹菜末，继续翻炒2分钟，放入软米饭，加一点点水盖上锅盖焖约3分钟，再翻炒均匀即可，适口后给宝宝喂食。

健康小提示 适合11个月的宝宝食用，可充分锻炼宝宝咀嚼能力，而且鸡肉富含蛋白质和不饱和脂肪酸，且肉质鲜嫩，鲜香可口。

水果蛋糕

原　料

面粉60克，鸡蛋1个，热牛奶20毫升，发酵粉3克，葡萄干10克，黄桃罐头1个。

做　法

● 鸡蛋洗净，磕入碗中，打散；黄桃罐头起开，捞出几片，切成小块；葡萄干洗净，沥干后切碎；将面粉、发酵粉放入盆中，加入热牛奶和蛋液混合搅拌，再加入少许黄桃罐头水，调和成稠面糊，撒上葡萄干和黄桃块；取一个盘子，盘底抹些油，将蛋糕面糊倒入盘中，上锅蒸35～50分钟即可取出，晾凉后切成小块，供宝宝食用。

健康小提示 适合11个月的宝宝食用。自己蒸的蛋糕不含太多糖分，并加入了鸡蛋和牛奶，既营养又美味，适合宝宝作为点心食用。

番茄沙拉

原　料

番茄1个，千岛沙拉酱少许。

做　法

● 将番茄洗净，用开水烫去皮，去除根蒂，切成小块，放入千岛沙拉酱调匀，即可给宝宝喂食。

健康小提示 适合11个月的宝宝食用。沙拉酱具有特殊的香味，宝宝会非常喜欢吃，但沙拉酱中热量较高，脂肪含量也高，不宜食用过多，避免宝宝肥胖。

猪肝圆白菜

原　料

猪肝泥60克，豆腐100克，胡萝卜半根，圆白菜叶2片，肉汤适量，淀粉、盐各少许。

做　法

● 豆腐洗净，切丁；胡萝卜洗净，剁碎；圆白菜叶洗净，放入开水中煮软，捞出晾凉；将猪肝泥与豆腐、胡萝卜碎混合调匀，加入少许盐调味，然后放入白菜叶中作馅，再将圆白菜叶卷起，用淀粉封口后，放入肉汤中煮熟即可，适口后，戳开给宝宝喂食。

健康小提示 适合11个月的宝宝食用。猪肝具有明目的功效，经常给宝宝食用，有助于宝宝视力的发育，预防近视、弱视。

三文鱼菠菜饭

原　料

三文鱼肉200克，菠菜3棵，米饭1碗。

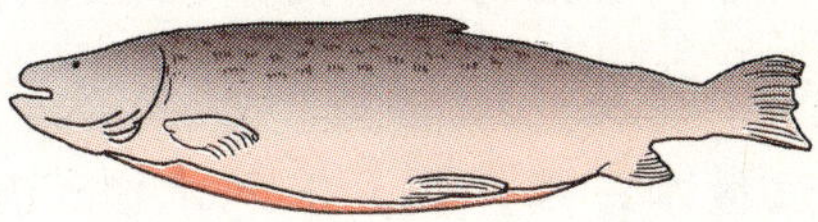

做　法

● 菠菜洗净，切碎；三文鱼蒸熟去骨，鱼肉捣碎；将米饭倒入锅中，加适量水，煮沸后加入三文鱼碎，转小火继续熬煮约20分钟，加入菠菜末，煮沸即可，适口后给宝宝喂食。

健康小提示 适合11个月的宝宝食用。三文鱼中所含的不饱和脂肪酸可促进宝宝的大脑发育，但过敏体质的宝宝慎用，避免引起过敏。

鸡汤水饺

■ **原　料**

面粉100克，瘦肉馅80克，青菜1棵，紫菜1片（撕碎），酱油1滴，盐、葱末、姜末各少许，热鸡汤适量。

■ **做　法**

● 将面粉和成面团，擀成小圆皮；青菜洗净，剁成碎末，挤去水分放入瘦肉馅中，再加入少许酱油、盐、葱末、姜末拌匀，做饺子馅；将肉馅放入一个个小圆面片中间，用拇指和食指将面片捏紧，包成一个个小水饺。然后将锅置于火上，加适量水，煮开后，下入水饺，用捞勺沿锅边顺一个方向搅动，避免粘锅，煮开后，再搅动一下，煮至水饺漂浮时，捞出，放入鸡汤中继续煮片刻。加入一点点盐、紫菜碎即可，晾至适口后，给宝宝喂食。

健康小提示 适合11个月的宝宝食用。水饺内不易凉，不可整个给宝宝喂，需先戳开，吹一下再给宝宝喂，避免烫伤宝宝的牙床。

牛肉蔬菜燕麦粥

■ **原　料**

大米60克，牛肉40克，菠菜3棵，番茄、胡萝卜各半个，燕麦片20克。

■ **做　法**

● 牛肉洗净，切块，焯熟，捞出，晾凉后切碎；胡萝卜洗净，切块；番茄用沸水烫去皮，去除根蒂切碎；将菠菜洗净，沸水焯一下，切碎；将番茄、胡萝卜、菠菜一同放入搅拌机中打碎；将大米淘洗干净，放入电饭锅中，加适量水熬煮，煮沸时，加入打碎的蔬菜和切好的牛肉粒，煮至熟烂即成，适口后给宝宝喂食。

健康小提示 适合11个月的宝宝

食用。牛肉不易咀嚼，妈妈可将牛肉煮烂一些，在放入粥中熬煮，避免宝宝因咀嚼不烂，而引起便秘。

一日营养餐

上午	08:00	母乳或配方奶 250 毫升
	10:00	番茄鸡蛋羹 40 克
	12:00	鸡肉松饭 50 克，蔬菜汤 1 小碗
下午	15:00	新鲜水果 1 块，全麦面包 1 片
	18:00	鱼肉面条 50 克
晚上	22:00	母乳或配方奶 250 毫升

另：每两餐之间，给宝宝喂少量白开水，避免宝宝口渴。

日常养护，轻松做“辣妈”

训练宝宝学走路

要学会走路，宝宝的肌肉需要达到一定的力量，并能很好地掌握身体平衡。可是宝宝走路的早晚却受很多因素的影响。

宝宝的个性也决定着走路的早晚。有的宝宝性情温和、谨慎，没有自己要走的愿望，走得相对较晚；有的宝宝生性好动，8 个月大时便不肯在成人的怀抱里，喜欢被扶着腋下迈步，可能会行走的时间相对较早。体形也能影响宝宝走路的早晚，瘦一点的宝宝似乎开始走路比较早。另外，走路晚的宝宝在爬行→扶站→独站→行走的过程中缓慢而谨慎，按自己的节奏发展，等他终于可以走时，便能够走得很好。常被抱着，很少有机会运动的宝宝，往往走得相对晚一些。一般情况下，宝宝在一岁左右开始会走路，最晚不能超过15个月。

当10个月时，宝宝的手脚动作大多已能够很好协调，使他能扶着家具自己站起来，下一步是开始扶着家具向一边拖着脚走，最后他在没有人扶的情况下，自己开始摇摇摆摆地迈出最初的几步，但不是很稳，通常需要伸出双手来保持身体的平衡。这个阶段，宝宝会经常跌倒，这时父母应鼓励他自己爬起来，鼓励他“再来一次”。并对每一次的独走成功立即给予表扬。这样，在一次次跌倒爬起到稳步走路的过程中，宝宝学会了如何保持身体平衡，学会了如何行走自如，在提高他的能力的同时也增强了他的自信。

有些宝宝生性比较胆怯，开始不敢独自开步走，这时父母可采用以下这几个方法帮助他学走路：

(1) 宝宝与你面对面，让宝宝的双脚分别站在你的双脚背上，握住他的双手，然后你左右交替一步一步迈步向后退，带动他左右交替向前迈步。

(2) 让宝宝站在床沿或长沙发的一头，你在旁用玩具逗引他移步走。

(3) 让宝宝牵着父母双手或单手走路。

(4) 父母面面相对蹲下，距离为伸手能相触，让宝宝在这段距离内自己独立行走。

(5) 让宝宝靠墙站立，你在距他不远处用玩具逗引他走过来。

虽然学会走路是具里程碑意义的动作之一，但是这并不能说明开始走路早的宝宝比走路晚的宝宝智力水平高。当宝宝迈出艰难兴奋的第一步的瞬间，父母感觉异常的幸福、欣慰，但是请不要忽略下面的问题：

(1) 在宝宝学习走路期间，均衡地摄入营养素非常重要，尤其是钙元素的摄入。宝宝从扶着走到独立行走，下肢骨骼需要承担很大的身体重量。如果此期发生营养不良、钙元素缺乏，容易使腿部变形，成为平时所说的“O”形腿或“X”形腿。

(2) 注意行走的安全。宝宝扶着东西走路后，不只是能找到乐趣，还可能会碰到麻烦，如：摔倒了、碰到尖锐的物体、把东西摔坏了等。所以，保护宝宝不发生意外伤害是这个时期需特别留意的问题。

不要给宝宝剪睫毛

有些妈妈希望宝宝有着漂亮的睫毛，所以会给新生儿剪睫毛。那么真的有用吗？其实，睫毛的长短、粗细、漂亮与否，主要与遗传等因素和营养状况有关，用剪睫毛的方法是没有作用的。

人的睫毛有其特殊的作用。上下睑睫毛在眼睛前方形成一个保护屏障，起到遮挡灰尘和过强光线作用。人为剪掉睫毛后，在新睫毛长出以前，眼睛易受到伤害，如灰沙较大的天气人们要眯起眼睛，睫毛便可挡住灰沙，而人又能清楚地看到一切。没有睫毛者则不行。

剪掉睫毛后，刚长出的粗、短、硬的新睫毛，容易刺激眼球、结膜和角膜，会产生怕光、流泪、眼睑痉挛等异常症状，严重者会继发眼部感染。另外，在剪睫毛的过程中，如果宝宝的眼睑眨动或者头部摆动，都可能造成外伤，这都会给宝宝造成不应有的痛苦。

玩耍——宝宝学习和成长的阶梯

这个月龄的宝宝，喜欢的玩具很多，有布娃娃、可扔的玩具、毛茸茸的动物玩偶。他们喜欢玩配对游戏，还试着用积木“造塔”，或者把积木变成一辆沿着公路开的小汽车。爱玩是宝宝的天性，放手让你的宝宝去“破坏”那些玩具吧！那里有宝宝的思维在闪光，灵感在闪现，那些被拆了又装、装了又拆的玩具，会给宝宝一双搏击长空的坚实翅膀。

扮演角色的能力是宝宝学习和成长过程中至关重要的一步。如果宝宝能够假扮，说明他的头脑不光可以记住一些事情，也可以进行抽象思维了。这些都需要你的鼓励，你所要做的就是和宝宝一起假扮角色，对于父母来说这并不难做到，比如：

（1）如果你的宝宝像小狗一样在地上爬，还不时地叫“汪汪”——你可以轻轻拍拍他，然后说：“多可爱的小狗啊，你饿了吗？要不要来根骨头啊？”

(2) 如果你的宝宝把布娃娃放在地板上的盒子里——你可以给他一床毯子，说："你的宝宝该睡午觉了，给它盖上毯子吧，这样她就不会感冒了。"

(3) 如果你的宝宝在房间里使劲跺脚，装怪兽——你可以说："多可怕的怪兽啊，求求你不要伤害我！"

远离选鞋的四大误区

许多妈妈都知道，给宝宝买鞋是一件需要重视的事，因为合不合脚、舒不舒服只有宝宝自己知道，如果宝宝不善于表达，很容易让脚受罪；中医学认为脚底部有很多重要穴位，直接影响到人体各个部位的健康，选双好鞋更成了一件不容忽视的大事。但遗憾的是，许多妈妈就是因为太重视，往往会走入下面四个误区：

误区一：鞋帮、鞋面越软越好

由于宝宝骨骼、关节、韧带正处于发育时期，平衡稳定能力不强，鞋后帮如果太柔软，脚在鞋中得不到相应的支撑，会使脚左右摇摆，容易引起踝关节及韧带的损伤，还可能养成不良的走路姿势。因此，童鞋的后帮应硬挺、包脚，以减少脚在鞋内的活动空间。童鞋的鞋面（尤其是头部）如果太软，会难以抵抗硬物对脚趾的冲撞，加上宝宝走路有用脚踢东西玩的习惯，过软的鞋面既不结实，又不安全。不过，脚背处的鞋面还是要柔软些，以利于脚部的弯折。

误区二：鞋底的弯曲度越大越好

童鞋鞋底要有适当的厚度和软硬度，但过软的鞋底不能支撑脚掌，易使宝宝产生疲劳感。其实，鞋的舒适感除了来自合适的软硬度外，还取决于鞋底的弯折部位，很多童鞋的弯折部位在鞋的中部，即脚的腰窝处，这样容易伤害宝宝比较娇弱的足弓。科学的弯折部位应位于脚前掌的跖趾关节处，这样才与行走时脚的弯折部位相符。

误区三：厚底鞋舒适防震

在行走时，鞋随着脚部的运

动需不断地弯曲，鞋底越厚，弯曲就越费力，尤其对于爱跑爱跳的宝宝来说，厚底鞋更容易引起脚的疲劳，进而影响到膝关节及腰部的健康。另外，厚底鞋为了表现曲线美，往往加大后跟的高度，这会令整个脚部前冲，破坏脚的受力平衡，长期如此会影响宝宝脚部的关节结构，甚至导致脊椎生理曲线变形，严重者将使大脑、心脏、腹腔的正常发育受到影响。因此，宝宝鞋适宜的鞋底厚度应为5～10毫米，鞋跟高度应在6～15毫米之间。

误区四：有弓型鞋垫的鞋舒适

许多童鞋在鞋垫的脚心部位装有一块凸起的软垫，妈妈们一般认为它能托起足弓，令宝宝感觉舒适，并具有保健作用。其实，这种鞋比较适合成人穿着，对于宝宝来说，它却缩小了足弓的伸展空间，使正处于发育期的足弓肌肉得不到必要的锻炼，长此以往可能会令宝宝变成扁平足。

12个月：宝宝同步喂养方案

宝宝快满周岁了，能耐可不小了，能一眼认出人群中的父母。如果爷爷奶奶、外公外婆经常来看望宝宝，他们一进门，宝宝就会非常高兴，会拍手欢迎，急着让他们抱；说话早的宝宝，还会一边把手伸过去，一边说“抱——抱——”。当爷爷奶奶抱的时候，宝宝会高兴地跳来跳去，有些抱不住了，好像要从怀里蹿出来。面对这么可爱的宝宝，本月的宝宝在喂养上又需要注意什么呢？

权威发布，宝宝体格发育参照表

项目	男宝宝	女宝宝
体重	平均 10.14 千克	平均 9.58 千克
身长	平均 77.14 厘米	平均 75.69 厘米
头围	平均 46.47 厘米	平均 45.45 厘米
胸围	平均 46.54 厘米	平均 45.61 厘米
疫苗接种	本月没有接种任务	

喂养指导，听育儿专家怎么说

12个月宝宝的喂养方法

宝宝生长到12个月时，门牙已长出7～8个，胃功能增强，活动量增大，因此要逐渐减少喂奶次数，多吃营养丰富的食品。所以到了12个月的宝宝可以每天早晚喂奶、三餐喂饭为主。宝宝出生之后是以乳类为主食，经过1年的时间要逐渐过渡到以谷类为主食。1岁的宝宝可以吃软米饭、面条、小包子、小饺子了。每天三餐应变换花样，使宝宝有食欲。

该月龄宝宝的食谱可参照如下标准制定：早上7点：宝宝配方奶100毫升，20克麦片；上午9点：饼干3片，豆奶100毫升；中午12点：猪肝炒花菜1碗，紫菜汤1份，烂饭35克；下午3点：鲜肉小馄饨1份，香蕉100克；晚上7点：番茄鸡蛋面1份；晚上9点：牛奶220毫升。

如何应对宝宝只吃奶不吃饭

奶类尤其是母乳，只是宝宝一段时期内的主要食品。出生后至3个月，宝宝只吃母乳就可以满足生长发育的需要了。随着年龄的增长，奶类所提供的营养素已无法满足宝宝生长发育的需要了，必须接受其他食品。如果只吃奶，拒绝其他食品，必将导致生长发育迟滞。宝宝只吃奶、不吃饭的纠正方法是：

（1）每日的进食时间固定，先喂饭，后喂奶。进食时间固定，可形成有益的条件反射，使宝宝食前就产生饥饿感（即使这是由吃奶而建立起来的也无妨），然后先喂饭。此时已经感到肚子饿了，他就有可能接受除奶以外的食物。在开始加饭时应从少量开始，使他有个适应和品味的过程，不能操之过急。

（2）食物的制作要精细，颜色要适当调配，要适合宝宝消化系统的发育水平，使之能够接受。宝宝对色彩鲜艳的东西有较高的兴趣，在提供食物时可利用这一心理特点，将饭菜的颜色调配适当，使他更容易接纳这种食物。切忌把食品做得颜色很深，那样会引起反感。

(3) 父母要有信心和恒心。宝宝在开始吃饭时恐怕会用哭闹等方式进行对抗，父母不能因为哭闹就不坚持了，一旦“妥协”就更不容易纠正这一毛病了。还要注意零食不要吃太多，毕竟现在的零食中添加了很多色素和添加剂，往往这些就是引起食欲差的关键，太多的糖、巧克力、饼、果汁等会减少食欲，增加燥热并且无益，少吃为妙。

不吃早餐——健康与智力损伤的元凶

当宝宝断奶后，许多父母往往会让宝宝与大人一样进食。所以，父母要特别注意自己的饮食习惯。这个时期应该注意的是，每日三餐要定时、定量。特别是提供热量的碳水化合物，如果不足或者过剩都会使大脑功能发生故障，其中最应避免的是宝宝不吃早餐。

大脑在睡眠中也没有休息，所以早上起床后要补充热量。如果热量不足，记忆力会大打折扣。另外，不吃早餐，睡眠后降低的体温不能上升，睡意难以消除，运动功能不能发挥作用，注意力难以集中，很容易为一点小疏忽而受伤或遭遇事故，这些都令人担心。

另外，中国疾病预防控制中心食品与安全做过一份关于早餐和肥胖关系的调查显示，每天食用早餐的宝宝，肥胖率显著低于每天不吃早餐的，发生肥胖的危险是每天食用早餐的 1.66 倍。因此专家指出，不吃早餐是影响宝宝肥胖的一个独立危险因素。

早餐怎么吃，还是很有讲究的。专家建议，早餐应由以下四类食物组成：谷类食物如面包、馒头；牛奶及奶制品或者豆制品；动物性食品如鸡蛋、火腿肠等；水果、蔬菜。

不吃早餐容易养成习惯，所以为了今后能让宝宝顺利上学，也要从宝宝期起养成让宝宝吃早餐的良好习惯。

番茄——维生素的储藏仓库

据营养学家研究证实，每天食用50～100克的番茄，即可满足人体每日所需的维生素和矿物质。西方有句幽默的谚语：“番茄红了，医生的脸就绿了。”

番茄内含有多种维生素和多种矿物质，其中有在各种蔬果中含量最高的番茄红素。番茄红素是一种天然色素成分，是类胡萝卜家族的一员，同时也是一种能力很强的抗氧化剂，能清除体内的自由基，帮助人体预防各种癌症。番茄红素必须与油脂一起食用，吸收才会更好。番茄中的维生素C含量也很高，且不会因烹调而受到损失，非常利于人体吸收。番茄中的维生素P含量远远高于其他的水果和蔬菜，既有降低毛细血管的通透性和防止其破裂的作用，又有预防血管硬化的特殊功效，同时维生素P能增强维生素C的生理作用，可以促进维生素C在体内储存，以备长期利用。

另外，番茄还具有健胃消食、治疗食欲不振的作用，这可能与含有的苹果酸、柠檬酸有关，这两种成分可刺激食欲，促进胃酸分泌，帮助消化，增强胃肠的吸收功能。番茄的营养价值可见一斑，用它来做宝宝的辅食原料是个不错的选择。

营养配餐 周岁宝宝饮食推荐

葱花牛奶饼

原　料

面粉50克，牛奶40毫升，葱末、盐各少许，植物油适量。

做　法

● 将面粉、牛奶、葱末、盐一同放入盆中，混合成糊状；将植物油倒入一个碗中，平底锅烧热后，放2～3勺植物油，左右晃动使油均匀铺在锅面，用汤匙将适量面糊舀入锅中，将锅沿顺时针方向摇动，使饼成圆形，煎熟一面后，再舀2勺油，把饼翻过面再煎，两面都金黄熟透后，用锅铲盛入盘中，晾至温热后，供宝宝食用。

健康小提示 适合12个月的宝宝食用。奶味是宝宝最喜欢的味道，在面粉中添加牛奶，既能满足蛋白质的需求量，而且能为宝宝补充钙质。

五彩鸡丝羹

■ 原　料

鸡脯肉150克，鸡蛋2个，香菇（水发）25克，甜椒1个，胡萝卜1/2根，葱末、植物油、高汤各适量，料酒、盐、生粉各少许。

五彩鸡丝羹

■ 做　法

● 鸡蛋洗净，磕小口，将蛋清倒出，留蛋黄，再取一个碗倒出蛋黄，打散；鸡脯肉洗净，用刀背剁松，再切成细丝加入盐、料酒、蛋清、生粉拌匀。锅内放油，将鸡蛋摊成蛋皮，晾凉后切碎。胡萝卜、甜椒、香菇洗净后，分别切丝。再将锅内倒植物油，烧至七成热，下鸡丝、胡萝卜丝、香菇丝、甜椒丝煸炒至熟；最后将煸炒过的丝一同倒入煲中，加入高汤，煮沸后，转小火炖10分钟，加少许盐调味，用生粉勾芡即成，晾至温热后，给宝宝喂食。

健康小提示 适合12个月的宝宝食用。鸡肉鲜嫩，富含人体必需氨基酸，能促进宝宝的生长发育。喂食时，可先给宝宝咀嚼鸡肉丝，再喝汤，避免因喝汤而不愿意食肉。

鱼肉蒸糕

■ 原　料

鱼肉30克，葱末10克，蛋清1个，

盐少许。

■ **做　法**

● 将鱼肉洗净，去除骨刺，剁成泥，加入葱末、蛋清、盐，调匀，捏成有趣的形状，摆放在盘中，上锅蒸约 15 分钟即成，晾至适口后给宝宝喂食。

健康小提示 适合 12 个月的宝宝食用。鱼肉细嫩，富含多种营养素，宝宝喜欢食用，常吃不仅可补充每日营养，还有助于大脑和眼睛的发育。

馒头肉松夹饼

■ **原　料**

肉松适量，牛奶馒头半个。

■ **做　法**

● 将馒头中间稍微撕开，放入适量的肉松。视情况让宝宝自己拿着吃，或剥下小片馒头夹肉松喂食。

健康小提示 适合 12 个月的宝宝食用，牛奶馒头与肉松可为宝宝提供足量的蛋白质和大量热量，适合作为午餐食用。

鸡肉馄饨

■ **原　料**

鸡肉泥 60 克，小馄饨皮 8 个，姜末、香菜碎、紫菜碎、虾皮、鸡汤各少许。

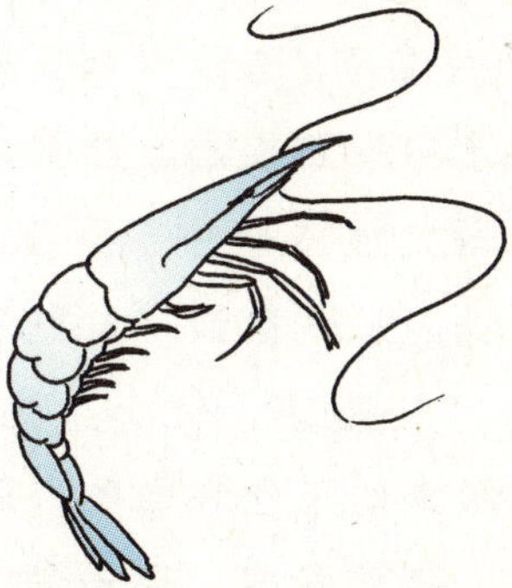

■ **做　法**

● 用清水将虾皮泡软，剁碎；姜末放入鸡肉泥中，拌匀，包入一个个小馄饨皮中；锅中加适量清水，煮沸，下入小馄饨，煮至漂浮，捞出，加入热鸡汤，再兑一些馄饨汤，撒上香菜碎、紫菜碎、虾皮即成，晾至适口后给宝宝喂食。

健康小提示 适合 12 个月的宝宝食用。小馄饨是宝宝爱吃的食物，味道鲜美，使宝宝胃口大开，但不宜一次食用过多，以免胀腹消化不良，而且也影响下一餐的饮食。

鱼肉面条

■ 原 料

鲅鱼片5～6片，手擀细面条35克，丝瓜25克，姜末、生抽各少许。

■ 做 法

● 鲅鱼片洗净，去除骨刺；将面条放入沸水中煮熟捞出，过水，沥干切成小段，放入碗中；丝瓜洗净，切丝；锅内加适量清水，煮沸，放入鲅鱼片和姜末，转小火炖约10分钟，放入丝瓜丝和面条，调入生抽拌匀，煮熟即成，晾至适口后给宝宝喂食。

健康小提示 适合12个月的宝宝食用。鱼肉富含优质蛋白，且脂肪含量低，丝瓜可清热消暑，富含膳食纤维，可防治宝宝便秘，促进宝宝胃肠蠕动。

什锦烩饭

■ 原 料

大米30克，牛肉粒15克，胡萝卜粒20克，土豆1/2个，洋葱碎10克，熟蛋黄1个，肉汤、盐各少许。

■ 做 法

● 大米洗净；土豆洗净，去皮切

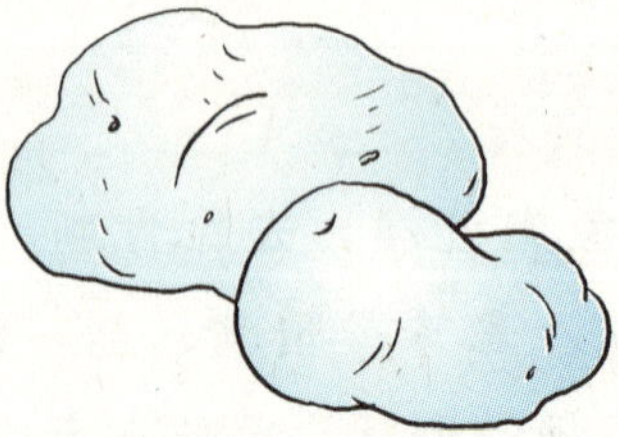

碎；熟蛋黄捣碎；将大米与牛肉粒、胡萝卜粒、土豆碎、洋葱碎一同放入电饭锅中，加入适量清水煮熟，待电饭锅指示灯跳起时，加入肉汤、少许盐，加盖闷约10分钟即成，适口后给宝宝喂食。

健康小提示 适合12个月的宝宝食用。烩饭中包含着牛肉和各种蔬菜，营养丰富，味道可口，同时可锻炼宝宝咀嚼能力。

番茄鸡蛋拌饭

■ 原 料

米饭1碗，番茄、鸡蛋各1个，植物油适量，盐、糖各少许。

■ 做 法

● 番茄用热水去皮，去除根蒂，切成小块；鸡蛋洗净，磕入碗中打散；锅中倒入植物油，烧至八成热时倒入鸡蛋液，摊成蛋皮，倒出，剁碎；再在锅中加适量植物油，烧热后，下番茄翻炒几下，放入鸡蛋碎、盐、糖，翻炒至熟，加入少许清水，倒入米饭，翻炒拌匀，沸后关火，加盖闷约3分钟即成，晾至适口后给宝宝喂食。

健康小提示 适合12个月的宝宝食用。番茄鸡蛋拌饭味道酸甜鲜美，可增加宝宝食欲，调节胃肠蠕动能力。

一日营养餐

上午	08：00	母乳或配方奶200毫升，全麦面包1片
	10：00	果仁芝麻糊50克，鱼肝油1粒
	12：00	软饭1小碗，清蒸鳕鱼，蔬菜汤半碗
下午	15：00	西瓜水果盅60克
	18：00	虾皮碎菜包2个，大豆绿豆粥30克
晚上	22：00	母乳或配方奶250毫升

另：每两餐之间，给宝宝喂少量白开水，避免宝宝口渴。

日常养护，轻松做“辣妈”

宝宝用品收纳一点通

现在的宝宝用品多得不得了，几乎把家里能落脚的地方都占满了，这可让父母急坏了，其实想把宝宝的用品收纳妥当，只要注意以下四大原则就能还你个整洁干净的家。

用毕归位，定期清理

每次使用用品后，都要将其放回原来的地方，不然整理好的屋子没几天就又乱糟糟了。还有，宝宝用品通常只会愈买愈多，但收纳的空间并不会因此而增加，所以懂得买就要懂得舍。不妨定期清理，将不会再用的宝宝用品分送给亲朋好友，或是捐给慈善机构或福利院。

尽量让宝宝参与收纳

不单单是妈妈的事情，要让宝宝也养成收纳的习惯。你可以让他帮忙在某些储物处贴上表示收纳品的图形标志，宝宝对具象的东西比较敏感，他们会因为喜欢这个“图形”而把相应的物品往里面搁。此类图形标志，可以在市场上直接买到，也可以自己动手，更可以和宝宝一起 DIY，使他有加倍的参与感和满足感。标志也要不断改变，使宝宝保持新鲜感。对于稍大的宝宝，父母们可以在标签上加入学习的元素，如加上汉字、英语等。

善用巧思，利用角落

仔细观察你的居住环境，有多少空间是在无意间忽略、没有善加利用的？真正聪明的收纳，是充分利用每一个角落，想办法增加收纳空间，并以隐藏式的收纳方式让居住环境所见之处净空。如橱柜中加箱盒或分类盒，橱柜的内门面上加一些挂钩或者帆布袋，这都可以增加橱柜的收纳空间。

注意方便性

妈妈经常要应付许多突如其来的事件，所以不要一味地追求把宝宝的东西藏好。而要把每一种用品依其使用方式，放在自己认为最便利及合适的地方，好拿好用，看了舒服。否则，如果经常要为找宝宝的物品而浪费时间，那么也没有起到收纳的初衷。

宝宝爱玩“小鸡鸡”怎么办

一般男宝宝长到 11 个月以后，

就开始有意识无意识地触摸自己的生殖器。女宝宝则可能摩擦双腿，或者在凳子、椅子等上面摩擦阴部。大一些的宝宝会彼此之间脱了衣服好奇地去察看对方的生殖器等等。男女宝宝都可能发生的一种让父母感到困惑的常见行为，我们究竟该怎样应对宝宝的这种情况呢?

实际上，宝宝的性游戏对性心理发展起着重要的作用，对他认识男女两性的性器官、性别自认、初步明确自己性角色都有帮助。大多数宝宝通过这种方式可获得初步的性知识，并为他们接受成年后的性活动打下了基础。宝宝的性游戏仅是他们许多游戏中的一种，玩过几次，好奇心得到满足，就很少会再玩这种游戏了。

当然，也有的宝宝的性游戏可能会持续比较长的时间，并且，无论父母给予怎样的引导，或者转移他的注意力、打他的小手、大声斥责他，都不会有什么明显的改变，严重的还会变本加厉，玩得更加频繁。很多父母看到宝宝的这种行为都会感到十分焦虑。要知道宝宝的求知欲和好奇心，促使宝宝多次反复地对外部性器官进行比较、观察和玩弄，因此，父母对此不必过于担心、惊慌，甚至如临大敌。应该怎么杜绝这种情况呢？如果宝宝这种行为延续时间较长，可以试试以下纠正的方法。

(1) 父母不要紧张，要以正常心对待，千万不要打骂、训斥、羞辱。须知他只是在寻求快乐，不懂社会准则。你的打骂、批评反而使他得到了反馈（至少有人注意他了），更加会去这样做了。

(2) 尽可能地让宝宝用许多手的活动来“占住”他的手。最好是和他玩需要双手协调活动的游戏，比如串串珠子、搭搭积木、玩玩拼图、吹吹肥皂泡泡、投球入盆、敲打锅铲出声、开动惯性小汽车等。

(3) 他一起看看图画书，你给他讲讲故事。多提问，让他回答，

转移注意力。和他讲一点“道理”，可以说：“‘小鸡鸡’不能弄了，如果你用手玩‘小鸡鸡’，尿尿就会疼的！”“这样玩，别人会说你不懂事，你看，大哥哥谁这样做了呢？”“这样做不好，爸爸妈妈不喜欢。”等。

（4）还可用坚定的眼神制止，并把他的手悄悄移开，或紧捏他的手，摇摇头，不让他继续做这种触摸行为；如果他刚有意想去触摸“小鸡鸡”，又自己放弃，不干下去了，应大力表扬，让他有对比。

教宝宝学会洗手

宝宝正处在生长发育的快速阶段，为了宝宝更好地长个儿，父母都会带宝宝出去晒晒太阳，因为阳光中的紫外线能促进体内维生素D的形成，而促进钙的吸收，对宝宝骨骼的发育起着重要的作用。所以，许多宝宝每天几乎有1～2个小时的户外运动。

在户外活动期间，宝宝对很多事物都感到非常的好奇，东摸摸西摸摸，虽然对物体的接触可以增加宝宝的第一认知能力，但是自然界的病菌也很多，尤其是秋冬季节，如果不注意防护，宝宝就会感染病菌导致拉肚子等肠胃感染疾病。所以，一回到家中，父母就会教宝宝自己洗手，并将洗手的道理告诉宝宝，一边洗手一边告诉宝宝：“宝宝手上有很多虫虫，把手洗干净，虫虫洗掉了，宝宝就不会生病了。”

宝宝洗手时，教他先将两个小手浸湿，然后涂上香皂或洗手液，让他自己反复搓洗小手，再用清水冲干净，拿干净的小毛巾让他擦手，最后告诉宝宝，宝宝手上的虫虫洗掉了。经过一段时间的锻炼，宝宝形成习惯，一进门总会大声地

说：“我回来啦，要洗手手。”而且看到别人从外面回来也会叫大人洗手去。

怎样乘车最安全

随着人们生活水平的提高，私家车也越来越多，在外出时，宝宝怎样乘车最安全呢？专家指出应该为宝宝选择一个合适的安全座椅，让他坐在安全座椅上要比父母抱着更安全。

安全座椅必须适合宝宝的体重和身高，这两项要素比宝宝的年龄更重要。如果宝宝的体重未达9千克，汽车安全座椅应以“后向式”的方式置于汽车后座中间的位置，这个位置是距离危险最远，最安全的；而宝宝以“前向”方式乘坐，在紧急事故及发生车祸时，由于他的头颈部脊椎尚未发育完全，容易受到严重伤害。特别要注意，如果汽车有安全气囊，若将汽车安全座椅以“后向式”置放于“前座”时，将对宝宝造成很大危险。如果宝宝体重已经超过9千克，则应以“前座式”为主。除了要给宝宝提供安全的座椅保护宝宝外，还要注意以下几点：

1 上车先锁安全锁 行车时误开车门是非常危险的，所以父母们一定要记着锁好安全锁。不仅车门要锁好，车窗也不可忽视，宝宝将手和头伸出窗外也是非常危险的。此外，电动车窗可能会夹住宝宝的头、手指等而造成伤害。

2 别把宝宝单独留在车里 下车仔细检查，车钥匙不要留在点火器上，拉紧手刹，宝宝要抱走，不要把宝宝单独留在车里，哪怕几秒。离开车子一定要把车门锁好。汽车钥匙要放在安全地方，不要让宝宝找到，不要给宝宝偷偷钻进车里的机会。

3 空调开放适可而止 习惯享受车内凉爽的父母，在车上有宝宝时就要有所顾忌。首先不要将冷风开得过大，最好比体温稍高一些，这样就可防止宝宝感冒。其次，在外出时，父母最好带一块小毯子，为宝宝防寒，防止宝宝在空调下病倒。

4 别让宝宝自己上下车 宝宝力气小，可能推不动沉重的车门，如果车门回弹，有可能撞伤或夹伤宝宝。为宝宝开车门时，要注意往来车辆，以及下面是否有水坑、井等。

❺ 不要让宝宝把身体探出车外　错车超车时身体任何部位探出车外都很危险。有的电动车窗有自动关闭功能，将身体尤其是头探出车外会引发意外。汽车尾气也对宝宝健康不利。

❻ 开车时不要吃零食　长途自驾游时给宝宝备一些“解闷”的东西是可以的，但无论是玩具还是食物，在选择上父母都应加倍小心。不要玩尖利的玩具，不要让宝宝在车上吃颗粒状的糖果、果冻等食物，以免车子颠簸时宝宝被食物噎住。

第六章

1～3岁，成人饮食喂养方案

进入幼儿期的宝宝，无论是体格和神经，还是心理和智能，都正处于成长发育的高峰，在饮食方面，家长要确保宝宝能够摄取到充足均衡的营养，鼓励宝宝独立进食。宝宝这个阶段开始萌生“自我意识”，对周围世界的认知范围扩大，家长尽量不要阻止宝宝的探索行为，让宝宝学会充分表达自己的意愿。

1~1.5 岁：宝宝同步喂养方案

宝宝从蹒跚学步到逐渐走稳，需要有个学习和锻炼的过程。该年龄宝宝随着会自由行走，接触外界环境机会多了，活动范围也大了，对周围一切事物都感到新鲜、好奇，什么都想摸一摸，什么地方都敢去，不懂得什么是危险，很容易跌伤。因此要更加注意宝宝的安全活动。但不能因怕跌伤而限制他的活动，应鼓励宝宝多走多见世面，保护孩子的好奇、好动的探索精神，使之在不断实践中学习知识及锻炼生活能力。

权威发布，宝宝体格发育参照表

项目	男宝宝	女宝宝
体重	平均 11.3 千克	平均 10.6 千克
身长	平均 81.4 厘米	平均 79.9 厘米
头围	平均 47.1 厘米	平均 46 厘米
胸围	平均 47.4 厘米	平均 46.3 厘米
疫苗接种	1～2 岁的时候，接种“百白破”疫苗加强针，流行性脑脊髓炎疫苗加强针，麻疹疫苗复种，各与上次间隔 10～14 个月	

喂养指导，听育儿专家怎么说

1～1.5 岁宝宝的喂养方法

宝宝 1 岁多时，乳牙还没有长齐，因此咀嚼能力还是比较差，消化道的消化功能也较差，虽然可以咀嚼成形的固体食物，但依旧还要吃些细、软、烂的食物。根据宝宝用牙齿咀嚼固体食物的程度，为宝宝安排每日的饮食，此时宝宝可从规律的一日三餐中获取均衡的营养。因此，牛奶或奶粉可以逐渐减少量，每日 300～400 毫升就可以了。

由于从此时开始，宝宝要逐渐培养起个人的饮食习惯，以便适应日后的成人饮食。因此父母们不要过多干涉宝宝们的饮食，而是要保护宝宝先天的食物选择能力，如烧烤、火锅、腌渍、辛辣等刺激性食物，不要给宝宝喂食，最好选择蔬菜、鱼肉、低盐、少油的清淡饮食。

宝宝主食常用米粥、软饭、挂面、面包、馒头、包子、饺子、馄饨以及牛乳、豆浆等。宝宝大多喜食面食，米、面、麦片、小米、玉米、薯类轮流交替更为合适。辅食以菜、肉搭配为佳，如以菜肉末做肉丸、嫩菜叶炒肉丁或虾仁、清蒸鱼片、肉末蒸蛋等，易被宝宝嚼碎吞咽。菜、肉、蛋混合做煨饭、煨面也为宝宝所喜爱。此外，还应多采用豆腐、干丝、素百叶、油豆腐、素鸡等豆制品和鸡鸭血及虾皮、紫菜、海带等富含铁、锌、钙的海产品。点心则可选择藕粉、红枣、赤豆粥或饼干、蛋糕、面包、菜肉包子及糕点配豆浆或牛乳。饭后可进食一种时鲜水果。总体上应注意荤素平衡、干湿搭配、粗细粮搭配。

一般一天进主餐 3 次，点心上午、下午各 1 次，晚饭后除水果外可逐渐做到不再进食，以预防蛀牙。夏季可适当喝 1～2 次饮料以补充水分，但不可大量饮用，以免影响正常进餐。每天可吃少量糖果甜食，但切忌饭前吃，以免影响食欲。

该年龄宝宝的食谱可参照如下标准制定：早上 7 点：牛奶 220 毫升，鲜肉小包子 3 个；上午 9 点：

饼干5片，鲜果汁100毫升；中午12点：蛋花青菜面一份；下午3点：豆奶220毫升，甜橙80克；晚上7点：清蒸带鱼25克，土豆泥50克，米粥25克。

怎样为宝宝选择副食

根据百度百科上面的解释，副食品指米、面等主食以外用以下饭的鱼、肉、蔬菜等各种食品。面对市面上琳琅满目的副食，的确令新手父母无所适从，该怎样为宝宝选择合适的副食呢？

（1）选择蛋白质时，要选择优质蛋白，如奶类、瘦肉类、禽类、蛋类、鱼虾类。可以适当补充动物血和肝脏。可以交替食用。

（2）以蔬菜和肉、鱼搭配，如菜肉小丸子、青菜、豌豆、虾仁或肉丁、鱼丁、鱼糜、蒸蛋、鱼片等，这些食物容易让宝宝咀嚼吞咽。

（3）应经常采用豆腐或其他豆制品、海产品，如干丝、油豆腐、虾皮、紫菜、海带等富含锌、钙的食品。

（4）要注意选择含维生素C丰富的食物，如新鲜的蔬菜、水果。还要注意选择含维生素A丰富的水果、蔬菜。红、黄、绿色的蔬菜如胡萝卜、小油菜等，维生素A含量均较高。

（5）水果要在两餐之间吃。

（6）睡前不要给宝宝吃甜食，以防龋齿。

巧克力吃得过多影响食欲

巧克力的基本成分是可可脂。它含有40%左右的脂肪和40%～50%的糖，还有少量蛋白质。由于它热量高，风味独特，对某些体力消耗较大和需要额外增加热量的成人来说，是既可口又有益的食品。宝宝少量吃巧克力不会有害，但宝宝多吃则不利于健康。

宝宝正处于生长发育时期，蛋白质的补充最为重要。如蛋白质摄入不足，脂肪摄入过量，会使宝宝长得虚胖，肌肉无力，抵抗力低下。巧克力所含的蛋白质和脂肪的比例与宝宝的正常需要相差甚远，且脂肪过多不易消化，宝宝吃巧克力过多会影响食欲。

另外，巧克力吃多了，容易在胃肠内反酸，产生气体而引起腹胀、腹痛等。食物中的纤维素能刺激胃肠的正常蠕动，有利于排便，而巧克力中不含纤维素，宝宝常吃巧克力容易造成大便干燥。

专家提示

巧克力味道香甜醇厚，对味觉是一种强烈的刺激，宝宝常吃巧克力会使味觉敏感度下降，再吃其他食品就会觉得索然无味。

吃坚果有益于大脑和视力发育

0～3 岁是宝宝脑部和视力发展的黄金时期，而坚果类食物中还含有丰富的钙、铁、锌等矿物质以及维生素 E 和 B 族维生素，而且其中含有人体自身不能合成必须由食物提供的必需脂肪酸如亚油酸、亚麻酸等，这些是构成脑细胞的重要成分。由于脂肪含量高，并且含有碳水化合物，故坚果类食物可提供较高的热量，有些坚果类比谷类食物所含的热量还要高很多。

坚果食物包括花生、核桃、莲子、栗子、松子等，其中蛋白质的含量较高，而这些食物恰恰是宝宝较易缺乏的营养物质。

因此，适当吃坚果类食物有益于宝宝健康。但需要特别注意的是，坚果类食物不可直接给宝宝食用，因为有落入气管的危险，一旦出现即引起呼吸堵塞，出现生命危险。坚果类食物应加工制作成酱、糊或煮烂后食用。

营养配餐　本阶段宝宝饮食推荐

果仁芝麻糊

原　料

黑芝麻（熟）100 克，花生仁(熟)、核桃仁各 75 克，松仁 45 克，牛奶 150 毫升，冰糖适量。

做　法

- 将黑芝麻、花生仁、核桃仁、松

仁混合，一同倒入搅拌机中，打碎，以 50 克为一份，分成若干份，食用时，将果仁芝麻粉放入锅中，倒入牛奶，用小火一边加热，一边搅拌均匀，直至成黏糊状关火，加入冰糖调味，晾至适口后即可给宝宝食用。

健康小提示 适合 13 个月以上的宝宝食用。果仁芝麻糊中，富含多种营养元素，特别是坚果类食物可促进宝宝大脑发育，并能提高视力，是天然的健脑食品。

红薯芋头泥

原　料

红薯 1/2 个，芋头 1 个。

做　法

● 将红薯、芋头洗净，上锅蒸熟，分别去皮，用勺背都压成泥状，然后将其混合即可。晾至适口后，盛入宝宝碗中，让宝宝尝试用勺自己吃。

健康小提示 适合 13 个月以上的宝宝食用。红薯口感绵香，有丝丝甜味。泥状食物易于舀，最适合锻炼宝宝用勺能力，尝试时，妈妈可先给宝宝少盛一些，避免宝宝打翻后没有剩余食物供宝宝食用。

豆腐蒸鱼蛋

原　料

鱼肉 60 克，豆腐 40 克，鸡蛋 1 个，姜末适量米酒各 1 小勺。

做　法

● 鱼肉去除骨刺，洗净后剁成泥，加入姜末、米酒拌匀；豆腐洗净，捣碎，倒入盛有鱼泥的碗中；鸡蛋洗净，磕入碗中，打散，加适量水调匀，倒入盛有鱼泥的碗中；将蛋液、鱼泥、豆腐碎混合调匀，上锅蒸约 10 分钟即成。取出后，晾至适口给宝宝喂食。

健康小提示 适合 13 个月的宝宝食用。豆腐蒸鱼蛋中，混合了三种食物的优质蛋白，蒸蛋的方式也可留住大部分营养素，适宜宝宝食用。需注意的是，调制蛋液时，水与蛋的配比为 2∶1，这样菜才会鲜嫩、爽滑。

西瓜水果盅

■ 原　料

小西瓜1/2个，菠萝肉60克，黄桃35克，山楂罐头25克。

■ 做　法

● 将小西瓜瓤挖出，去籽，戳成小块；菠萝肉切成小块；黄桃切片；山楂切成四瓣；将上述水果混合，一同倒入掏空的西瓜皮中即可，供宝宝食用。

健康小提示 适合13个月以上的宝宝食用。水果口感酸甜，颜色丰富，可增进宝宝食欲，还可补充宝宝所需维生素。食用时，父母可配合宝宝用手食用，可给宝宝穿上围裙，食用后再给宝宝清洗。

小米鸡蛋粥

■ 原　料

小米60克，熟鸡蛋1个。

■ 做　法

● 熟鸡蛋去皮，将蛋黄捣碎，蛋清切碎；小米洗净，放入电饭锅中，加适量水，熬煮至八分熟时，放入蛋黄碎和蛋清粒，继续熬成至黏稠即成，晾至适口后给宝宝喂食。

健康小提示 适合13个月以上的宝宝食用。鸡蛋粥易消化吸收，可帮助宝宝补元气，调养脾胃。

虾皮碎菜包

■ 原　料

虾皮6克，小白菜3棵，鸡蛋1个，面粉适量，发酵粉3克。

■ 做　法

● 虾皮用温水泡软，切碎，将鸡蛋洗净，磕入碗中，与虾皮一同搅拌调匀；小白菜洗净略焯一下，切碎，放入蛋液中混合调成馅料；将发酵粉与面粉混合，和成面团后，略醒10分钟，搓成条状，揪成一个个小面团，压平后将馅料包入其中，包成提褶小包子，上笼蒸熟即成，晾至手能抓住时，掰开让宝宝拿着食用。

健康小提示 适合14个月的宝宝

食用。虾皮富含钙质，与蔬菜、鸡蛋包成包子，样子小巧，宝宝喜爱食用。

绿豆大米粥

■ 原　料

大米 50 克，绿豆 40 克。

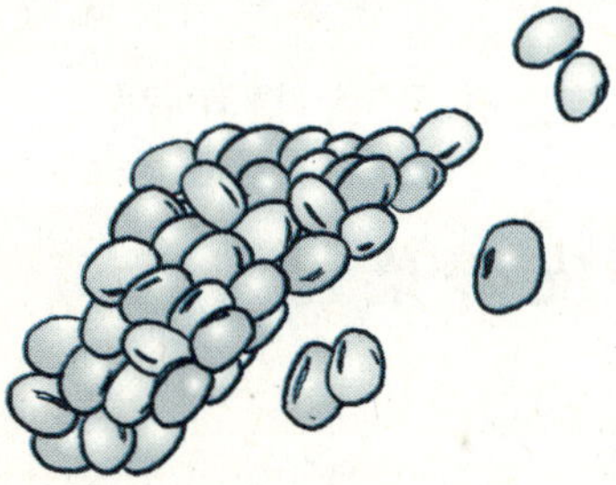

■ 做　法

● 预先用清水将绿豆浸泡 4～6 小时捞出，洗净；大米淘洗干净，用温水浸泡 20 分钟；将绿豆倒入电饭锅中，加适量清水，熬煮至七八分熟，再加入大米，继续熬煮至米豆熟烂即成，晾至适口后给宝宝喂食，也可晾凉尝试让宝宝自己拿勺食用。

健康小提示　适合 14 个月的宝宝食用。绿豆富含蛋白质、钙，且具有清热消暑功效，适宜宝宝夏季炎热时食用。

黑木耳炒黄花菜

■ 原　料

黑木耳 5 克，黄花菜 20 克，植物油、葱末、姜末各适量，盐少许。

■ 做　法

● 预先用清水将黑木耳泡发，去除根蒂，洗净，撕碎；黄花菜用冷水泡发，洗净，挤去水分切碎；锅内倒入适量植物油，烧至七成热，下入葱末、姜末煸香，再放入木耳碎、黄花菜碎，煸炒至木耳、黄花菜熟烂，加入少量清水及少许盐调味，再翻炒几下即成，晾至适口后，与主食一同给宝宝喂食，也可让宝宝用勺自己食用。

健康小提示　适合 14 个月的宝宝食用。此菜富含铁，可补充每日所需铁，还可锻炼宝宝咀嚼能力。

清蒸鳕鱼

■ 原　料

鳕鱼肉 150 克，姜 2 片。

■ 做　法

● 鱼肉洗净，用姜浸透 15 分钟；锅内加适量水，煮沸后，将鱼放入锅中蒸约15分钟即可取出，晾至适口后，搭配主食给宝宝喂食。

健康小提示 适合14个月的宝宝食用。鳕鱼富含的锌、蛋白质、钙和维生素A、维生素E，适合宝宝食用。喂食时，父母需将鱼中刺挑出，避免宝宝被刺卡住。

干酪饼

原 料

干酪60克，胡萝卜1/4个，蛋糕粉40克，鸡蛋1个，牛奶、植物油各适量。

做 法

● 胡萝卜洗净，用擦丝擦成细丝；干酪捣碎；鸡蛋洗净，磕入碗中，打散；将蛋糕粉放入盆中，加入胡萝卜、干酪、鸡蛋液混合，用牛奶将其调成黏糊状拌匀；将平底锅中倒入植物油，将搅拌好的材料用匙盛入煎锅，用油煎成双面金黄的薄饼，晾至温热后供宝宝食用。

健康小提示 适合14个月以上的宝宝食用。烹调时，饼不宜煎的太硬，稍软一些的饼易于宝宝消化。

皮蛋瘦肉粥

原 料

粳米50克，皮蛋1个，肉末15克，姜末、盐各少许。

做 法

● 皮蛋去皮，洗净，切成小粒；粳米淘洗干净，用清水浸泡20分钟；肉末中加入姜末、盐调匀；将米放入电饭锅中，加适量清水，煮开后，下肉末和皮蛋，熬煮至熟烂后即成，晾至适口后给宝宝喂食，或让宝宝用勺自己食用。

健康小提示 适合14个月以上的宝宝食用。皮蛋富含蛋白质，胆固醇含量较低，适合宝宝食用。宝宝自己食用时，父母要注意看护，避免宝宝打翻后烫伤。

白菜肉末挂面汤

原 料

鸡蛋挂面10根，猪瘦肉50克，鸡

蛋1个，白菜叶2片，香油、生抽各1滴，盐少许。

■ 做　法

● 猪瘦肉洗净，剁成肉末；白菜叶洗净，切碎；鸡蛋洗净，磕入碗中，打散；锅中加适量水，煮沸，鸡蛋挂面掰成两段下入锅中，煮软后，加入肉末、白菜稍煮，再次开时，淋入蛋液，起花后加少许盐，滴入生抽、香油调匀即可，晾至适口后给宝宝喂食。

健康小提示 适合14个月以上的宝宝食用。挂面易消化，适宜宝宝感冒后厌食时食用，可促进食欲，补充营养，提高宝宝免疫力。

牛肉土豆饼

■ 原　料

牛肉60克，土豆、鸡蛋各1个；面粉适量，牛奶、姜末、盐、料酒各少许。

■ 做　法

● 牛肉洗净，切块，加入少许料酒腌制30分钟，放入盐、姜末，剁成泥；土豆去皮，切块，上锅蒸熟，加入少许牛奶，捣成泥；鸡蛋洗净，磕入碗中，打散拌匀；将土豆泥和牛肉泥混合拌匀，做成小圆饼，表面用面粉轻微裹一层，再刷上一层蛋液，锅内倒适量油，烧至八成热，小火将饼双面煎黄即成，晾凉后切成小块，让宝宝自己拿着吃。

健康小提示 适合15个月的宝宝食用。牛肉可强健肌肉，但会影响胃黏膜，不利于消化，土豆富含叶酸能保护胃黏膜，两者搭配不仅营养高，有助于宝宝消化吸收。

果香面包片

■ 原　料

面包片2片，草莓酱、苹果酱、奶油、碎果仁各少许。

■ 做　法

● 先取1片面包，将奶油涂抹在面包

一面，再在表面撒上一些碎果仁，用小勺取1勺草莓酱和苹果酱均匀滴在面包表面，把另一块面包片覆盖再其表面，用手压一下，使其融合，再切成四等份，供宝宝食用。

健康小提示 适合15个月的宝宝食用。面包果香四溢，可调动宝宝食欲。为了避免单调，可经常给宝宝不同口味的果酱，也可将少许水果粒加入其中。

番茄鸡蛋面片

原　料

馄饨面皮5张，番茄、鸡蛋各1个，姜末、盐、香油各少许。

做　法

● 馄饨皮切成四瓣，番茄洗净，用热水烫去皮，去除根蒂，切碎；鸡蛋洗净，磕入碗中，打散；锅中加适量水，煮沸后，下入馄饨皮，沿锅边搅动一下，煮软后，下入碎番茄、姜末、盐，搅动调匀，水滚时淋入蛋液，起花后关火，滴入香油拌匀即成，晾至温热后供宝宝食用。

健康小提示 适合16个月的宝宝食用。面片易消化，可增强宝宝食欲，适合宝宝脾胃虚弱、生病时食用。

蜜糖糯米藕

原　料

糯米45克，莲藕1节，红糖6克，桂花蜜12克。

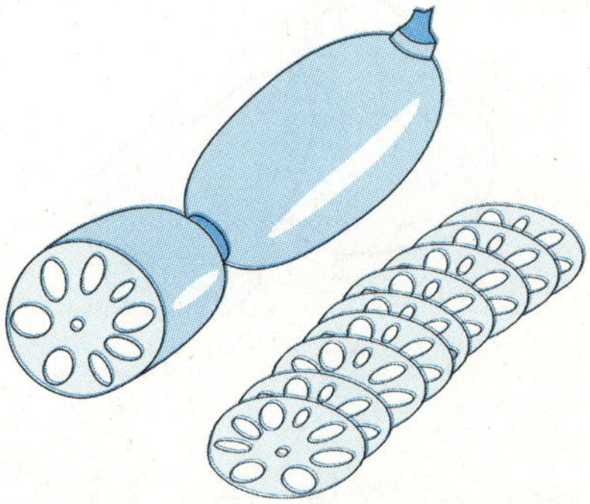

做　法

● 糯米洗净，用温水浸泡1小时；莲藕洗净，去皮后切下蒂，但不要丢掉；将泡好的糯米用筷子捅进藕眼中，压实后，将切下的蒂盖在上面，再用牙签固定，放入锅中炖煮30分钟，取出晾凉后，切成薄片；将锅内煮藕的水取出少许，倒入奶锅中，加入红糖和桂花蜜调匀，熬煮成浓稠汤汁，浇在藕片上即成，晾至适口后给宝宝食用。

健康小提示 适合16个月的宝宝食用。糯米莲藕可开胃补虚，特别适合体虚的宝宝食用。

雪梨糯米粥

■ 原　料

糯米60克，雪梨1个，冰糖少许。

■ 做　法

● 糯米淘洗干净，用水浸泡20分钟；雪梨洗净，去除核和皮，切成小片；将糯米和雪梨一同放入电饭锅中，加适量水，熬煮成稀粥时，加入冰糖，继续熬煮至烂熟，搅拌调匀即成，晾至适口后给宝宝喂食。

健康小提示 适合16个月的宝宝食用。雪梨糯米粥可清热解毒、消食和胃，可为宝宝补充营养，增强免疫力。

猪血菠菜汤

■ 原　料

猪血40克，菠菜2棵，姜末、盐、香油各少许。

■ 做　法

● 猪血洗净，切成小块，用热水焯煮片刻，除去浮沫；菠菜洗净，用热水焯一下，捞出晾至温热后，切碎；锅中加适量清水，煮沸后，下入猪血、菠菜和姜末，再次煮沸后，加入少许盐调味，转小火焖煮片刻，关火后滴入1滴香油调匀即可，晾至温热后给宝宝食用。

健康小提示 适合16个月的宝宝食用。猪血菠菜汤可补血养虚、明目润燥，补充体内铁含量，特别适合体弱多病、免疫力差的宝宝食用。

一日营养餐

上午	08：00	母乳或配方奶 200 毫升，干酪饼 1～2 块
	10：00	果香面包片 2 小片，鱼肝油 1 粒
	12：00	牛肉土豆饼 3～4 小块，猪血菠菜汤 1 小碗
下午	15：00	雪梨糯米粥 1 小碗
	18：00	白菜肉末挂面汤 60 克
晚上	22：00	母乳或配方奶 250 毫升

另：每两餐之间，给宝宝喂少量白开水，避免宝宝口渴。

日常养护，轻松做“辣妈”

帮助宝宝戒除安抚奶嘴

安抚奶嘴在宝宝的成长过程中可能确实帮过你大忙，它能给宝宝带来安全感，能暂时让宝宝安静下来，以使你脱身。可是，如果你的宝宝已经开始学走路了，还离不开安抚奶嘴，那就要想点办法，让他逐渐忘掉这个习惯，因为除了影响牙齿排列等生理因素，宝宝还可能会在心理上越来越依赖这个小小的奶嘴。

让宝宝有安全感

在帮助宝宝戒除安抚奶嘴期间，父母需要对宝宝付出更多的关爱，多花时间来满足宝宝的需求，多陪陪他，不让他缺乏安全感。当宝宝做得很好时给予充分的鼓励和奖励，及时与他沟通，了解他需要安抚奶嘴的原因，因为宝宝有时会因生活中缺乏安全感才对安抚奶嘴表现出依赖。另外，在奶嘴上涂抹一些辣味或有异味的东西以及用处罚或强制的手段，这些方式只会

“欲速不达”，带来负面效果。

减少宝宝无聊时间

许多宝宝喜欢安抚奶嘴，是因为他们太无聊了。如果每天的生活都充满了游戏的乐趣，他们可能就想不起来自己还有这样的爱好了。当宝宝的小嘴闲着想吮奶嘴时，可以让他唱一支“啦啦”歌，或者和妈妈说故事，最简单的方法是让他吻吻你。

满足宝宝的其他需求

别让安抚奶嘴成为替你看管宝宝的保姆，一到想让他安静时就想起这个救星。如果宝宝哭闹或缠着你，想一想其他的解决办法，看看他到底需要什么，而不是一味地拿安抚奶嘴堵住他的嘴。另外，宝宝嘴里含着奶嘴时，说话含糊不清，你就不能准确地理解他的意思，时间长了，他可能就习惯于用手去指想要的东西或嘟嘟囔囔说不清楚，这样会影响他语言交流能力的发展。告诉宝宝，他得把奶嘴拿开再说话，这样你才能听清楚。

建立新的安睡模式

依靠安抚奶嘴让宝宝睡个好觉不是长久之计。如果他已经习惯了中途醒来找奶嘴，就需要你来帮他慢慢放弃这种做法。不过这样一来，或许会有几个晚上你们都睡不好，但只要你付出更多的爱和关怀，或是帮他建立一个新的夜间安睡模式，你和他就会享受一整夜美好的睡眠了。

寻求援助

如果对宝宝讲过多次而宝宝还是不改，可以带他到医生那里，请医生配合。医生一边给宝宝做检查，一边告诉宝宝安抚奶嘴有些什么不好的效果，如会让他变得不好看了；如果宝宝已经上宝宝园，就请老师帮他做做思想工作。

对于宝宝来说，他们使用的许多东西都具有典型的阶段性，安抚奶嘴也是如此，当宝宝逐渐长大，它的阶段性任务完成后，记得让奶嘴功成身退。

“贵人语迟”不可信

与同龄儿相比，有些宝宝语言发育迟缓，对此不少父母认为，宝宝说话有早有晚，老人们常说“贵人语迟”，没有必要过分关心，因而父母常常对这些宝宝不予注意。事实上，宝宝说话的早与晚，的确存在着个体差异，但更重要的是后天环境的影响。正常情况下，宝宝在9个月的时候已经能有意识地叫“爸爸”、“妈妈”了，在1岁左右便会说单个字，如“门”、“灯”、“要”、“拿”等。如果在父母给予了适当的教育和关心后，宝宝的语言能力随长大而加强，当然，比同龄宝宝晚1～2个月也属正常。

如果宝宝语言发育迟缓，造成发育障碍的原因有两个方面：宝宝有先天性发育异常，例如软腭或舌系带过短，影响正常发音，这可通过早期发现和医疗处理矫正。如果并无先天畸形的宝宝存在语言发育迟缓等问题，父母要及早着手进行纠正。因为越早纠正，越容易让宝宝从小（开始学习语言时）便有一个发音清楚、条理性强、语法规范的基础。如果到宝宝有一定语言能力并形成习惯以后，再矫正就比较困难了。

在矫正宝宝口齿不清的时候，父母不能惩罚宝宝，不能因为宝宝一两个音发不出来就教训宝宝，因为这会给宝宝造成很大压力，使宝宝紧张。如果宝宝出现了逆反心理，矫正口齿不清将变得更加困难。父母还要“率先垂范”。要让自己的宝宝发音正确，父母自己要发音正确，尤其是在宝宝学语的时候，尽量用正确的语音和宝宝说话，用自己正确的发音影响宝宝。

专家提示

提高宝宝言语交流能力最有效的方法就是和他多说话，学习语言也和学习其他东西一样，最好在宝宝有所注意、有兴趣时进行。结合生活事件和具体活动教宝宝说话，例如，早上边起床边和他聊天。

两大策略让隔辈溺爱一去不复返

俗话说：“公婆爱的头生子。”现在宝宝不光头生，而且独生，做爷爷奶奶的就更不知怎么爱才好了。溺爱的宝宝往往骄傲、胆小、娇气、承受挫折的能力差、以自我为中心等，而这些宝宝又大多是跟着爷爷奶奶一起生活的。这种情况，真是如父母所说“不好办”吗？

沟通是关键

对宝宝的生理健康做爷爷奶奶的一般都比较重视，而往往忽略了宝宝的心理健康。他们往往会担心宝宝有没有吃饱，有没有穿暖，有没有发热，有没有受凉，却不大在意宝宝的能力、智力、情感方面的培养，喜欢尽量替宝宝想得“周全”：喂宝宝吃饭、替宝宝穿衣、抱宝宝下床，真恨不得跟宝宝一起上幼儿园才好。那么，做父母的就要注意和长辈们沟通了，告诉他们培养宝宝独立能力的重要性。让爷爷奶奶少“实行三包”，尽量让宝宝自己去思考和解决，给宝宝发挥才能和智慧的机会。当然，除了和长辈沟通外，和宝宝的沟通也不可少，只要给他们讲清楚利弊，相信长辈和宝宝都会很“通情达理”的。

坚持原则

现在的家庭，一个宝宝往往有爷爷、奶奶、姥爷、姥姥、爸爸、妈妈等好几个人围着转，很容易助长宝宝一方面“以自我为中心”，一方面又极度依赖的不良心理趋势。宝宝有些不好的习惯，父母可以先稳定宝宝的情绪，再和爷爷奶奶们进行沟通。可是有些原则性的问题，比如撒谎、拿其他小朋友的东西、欺负别的小朋友等，这时候，就务必要对宝宝进行“个别谈话”了，尽量不给爷爷奶奶袒护的机会。如何做到“爱而不溺”，对教育宝宝可是一门必须掌握的学问。

教宝宝自己穿衣服

随着宝宝的成长，他不再满足于只躺在大人的怀中，而是四处乱爬，开始到处探索了。此时宝宝的衣服式样多了起来，怎样选择适合此时宝宝的服装呢？

为了方便宝宝走路，学习穿脱衣服，培养宝宝的自立能力。专家建议此时宝宝的衣服不要有很多的带子、扣子等小物品，纽扣以2～3粒为好。上衣要长点，以活动时盖住肚子为宜；裤子不宜太肥大，以免羁绊住手脚活动不便，但也不要太紧，以免影响宝宝动作的伸展；衣领不要太高太紧，以免阻碍呼吸，限制头部活动，背带裤是比较好的选择。在给宝宝选择衣服时，要注意区分性别，男扮女装或女扮男装都会造成宝宝日后性心理的错位。

训练宝宝穿衣服，可以先让宝宝用布娃娃做练习。妈妈可以先教他给布娃娃脱衣服，然后再教他如何把衣服穿上，如“给宝宝脱衣服，要先解扣子，再弯胳膊”。这样一步步地教他完成每一个动作。宝宝每完成一步都要表扬他，并让他有充分的机会进行练习。

值得注意的是，在平时穿衣服的过程中，妈妈要有耐心，要让宝宝主动参与进来，要配合着他的动作进行，而不要为图方便，自己包办所有的动作。这样坚持下去就会培养出宝宝自己穿衣服的好习惯。

1.5～2 岁：宝宝同步喂养方案

转眼间，宝宝快两岁了，从 1.5～2 岁这半年中，宝宝的体重身高变化可能不是特别大，但宝宝各方面的能力却有了翻天覆地的变化，真是一天一个样儿。宝宝此时独立性不断增强，有了自己的想法，因此在对宝宝讲话时，要特别注意方式，当宝宝受到挫伤时，需要父母安抚和鼓励；当宝宝犯了错误时，需要父母耐心引导。

权威发布，宝宝体格发育参照表

项目	男宝宝	女宝宝
体重	平均 12.6 千克	平均 11.9 千克
身长	平均 87.6 厘米	平均 86.5 厘米
头围	平均 47.5 厘米	平均 46.3 厘米
胸围	平均 49.1 厘米	平均 48.5 厘米
疫苗接种	2 岁的时候打一针流行性乙型脑炎疫苗加强针	

喂养指导，听育儿专家怎么说

1.5～2岁宝宝的喂养方法

宝宝到1.5岁时，随着其消化功能的不断完善，饮食的种类和制作方法开始逐渐向成人过渡，以粮食、蔬菜和肉类为主的食物开始成为宝宝的主食。不过，此时的饮食还是需要注意营养平衡和易于消化的，不能完全吃成人的食物。

给宝宝做饭时要将食物做得软些，早餐时不要让宝宝吃油煎的食品，如油条、油饼等，而要吃面包或饼干、鸡蛋、牛奶等，每天的奶量最好控制在250毫升左右。在奶量减少后，每天要给宝宝吃两次点心，时间可以安排在下午和晚上，但不要吃得过多，否则会影响宝宝的食欲和食量，时间长了会引起宝宝营养不良。

该年龄宝宝的食谱可参照如下标准制定：早上7点：牛奶200毫升，稠粥1小碗，肉松适量；上午9点：鲜橘1个；中午12点：花卷75克，大米粥半小碗，碎土豆肝泥适量；下午3点：牛奶180毫升；晚上7点：软米饭50克，鸡蓉翡翠汤一份。

饭前喝汤对宝宝来说不可取

宝宝的消化系统发育尚不完善，胃酸分泌较少，胃液酸度较低；各种消化酶合成、分泌少，活性低。如果在餐前喝一小碗汤，容易使胃内酸度进一步降低，消化酶的浓度也会下降，影响食物的消化，长期将使宝宝消化系统功能紊乱，引起胃肠疾病，而且食物的消化吸收利用率下降，也会导致宝宝营养素摄入不足，影响宝宝正常生长。

另外，宝宝的胃容量只有200～250毫升，仅相当于一小碗或者一杯的容量，在餐前饮用一碗汤，宝宝很快就感觉肚子饱了，就会减少主食的摄入量，这样往往会使蛋白质、脂肪等营养素摄入不足。因此，不提倡在餐前给宝宝喝汤。

别让食物营养悄悄“溜走”

妈妈费尽心思为宝宝做各种营养美食，可是“狡猾的”食物营养才不会“乖乖地”等在饭桌上呢，它们会寻求各种可能的机会悄悄“溜走”，让我们一起来认识一下营养的逃跑路线，一起阻止它逃跑吧。

1 淘米遍数多，营养损失大 所谓淘，就是洗了又洗的意思：少则两三遍，多则四五回，以妈妈们爱清洁的程度不等来决定淘米的次数。然而不幸的是，米淘两遍，B族维生素就开始流失了，超过三遍，则各种营养成分都开始逐渐流失。

2 除了玉米面，煮粥别放碱 煮饭、煮粥、煮豆、炒菜都不宜放碱，因为碱容易加速维生素C及B族维生素的破坏。维生素B_1、维生素B_2本来就怕热，加了碱后更怕热，温度稍高更容易被破坏；而玉米则不同，玉米中所含有的结合型烟酸不易被人体吸收。如果在做玉米粥、蒸窝头、贴玉米饼时，在玉米面中加点小苏打，则用玉米面制作出的食品不但色、香、味俱佳，而且结合型烟酸易被人体吸收、利用。

3 切菜少使刀，尽量用手撕 蔬菜应先洗后切，否则会使水溶性的维生素及矿物质受到损失。切菜时一般不宜太碎，能用手撕的就用手撕，尽量少用刀，因为铁会加速维生素C的氧化。炒菜时要急火快炒，避免长时间炖煮，而且要盖好锅盖，防止溶于水的维生素随蒸汽跑掉。炒菜时应尽量少加水。炖菜时适当加点醋，既可调味，又可保护维生素C少受损失。做肉菜时适当加一点淀粉，既可减少营养素的流失，又可改善口感。

4 果汁营养少，不如水果好 当水果压榨成果汁后，果肉和膜被去除了。在这个过程中，维生素C也大大减少了。如果这种水果（比如苹果）本身含有维生素就不多，那在这个过程中，维生素几乎被去除得一干二净。

5 鸡蛋营养多，最好煮着吃 就营养的吸收和消化率来讲，煮蛋为100%，炒蛋为97%，开水、牛奶冲蛋为92.5%，煎炸为81.1%，生吃为30%～50%。由此来看，煮鸡蛋是最佳的吃法，但要注意细嚼慢咽，否则会影响吸收和消化。

6 煲汤时间长，营养跑得快 一些妈妈认为汤煲的时间越长越好，宝宝更容易消化。实际上，这是不科学的。维生素C、B族维生素、氨基酸等极有营养的成分有一个共同的弱点就是“怕热”，在80℃以上就会损失掉。因此，煲汤时长时间的小火会将这些营养成分破坏，而蒸发掉的正是精华。

7 冷冻常反复，其实很错误 食物都有保鲜期，最多保存3个月。以鱼为例，有研究表明，放在零下18℃保存3个月，鱼所含营养素的损失非常明显，尤其是维生素A和维生素E，大概会损失20%～30%。蔬菜、水果也应该现买现吃，每放置一天所含维生素就会减少一些。因此，趁着食物还新鲜就赶紧给宝宝吃，别等到没有了营养再吃。

将五种食物赶下餐桌

家有一小，如有一宝，现代家庭养育宝宝，都讲究科学喂养，在大环境的改变下，食物对宝宝的成长发育也有很大的影响，因此，妈妈不要让自己的宝宝食用下列五大食物：

腌渍食物

腌渍食物包括咸菜、榨菜、咸肉、咸鱼、豆瓣酱以及各种腌制蜜饯类的食物含有过高盐分，不但会引起高血压、动脉硬化等疾病，而且还会损伤动脉血管，影响脑组织的血液供应，导致记忆力下降、智力障碍。人体对食盐的需要量，成人每天在7克以下，宝宝每天在4克以下。日常生活中父母应少给宝宝吃含盐较多的食物。

过鲜食物

医学研究表明，孕妇如果在妊娠后期经常吃味精会引起胎儿缺锌，周岁以内的宝宝食用味精过多有引起脑细胞坏死的可能。世界卫生组织提出：成人每天摄入味精量不得超过4克，孕妇和周岁以内的宝宝禁食味精。即使宝宝大了也尽量少给宝宝吃含味精多的食物，如各种膨化食品、鱼干、泡面等。

煎炸、烟熏食物

鱼、肉中的脂肪在经过200度以上的热油煎炸或长时间暴晒后，很容易转化为过氧化脂质，而这种物质会导致大脑早衰，直接损害大脑发育。

含铅食物

过量的铅进入血液后很难排除，会直接损伤大脑。爆米花、松花蛋、啤酒中含铅较多，传统的铁罐头及玻璃瓶罐头的密封盖中，也含有一定数量的铅，因此，这些“罐装食品”父母也要让宝宝少吃。

含铝食物

油条、油饼在制作时要加入明矾作为涨发剂，而明矾（三氧化二铝）含铝量高，常吃会造成记忆力下降，反应迟钝，因此父母应该让宝宝戒掉以油条、油饼做早餐的习惯。

营养配餐 本阶段宝宝饮食推荐

鱼肉饼

原　料

鲜鱼肉 40 克，面包粉 70 克，鸡蛋 1 个，盐、植物油各少许。

做　法

● 鱼肉洗净，上锅蒸熟，压成泥状；将鱼肉泥、面包粉、鸡蛋液、盐一同放入盆中，搅拌均匀，作为馅料；用手将馅料分成 2～3 份团成球状；将平底锅置于火上，倒少许植物油，烧至七成热，转小火，放入馅料球，用锅铲将其压平，煎至双面金黄时即可，晾至温热后给宝宝食用。

健康小提示 适合 1.5 岁以上的宝宝食用。鱼肉饼鲜嫩酥脆，有助于锻炼宝宝咀嚼能力，可作为加餐食用。

牛奶果蔬汁

原　料

苹果、菠萝、西芹、黄瓜各 40 克，牛奶 120 毫升。

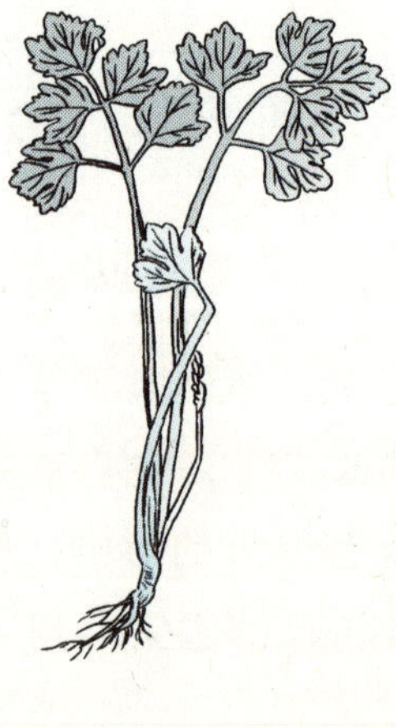

■ 做 法

● 苹果洗净，去除核和皮，切丁；菠萝切碎；黄瓜洗净，去皮，切成小块；西芹洗净，抽丝，切成小段；将上述水果、蔬菜一同放入榨汁机中，加入牛奶，兑入少许凉开水，榨成汁即可给宝宝饮用。

健康小提示 适合1.5岁以上的宝宝饮用。果蔬汁中富含维生素C、胡萝卜素以及钙、铁、锌等宝宝成长不可缺的营养素，搭配牛奶可补充蛋白质，营养全面，适合宝宝饮用。

奶香鸡肉粥

■ 原 料

鸡脯肉45克，粳米60克，牛奶100毫升，植物油、盐各少许。

■ 做 法

● 鸡脯肉洗净，切成细丝，加少许盐腌渍，下锅煸炒至熟，盛出；粳米淘洗干净，放入电饭锅中，加适量清水，煮开后，加入鸡丝和牛奶，继续熬煮至烂熟即成，晾至适口后供宝宝食用。

健康小提示 适合1.5岁以上的宝宝食用。鸡肉、牛奶都是宝宝成长中最好的食物，搭配做粥，奶香味美，营养溶于粥中，更容易被宝宝吸收。

豆花鸡肉

■ 原 料

鸡脯肉60克，嫩豆腐40克，蛋清2个，香油1滴，料酒、姜末、葱末、盐各少许。

■ 做 法

● 鸡脯肉洗净，剁成肉泥，加入蛋清、姜末、葱末拌匀；豆腐洗净，压成泥，与鸡肉泥混合调匀；将沙锅中加适量清水，煮沸后，倒入鸡肉豆腐泥，轻轻搅拌，煮约10分钟，加少许盐调味，滴1滴香油搅匀即可，晾至适口后供宝宝食用。

健康小提示 适合1.5岁以上的宝宝食用。鸡肉性温，有很好的滋补作用，与豆腐混合，营养更均衡，大病初愈、体虚的宝宝可多食。

豌豆炒虾仁

■ 原 料

豌豆25克，虾仁4只，植物油、盐各适量。

■ 做　法

● 豌豆洗净，研碎；虾仁洗净，剔除泥肠，切段；锅内倒少许植物油，烧至七成热时，放入虾仁爆炒后，再放入豌豆碎，加一点水，小火焖煮片刻，加少许盐调味即成，晾至适口后，搭配主食供宝宝食用。

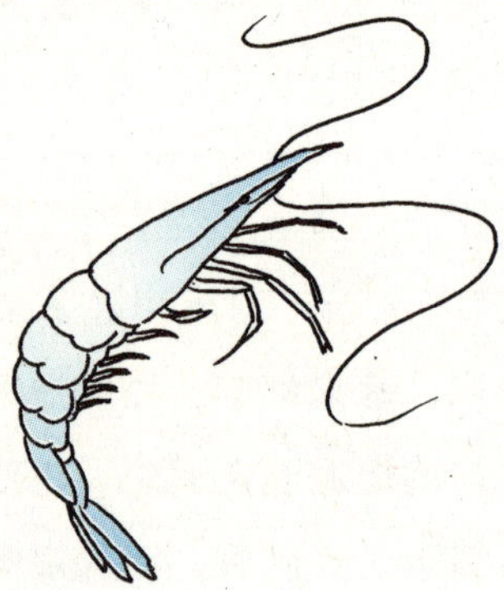

健康小提示　适合2岁的宝宝食用。此菜颜色淡雅，口味清爽，可增进宝宝食欲。

油菜肉末面条

■ 原　料

细挂面20克，肉末30克，小油菜2棵，葱末、料酒、盐、植物油各少许。

■ 做　法

● 油菜洗净，切碎；锅内倒入适量植物油，烧热后，放入肉末、葱末爆香，调入料酒，加水煮沸，转小火，加入小油菜、盐熬煮5分钟，关火；另起一锅，加适量清水，煮沸，将细挂面掰成两段，放入锅中，煮熟，用凉开水过一下，盛入碗中，加入煮好的肉末汤拌匀，即可供宝宝食用。

健康小提示　适合2岁的宝宝食用。过凉开水的面条较爽滑，汤也较澄清，可增进宝宝食欲，宝宝喜欢吃。

麦片红豆粥

■ 原　料

燕麦片25克，牛奶50毫升，红豆40克，粳米50克，白糖少许。

■ 做　法

● 预先将红豆用水浸泡4～6小时，捞出洗净；粳米淘洗干净，与红豆一同放入锅中，加适量水，煮沸后，转小火熬煮30分钟，加入燕麦片和牛奶调匀，加盖继续熬煮约 10 分钟，晾至适口时，加少许白糖调味，即可给宝宝食用。

健康小提示 适合 2 岁的宝宝食用。红豆粥可补血健脾，搭配麦片和牛奶，不仅可增加粥中蛋白质和膳食纤维的含量，而且食用后可分解体内多余脂肪。

山药三明治

原 料

山药 120 克，熟蛋黄 1 个，全麦面包 2 片，沙拉酱少许。

做 法

● 山药去皮洗净，切块，上锅蒸熟，压成泥；熟蛋黄压碎，拌入山药泥中，加入沙拉酱调匀；全麦面包从中间切开，取其中 3 片，叠放在一起，取下面两片，用小勺将其单面涂抹上调制好的山药泥，可以厚一些，再重新叠放起来，用手压一下，即可给宝宝食用。

健康小提示 适合 2 岁的宝宝食用。山药可滋补气血，搭配蛋黄和全麦面包，营养丰富，对宝宝成长有益。

一日营养餐

上午	08：00	牛奶或配方奶 200 毫升，三明治 1 块
	10：00	酸奶 100 克
	12：00	豌豆炒虾仁 35 克，软饭 1 碗，添加鱼肝油 1 粒
下午	15：00	牛奶果蔬汁 150 毫升，鱼肉饼 1 块
	18：00	麦片红豆粥 60 克，干酪饼 2 块
晚上	22：00	牛奶或配方奶 200 毫升

另：每两餐之间，给宝宝喂少量白开水，避免宝宝口渴。晚饭后需漱口，睡前刷牙。

日常养护，轻松做“辣妈”

改变宝宝尿床的策略

养育宝宝是妈妈最幸福也是最艰难的时期，许多妈妈最怕的是，劳累一天后又在熟睡中突然被宝宝尿床惊醒，睡眠质量打折扣不说，还要换床单被褥并彻底清洗，因此，宝宝尿床问题成为众多妈妈的一大心病。其实，除了生理上的不能控制外，心理上也有很多因素影响着宝宝尿床的发生与否。经科学家研究结果发现：亲人的突然死伤、父母吵闹离异、母子长期隔离、黑夜恐惧受惊等是导致宝宝发生尿床的重要原因之一。因此，当发现宝宝频繁尿床后，不应该粗暴地打骂，而是查找造成宝宝尿床的原因后给予疏导和帮助。下面就来介绍几个让宝宝不再尿床的小方法：

(1) 培养好习惯，在吃饭或吃点心前让他解小便。宝宝小便后，洗洗手就能得到美味的食物，自然对排便就不那么反感了。

(2) 做一个具体的观察记录，如，是带宝宝外出游玩后发生尿床的概率大，还是在家的时间发生尿床的概率大？每天喝多少水？吃哪些食品的情况下容易发生尿床？找出宝宝每次最佳排便的时机和时间规律。

(3) 培养宝宝不论是白天还是晚上都能在清醒状态下排尿的习惯。

(4) 建立合理的生活制度，使宝宝的生活、饮食起居有规律。最好能坚持睡午觉，以免夜间睡得太熟，不易被大人唤醒起床小便。

(5) 对白天玩的太兴奋、喝水太多等因素造成尿床的宝宝，晚餐时可对宝宝的饮水量适当控制，也不宜吃西瓜、橘子、生梨等水果及牛奶，以减少夜里膀胱的储尿量。

(6) 临睡前不要进行剧烈活动，也不要看惊险的影视片，最好睡前给宝宝洗个澡，松解紧张情绪，播放轻柔舒缓的音乐或是睡前讲平淡小故事等，帮助宝宝舒适入睡。

(7) 睡前让宝宝排便一次，隔1～2小时再排一次，等到妈妈就寝时再提醒宝宝起来一次，一般情况下就可以安心睡到天亮了。

(8) 宝宝睡觉的被褥要干净、暖和，尿湿之后应及时更换，不要让宝宝睡在潮湿的被褥里，这样会使宝宝更易尿床。

(9) 适当进行排尿训练。白天让宝宝多饮水，当他想小便时，要求他多忍耐几分钟，鼓励宝宝在每次排尿的中间中断排尿，自己数1～10，然后再把尿排净。

切忌育儿观念不统一

在家庭中，教育子女是父母的共同责任。但是，在教育宝宝的过程中会出现种种矛盾，这当中最常见的就是父母的教育意见不一致，这对宝宝来说不是件好事。

1 使宝宝变成双重人格 父母在教育宝宝的问题上发生分歧，爸爸说要往东，妈妈偏偏说往西，令宝宝无所适从，不知道听谁的才好。但宝宝也会有本能的自我保护心理，他会进行选择，会利用父母对自己意见的不一致去寻找有利于自己的一方，也就是说，谁护着自己，他就倾向谁。比如说，宝宝想吃零食，妈妈不同意，而爸爸说："不要紧，就让他吃吧。"宝宝得到了一方的支持，于是他的要求更强烈，不达目的不罢休。有的家庭在教育宝宝时甚至会有意识地"你唱白脸我唱黑脸"，一个迁就、保护宝宝，另一个则扮演严厉教育的角色，这对宝宝是很不好的。情况严重的就会造成宝宝的双重人格，在爸爸面前是一个样，在妈妈面前又是另一个样。

2 使父母的威信降低 父母教育意见不一致还会直接影响父母的权威性。宝宝总是认为，大人的话就是正确的，尤其是在自己眼中有威信的人说的话就一定是正确的。因此，当父母的教育意见不一致，尤其是在宝宝面前发生争执，甚至彼此否定对方的时候，会使宝宝对父母产生失望的情绪，破坏了在宝宝眼中的形象，降低了威信，从而影响了教育的效果。

3 使宝宝自控能力减弱 自我控制能力是指一个人控制和支配自己行为的能力，这种能力是从小逐渐形成并发展的，并且需要父母的帮助和支持。当他出现一定的行为后，如果父母一致肯定或否定，他就会知道自己正确与否，并学会在新的环境中继续或停止、改正这种行为，从而发展自我控制能力。但如果父母意见不一致呢？宝宝再次遇到同样的情况时，他根本就不知道自己究竟应该怎样做，更谈不上有意识地改正自己的行为了。

4 使宝宝不明是非 宝宝太小，他的是非判断标准来自于成人，尤其是父母。家庭当中，当父母产生分歧的时候，他往往会觉得胜利一方的观点就是正确的，而事实上也许并非如此。长此以往，宝宝的是非观会变得模糊，甚至颠倒是非。

如何善待宝宝的“害羞”

依据心理学者的论点认为“害羞”是一种人格特质，此种特质有些人是与生俱有，有些人是受到后天影响所致。其实害羞对宝宝而言，在成长过程中还是可以改变、学习的。害羞是当小宝宝碰到陌生人和不熟悉的环境时，不安和尴尬等自然的反应。宝宝会担心不知道怎么说话、如何行动，因而退缩、封闭自己。

害羞宝宝的退缩与不够主动，使同伴误以为他们不友善，不易与人相处，导致社交能力不佳，人际关系也不好。较严重的甚至被同伴排斥，无法融入团体生活中。如果有“过度害羞”或“过于内向”的宝宝，父母可考虑从以下几方面协助宝宝走出生活的阴影。

1 支持接纳 父母必须了解宝宝的个性，并承认害羞是自然的事实，不必大惊小怪，也不必操之过急。在宝宝需要父母支持或协助的时候，给予额外的注意和体谅。

2 培养自主性 鼓励而非逼迫改变，接纳宝宝的个性并不表示过度的保护与姑息。宝宝在试图突破时，会有些许的尴尬，此时需要父母更多的鼓励才会再向前走一步。只要宝宝的行为稍有改变，不论表现如何，都要鼓励赞美他的独立自主与勇气。

3 改变靠练习 父母在家应与宝宝多加练习人际沟通的技巧，事先的演练在轻松气氛下进行，指导宝宝应对进退、待人处事的原则，使宝宝自觉有备而来，以减少临场慌乱。例如宝宝在学校碰上“上台报告”的课程时，父母应当协助练习使之熟练，增强自我成就感。如果遇到挫折也知道如何去面对。

4 建立自信心 宝宝的自信心通常是建立在愉快的经验上。为人父母应协助宝宝找出自己的专长与特点，例如宝宝对画画有兴趣，便给他绘画的工具，介绍他参加绘画的才艺班，给宝宝表现的机会。在此过程中要注意的是尊重宝宝的兴趣，父母尽量避免过度干涉或强迫宝宝做不喜欢做的事，以免造成宝宝的反感。

5 友谊性支持 过度害羞的宝宝在交友上较易遭到阻碍，友伴关系发展欠佳，父母应及时培养宝宝的适应力与包容力，由“一对一”的友谊关系发展到良好的社交能力。

在处理宝宝过度害羞的问题时不可操之过急，以免负向强化，适度的引导有利于宝宝走出害羞的阴影，而融入团体生活中。

说“好话”，树立宝宝的自尊心

幼年时期是宝宝成长的关键时期，是宝宝个性、道德品质和行为习惯形成的重要阶段。这段时期宝宝的身心发育还不成熟，自我评价能力差，因此，父母对宝宝正确地引导、激励和适当地赞美很重要。适当地对宝宝说“好话”，会起到激励作用，产生意想不到的教育效果。然而，我们大多数父母经常是一副长者的面孔，以为威严是一种很好的教育方法，但这样很难使宝宝产生信任感。如果父母能对宝宝的言行做出正确的评价，适当地夸奖一下，家里便会洋溢出一种温馨的气氛。生活在这种轻松的环境里，会使宝宝对父母产生信任感，亲子关系就会更加和谐。而宝宝在正确的鼓励下，更容易树立坚定的信心，更喜欢学习新的知识。

1 当宝宝遇到挫折时 当宝宝遇到挫折或遭到失败时，不要说“看你笨死了”、“你完了”等话，这样会使宝宝产生心理压力。父母要说些“好话”，以用暗示的方法指出缺点，表扬宝宝进步的地方。调动宝宝继续努力的积极性，使宝宝有自信心，从而产生前进的动力。例如：①我为你加油，你肯定能行的！②每个人都会碰到这样的事情！③你已经很努力了，我为你骄傲！坚持下去，你就能成功！④继续做下去，我已经看到你的进步了。⑤宝宝，我坚信你能做好的！

2 当宝宝成功时 当宝宝成功时，说些“好话”可以强化宝宝成功喜悦的情绪体验，使宝宝渴望再次获得这种表扬，这样会激发他进步的愿望，以后当他碰到类似的情况时，他会做得更好。例如：①做得好！你真了不起！②真高兴，你的表现如此优秀。③我就知道你能做到，宝宝真聪明！④你的头脑很灵活嘛！真让我感到开心。⑤做得真棒！你是妈妈的骄傲。⑥继续努力，你会做得更好！

3 当宝宝帮你忙时 宝宝给你帮忙时，不管他做得好坏，父母都要感谢，说“好话”给他听，这样宝宝就会有“我能行”的心理认同，以后他就会喜欢劳动，并且乐意帮助别人做事情。例如：①你真是我的好帮手！②你真了不起，今天做了不少事情呀！③这才是我的好宝宝。④你做得好认真，做得好棒！⑤你总是在不断进步耶！⑥有你这样的好宝宝，我真高兴。

2～2.5岁：宝宝同步喂养方案

宝宝2岁时，更多的父母开始注意起宝宝的智力发育。父母不要试图以各种方式加快宝宝的智力发育速度，这会使父母气馁、使宝宝受罪。如果妈妈制订出计划，一天教宝宝认识几个汉字，或几个数字，或几个英语单词，这对刚刚2岁的宝宝来说，不但是比较困难的，也是枯燥乏味的。父母应给宝宝更多自由发展的空间，创造一个轻松、快乐的有利环境即可。如果强行推着宝宝向前走，只能事与愿违，欲速则不达。

权威发布，宝宝体格发育参照表

项目	男宝宝	女宝宝
体重	平均13.4千克	平均12.8千克
身长	平均91.6厘米	平均90.6厘米
头围	平均48厘米	平均46.8厘米
胸围	平均49.3厘米	平均49.1厘米
疫苗接种	本年龄段无接种计划	

喂养指导，听育儿专家怎么说

2～2.5 岁宝宝的喂养方法

2～2.5 岁的宝宝，培养良好的进食习惯是非常必要的，首先要做到规律进餐，定时定量。对于 2 岁以上的宝宝，应安排好早、午、晚三餐及上午、下午两次的点心。其次不要让宝宝养成挑食、偏食、吃零食的习惯，达到均衡的饮食结构。除此还要帮助宝宝锻炼自己动手能力，让宝宝自己尝试用勺、碗吃饭。

在宝宝开始逐渐适应正常的饮食后，父母要培养宝宝良好的咀嚼习惯。经过调查发现，过早给宝宝太硬的食物会影响到宝宝的咀嚼习惯，由于太硬的食物超过了宝宝的咀嚼能力，致使宝宝不咀嚼食物，直接就咽了下去，时间久了会养成宝宝不爱咀嚼食物的习惯。有些时候宝宝由于迫不及待地往嘴里塞食物，不怎么咀嚼就下咽，因此需要父母耐心地教宝宝咀嚼食物，不能急躁。在喂食宝宝的时候，刻意拉长两口饭菜的间隔时间，让宝宝有充足的咀嚼时间。

该年龄段宝宝的食谱可参照如下标准制定：早上 7 点：米粥或豆浆 1 小碗，菜包或面包 1 个；上午 9 点：水果 1 个；中午 12 点：米饭加荤素炒菜 1 小碗或带馅面食加粥；下午 3 点：牛奶 250 毫升，水果 1 个；晚上 7 点：米饭或面条加荤素菜或带馅面食加粥。

专家提示

随着宝宝逐渐长大，接触的食物也越来越多，但是有些食物还是不能给宝宝吃，如花生米、煮豆、脆饼干等硬的食物。这是由于宝宝的后槽牙长得较晚，即使有些宝宝后槽牙长出来，也要过一段时间才能用力咀嚼花生米等硬的食物，这会引起食物误入气管的现象发生。

良好的饮食习惯是宝宝成长的加速器

培养宝宝良好的饮食习惯关键在父母。父母如能以身作则，言传身教，宝宝模仿性强，就会自然养成良好的饮食习惯。在培养过程中应注意以下几点：

❶ 做好饭前准备　在吃任何东西前，必须注意手的清洁。进食时切勿边吃边玩，或翻阅连环画之类的读物。书上细菌很多，翻阅书页又把手弄脏了，而且边吃边看会分散对食物的注意力，至于在马路或大街上手拿食物，边走边吃就更不卫生了。

❷ 培养宝宝细嚼慢咽的好习惯　帮助宝宝每餐吃饭能在一定时间内（20～30 分钟）完成，但不宜过急催促。每次盛饭不宜过多，吃完后再添，有利于刺激宝宝吃饭的积极性。如果各餐食品较多，要一样一样地分给他，不要全部放在饭碗里，使宝宝吃时不方便，容易贪多嚼不烂。

❸ 饮食要定时、定量　如果饮食不定时、定量，饥饱不均，时间长了会影响胃肠道的正常功能，甚至形成胃病。每逢节假日，应注意不要让宝宝暴饮暴食或不按时进食，吃得过量会伤胃或引起急性胃肠炎等。

专家提示

吃饭时绝对不能责骂宝宝，以免使宝宝精神紧张而影响食欲。鼓励宝宝自己吃饭，让他感到有兴趣。

碘——“智力元素”、“智能之花”

碘是维系生命活动必不可少的一种微量营养素，对宝宝大脑的发育起着决定性的作用。缺碘可导致克汀病，表现为智力低下，最严重的连大小便也不能自理。轻度宝宝生活虽可自理，但不能做复杂劳动，不能适应社会生活，有听力、语言和运动障碍，聋哑发生率高，甚至出现发育畸形。

知道了缺碘的危害性，我们还要知道补碘的途径：缺碘重在预防，碘主要来自于如海带、紫菜等海产品。作为宝宝，不一定具备咀嚼海产品的能力，并且食谱范围狭小，获取碘的机会亦很小。因此，妈妈在选购宝宝配方食品时除了比较蛋白质、脂肪和其他微量元素外，还应特别注意有没有含碘。从配方食品中给宝宝补碘是安全、直接、有效的方式。只有妈妈的细心呵护，才能让细水长流的补碘运动快乐地进行到底！宝宝吃下营养美味的食物同时，也获取了足量的“碘”元素，让宝宝快乐地享受美味，享受健康！

味精——宝宝健康的隐形杀手

有些父母认为，在宝宝的饭菜中加一些味精，能增加食物的美味，激发宝宝的食欲。这是真的吗？

其实，味精对宝宝的生长发育有着严重的影响。它能使宝宝血中的锌转变为谷氨酸锌随尿排出，造成体内缺锌，影响宝宝的生长发育，并产生智力减退和厌食等不良后果。

锌具有改善食欲和消化功能的作用。在人体唾液中存在的一种味觉素，是一种含锌的化学物质，它对味蕾及口腔黏膜起着重要的营养作用，缺锌可使味蕾的功能减退，甚至导致味蕾被脱落的上皮细胞堵塞，使食物难以接触味蕾而影响味觉，品尝不出食物的美味而不想吃饭。锌是人体必需的微量元素，小儿缺锌会引起生长发育不良、弱智、性晚熟；同时，还会出现味觉紊乱、食欲不振。因此，宝宝食用菜肴不宜多放味精，尤其是对偏食、厌食、胃口不佳的宝宝更应注意。在平时的膳食中，应让宝宝多吃富含锌的食品，如鱼、瘦肉、猪肝、猪心及豆制品等。

营养配餐 本阶段宝宝饮食推荐

红枣高粱米粥

原 料

高粱米 60 克，红枣 6 枚。

做 法

● 红枣洗净，去核，放入温水中泡软，切成丝；高粱米淘洗干净，用温水浸泡 30 分钟，与泡好的红枣

丝一同倒入沙锅中，加适量清水，用大火煮至豆熟米烂即成，晾至适口后给宝宝食用。

健康小提示 适合2岁以上的宝宝食用。高粱米中富含蛋白质和膳食纤维，搭配红豆制成粥，可补养气血，特别适宜体虚、贫血的宝宝食用。

木瓜菠萝奶

原　料

木瓜80克，菠萝肉100克，牛奶100毫升，白糖少许。

做　法

● 木瓜去皮和籽，切成小块；菠萝肉切丁；将木瓜块、菠萝肉丁倒入榨汁机中，加入牛奶和白糖，搅拌后，用过滤网滤出汤汁，即可给宝宝饮用。

健康小提示 适合2岁以上的宝宝食用。木瓜菠萝奶中富含蛋白、脂肪、维生素及人体必需矿物质，有利于宝宝成长发育，可在午休后与点心搭配食用。

豆浆鸡肉粥

原　料

鸡脯肉50克，大米40克，豆浆200毫升，姜丝、鸡精、胡椒粉、水淀粉各少许。

做　法

● 鸡脯肉洗净，切成丝状，加盐、鸡精、胡椒粉、水淀粉略腌；大米淘洗干净，用清水浸泡约1小时；将锅中添适量清水，置于火上，放入泡好的大米，煮开，转小火熬煮成粥，加入姜丝，倒入豆浆，放入腌好的鸡肉丝，调匀煮开后即成。

健康小提示 适合2岁的宝宝食用。豆浆富含优质蛋白，搭配鸡肉口感爽滑，风味独特，营养丰富，有助于消化吸收。

黄瓜炒鸡蛋

原　料

黄瓜1根，鸡蛋2个，黑木耳（水

发）15 克，虾皮、葱末、植物油、盐各少许。

■ 做 法

● 黄瓜洗净，切成薄片，鸡蛋洗净，磕入碗中，打散；虾皮用温水浸泡至软，捞出沥干水分；木耳洗净，去蒂，撕成小片；锅内倒油，烧至八成热时，倒入蛋液，煎熟铲散，盛出；再起油锅，烧热后，下入葱末虾皮略炒，放入黄瓜片，翻炒几下后，倒入炒好的鸡蛋，加少许盐调味，再炒几下，即可出锅，晾至适口后，搭配主食给宝宝食用。

健康小提示 适合 2 岁以上的宝宝食用。黄瓜可减脂，搭配鸡蛋可增加菜肴的营养，口味清爽鲜美，适合胖宝宝食用。

雪菜肉末

■ 原 料

雪菜 35 克，肉末 60 克，鸡蛋液、植物油各适量，葱末、姜末、生抽、香油各少许。

■ 做 法

● 雪菜洗净后，切碎；肉末加入鸡蛋液、生抽搅拌均匀；锅内倒油，烧热后，下葱末、姜末炝锅后，放入肉末炒至变色，再放入切碎的雪菜翻炒 5 分钟，淋入少许香油即可起锅，晾至适口后，搭配主食给宝宝食用。

健康小提示 适合 2.5 岁的宝宝食用。雪菜富含维生素和膳食纤维，与肉末同炒，口味丰富，搭配主食食用，宝宝非常喜欢。

豆腐鱼头汤

■ 原 料

鱼头 1 个，豆腐 60 克，葱末、姜末、植物油、盐各少许。

■ 做 法

● 将鱼头洗净，去鳃，剖成两半；豆腐洗净，切成小块；锅内加少许植物油，加入葱末、姜末炒香，加入鱼头，翻炒两下后，加适量清水和豆腐块，煮沸后，转小火慢炖 30 分钟，加盐调味即成，晾至温热后给宝宝食用。

健康小提示 适合 2.5 岁的宝宝食用。鱼头豆腐汤营养丰富，可健脑养心，提高大脑的灵活性和适应能力。吃时，宝宝可吃豆腐和汤，鱼头需经拆卸后，拣没鱼骨、刺的部分给宝宝吃。

鸡肉饭

原　料

鸡脯肉 50 克，洋葱 1/4 个，粳米 60 克，植物油、盐各少许。

做　法

● 鸡脯肉洗净，切丝；洋葱去皮洗净，切成细丝；粳米淘洗干净，放入电饭锅中，加水煮饭；炒锅内倒入适量油，烧热后放入鸡丝和洋葱，翻炒至熟，放少许盐，再翻炒几下，混入将熟的粳米饭中，拌匀，在焖煮至电饭锅指示灯跳起即成，晾至适口后给宝宝食用。

健康小提示 适合 2.5 岁的宝宝食用。鸡肉饭可平肝润肠，增进食欲，改善消化。若宝宝肠胃功能较弱，粳米要蒸软一些。

排骨汤面

原　料

猪排骨 150 克，细面条 60 克，青菜 3 棵，盐、醋各少许。

做　法

● 青菜洗净，切成小段；猪排骨洗净，剁成小块，放入沙锅中，煮沸，加少许醋，转小火熬煮 40 分钟，关火，捞出猪骨，留汤汁；另起一锅，加适量水，煮沸，下入细面条，煮软时，放入青菜段，再煮片刻，将青菜和面捞入碗中，加入适量排骨汤，少许盐调味即成，晾至适口后给宝宝食用。

健康小提示 适合 2.5 岁的宝宝食用。排骨汤营养丰富，其中富含的骨胶原、骨黏蛋白、磷酸钙都是宝宝骨骼成长必需的营养，将其制作成汤面，可避免油腻，利于消化吸收。

豆沙酥饼

原　料

红豆沙 60 克，面粉 70 克，牛奶、植物油各适量，白糖少许。

做　法

● 将红豆沙中加入牛奶、白糖拌匀，作馅；面粉加少许牛奶，用温水和成面团，和好后醒一会儿，再将面团搓成长条，切成一个个等量的小面团，用手将中间压成窝，加入豆沙馅，做成生饼坯；锅内加适量植物油，将生饼坯双面煎至金黄，即可。

健康小提示 适合 2.5 岁的宝宝食用。豆沙酥饼口感酥脆，健脾开胃，可作为加餐食用。

一日营养餐

上午	08:00	牛奶或配方奶 200 毫升，全麦面包 1 片
	10:00	豆沙饼 1 块
	12:00	雪菜肉末 25 克，软饭 1 碗，豆腐鱼头汤 1 小碗
下午	15:00	木瓜菠萝奶 100 毫升
	18:00	鸡肉饭 50 克，鸡蛋汤 1 小碗
晚上	22:00	牛奶或配方奶 200 毫升

另：每两餐之间，给宝宝喂少量白开水，避免宝宝口渴。晚饭后需漱口，睡前刷牙。

日常养护，轻松做“辣妈”

教宝宝学漱口刷牙

漱口能够漱掉口腔中食物残渣，是保持口腔清洁的简便易行的方法之一。从宝宝1岁时，就应教会宝宝将水含在口内、闭口，然后鼓动两腮，使漱口水与牙齿、牙龈及口腔黏膜表面充分接触，利用水力来回冲洗口腔内各个部位，使牙齿表面、牙缝和牙龈等处的食物残渣得以清除。可以先做给宝宝看，让宝宝边学边漱口，逐步掌握。

当宝宝2岁时，就可以开始玩牙刷；一开始让宝宝持牙刷练习“转动手腕”的动作，对着镜子徒手模仿刷牙动作。然而，由于他们手部神经肌肉的发育尚未成熟，有效的洁牙动作仍需依赖父母帮忙。

宝宝在3岁左右便可开始学习自行刷牙，因为这个时候，宝宝的20颗乳牙已经全部出齐，父母在宝宝学会漱口的基础上，可以教宝宝刷牙方法。

宝宝的乳牙面积较恒牙小且矮胖，应该采用水平式的横向刷法。教导宝宝握住牙刷后，父母再以手握住宝宝的手。将刷毛对准牙齿与牙龈交接的地方，刷上颚牙齿时刷毛朝上，刷下颚牙齿时刷毛朝下。牙刷与牙齿应呈45～60度角，同时将刷毛向牙齿轻压，使刷毛略呈圆弧。牙刷定位后，开始做短距离水平运动，一次刷两颗牙齿，前后来回约刷十次；刷牙齿咬合面时，刷毛与咬合面垂直，也是一次刷两颗牙齿，来回地刷（刷牙时力量要适度，以免刷痛牙龈）。

专家提示

宝宝刚开始学刷牙时，不要求刷干净，先让他习惯刷牙的姿势、动作，再逐渐要求刷干净。父母千万不要以为宝宝不懂刷牙，便替他动手刷，这样容易养成他们依赖的习惯。

不要对宝宝进行超前教育

每一位父母都希望自己的宝宝将来学习好、工作好、生活好。受此心愿的驱使，我们越来越急切地想让宝宝提前学习各种文化知识，以便他们将来进入小学后，学得更好一点，更轻松一点，将来走得更顺利一些。殊不知超前教育会对宝宝造成不必要的伤害。

危害一

将超前于宝宝发展过程的知识技能强加于能力上还没有完全做好准备的宝宝，它不仅仅会使父母倍感挫折，更严重的是会影响宝宝以后的发展。

小鸟的妈妈如果在小鸟还没有长出羽毛的时候，就硬赶着小鸟飞出鸟巢，结果只能眼睁睁地看着年幼的小鸟掉落在地上，而且可能永远丧失了飞翔的胆略。同样，科学家发现，儿童的许多能力是在成长中的某一段时间才会出现的，过早地将儿童还不具备该能力的知识强加于宝宝，只能引起宝宝更多的困惑和恐慌，特别是当他们面对想方设法要求他们完成任务的大人时，他们会为自己完成不了任务而感到害怕，对自己的能力产生怀疑，这种不自信带来的后果将影响宝宝一生。

危害二

不少年轻父母为了更早地看到成果，不惜忽略宝宝能力的积累，而只求快些让宝宝接受知识，事实上却限制了宝宝能力的发展。

宝宝和成人的精力和时间都是有限的，当父母只注重宝宝每天学了几首儿歌，会写了几个字，学了多少算术题的时候，他们便忽略了宝宝和伙伴玩得是否融洽，在游戏过程中有没有摔倒再爬起，而宝宝也逐渐只关心那些大人们为他们安排的任务，少了探索的兴趣，少了寻找问题和答案的动力。这些父母与宝宝都逐渐远离和忽视的东西，与知识本身相比，对成长却有更为重大的意义。就像造房子一样，为了能尽快造起高楼大厦，却没有夯实地下的基石，结果造成或是楼房的倒塌，或是无法建成高楼大厦。

危害三

有些超前教育似乎对宝宝目前

有一定的作用，但是由于宝宝幼年接受了不正规的教学方式，养成了不良的习惯，以至在以后真正的学习中无法接受正确的教学，影响其发展。

比如，现在许多父母希望宝宝很小的时候就能够掌握母语以外的语言，殊不知，由于教育本身在语言教育内容和方式上的问题，语言敏感期的宝宝却将第二语言教育中许多不良的语音也一并吸收了进来，而且这种负面的影响比他们学到几个单词的正面影响大得多，等到上学后真正开始学习外语的时候，启蒙语音的不准确会使他们无法和其他宝宝一样正确地按照音标朗读。

理智处理宝宝间的争吵

宝宝和小朋友们在一起玩的时候，难免磕磕碰碰，有时候会发生争吵，在这种情况下，父母应该怎么处理呢？

(1) 不要把事情想象得太严重。宝宝之间的争吵和脾气、性格没有直接的联系，因为宝宝冲突的时候都不懂得忍让，也不懂得相互理解，所以只有一吵了之。而这种争吵也没有父母想的那么严重，不会让两个宝宝老死不相往来，因为他们往往刚吵完就和好，如同游戏一般。

(2) 应先分开宝宝，再弄清事实，然后再做处理。父母切不可爱子心切，一味偏袒和纵容，抱着只要自己的宝宝不吃亏就没事的态度火上浇油。当父母听了双方的解释时，应给宝宝一个公正的裁判，并教育宝宝要互相友爱，下次出现这样的问题时，可以请大人来裁决。而如果一时弄不清是谁的错，父母也不要着急，可以同时对两个宝宝进行教育，也适当地表扬他们有做得对的地方。这样过不了一会儿，他们就和好如初了。

(3) 如果宝宝特别喜欢和人争吵，这对他的人际交往是非常不利的，可能会遭到其他宝宝的排挤，父母可采取遇到问题就让宝宝冷静或将其暂时隔离的办法来缓和他的情绪。

胖宝宝反而不健康

长期以来，人们有一种误解：总以为宝宝胖胖的就是健康。因而，千方百计地让宝宝吃得好些、吃得胖些。特别是随着家庭经济收入的增加，经常买糕点和巧克力给宝宝吃，或让宝宝含糖块、喝糖水、吃糖粥，简直把宝宝“泡在糖罐里”。结果宝宝胖得脸蛋淹没了鼻尖，父母还认为是尽了责任，感到光荣。事实上并非如此，宝宝太胖了并不好。

❶ 对发育不利　肥胖的宝宝比正常宝宝学会走路的时间要晚一些，而且容易患扁平足、髋内翻及膝外翻或内翻等。肥胖的宝宝常常伴有动作笨拙、气促、易疲倦等现象，结果越胖越不爱活动，越不爱活动身体就越胖，造成“恶性循环”。有的肥胖宝宝还因体态特殊，受到小伙伴的讥笑，而在心理上及精神上发生异常，如不合群、性格孤僻等等。

❷ 容易患疾病　有人观察证明，肥胖的宝宝易患呼吸道感染。若长期肥胖，还可导致糖尿病血清胰岛素水平增高，以及血胆固醇和三酰甘油增高。据国外文献报道，肥胖宝宝或肥胖青少年，早在10～20岁时就可有高血压病存在。我们还发现，在10～13岁的肥胖宝宝中，19.7%有舒张压增高。

❸ 为成年以后发胖打下基础　许多成年肥胖者，追根求源，往往在孩童时期就是个小胖子。据统计，幼年就肥胖的宝宝，31岁以后女性88%、男性86%仍然肥胖；而原来体重正常的宝宝，成年后肥胖者女性只占42%、男性仅18%。有人曾对近2000名宝宝随访了30～40年，从中发现：在宝宝时期的肥胖者，成年后高血压与心血管疾病的发病率比正常体重的人明显增高。这些数字都是在大量、细致的调查统计的基础上得来的，因而具有普遍意义。

由此可见，胖宝宝绝不能与健康画等号。怎么算宝宝是否肥胖呢？宝宝时期的体重与成年人不同，有其特定阶段的生理改变。我国正常宝宝出生时体重平均值为3200克（女）～3300克（男），一般出生后2～3日可出现生理性体重下降，下降幅度占出生时体重的3%～9%，最多不越过10%，7～12天左右即可恢复。此后，月平均增长600～800克，到7～12月平均增长400～450克。因此，周岁时应为出生时体重的3倍或稍多，2周岁时应为出生时体重的4倍。2周岁以后，体重增加更慢，年平均增加约2千克，可用简单公式推算：年龄×2+8（千克）。根据上述办法，就可以推算出正常宝宝体重的平均值。如果你的宝宝与同年龄、同性别宝宝体重平均值比较，体重若超过20%～25%，即为肥胖，就应该高度重视了。

当然提倡为宝宝保持体重，并不是说不要注意宝宝的营养，而是要防止营养过度，导致肥胖。为此，父母应注意怎么喂养宝宝呢？父母在喂养宝宝时，要注意定时定量进餐，每次进餐前，先给宝宝喂些蔬菜、水果，以便先有一定的饱腹感，然后喝汤，最后进主食；为了避免宝宝很快饥饿，饮食中多进食一些热量低、体积大的蔬菜和水果；餐后给宝宝漱漱口，喝点开水，去掉口腔中食物的味道，避免诱发食欲；餐后把食品放在宝宝不容易看到的地方，减少视觉刺激；宝宝想吃东西时，以一些有趣的游戏转移其注意力。

2.5～3 岁：宝宝同步喂养方案

3 岁的宝宝，仍然是以玩为主的宝宝。如果父母过于关心宝宝的智力发育，认为宝宝从现在开始必须接受“正规训练”，必须要开始“学习知识”了，那父母的麻烦不但不会减少，可能还会增加。如果过早让宝宝承担“学习的重任”，宝宝非但不会好好学习，还可能对学习失去兴趣，到了上学的年龄，宝宝可能已经感到“精疲力竭”了，学习知识已经不是乐趣，而是负担和压力了。

权威发布，宝宝体格发育参照表

项目	男宝宝	女宝宝
体重	平均 14.6 千克	平均 14.1 千克
身长	平均 94.9 厘米	平均 93.9 厘米
头围	平均 49 厘米	平均 47.8 厘米
胸围	平均 50 厘米	平均 49.3 厘米
疫苗接种	3 岁时注射流行性乙型脑炎疫苗加强针	

喂养指导，听育儿专家怎么说

2.5～3 岁宝宝的喂养方法

3 岁宝宝的乳牙已经出齐，咀嚼能力大大提高，食物种类及烹调方法逐步接近于成人。但是，宝宝的消化能力仍不太完善，而且由于生长较快，热量和营养素需要量较高，在为宝宝安排每天饮食时要注意食物品种的多样化，粗细粮搭配、主副食搭配、荤素搭配、干稀搭配、甜咸搭配。

在选择食物时要注意其营养价值，一般说来绿叶蔬菜和豆制品比根茎类蔬菜营养价值高，肝、肾等内脏比肉类营养价值高，杂粮比精粮营养价值高。

食物要做成宝宝易于接受的形式。比如，有的宝宝不爱吃适合大人口味的熘肝尖，可以给宝宝做成酱猪肝，切片后让宝宝拿在手里吃；有的宝宝不爱吃蔬菜，可以把菜和肉混合做成馅，包在面食中给宝宝吃。

该年龄段宝宝的食谱可参照如下标准制定：早上 8 点：白粥 1 碗，花生 20 克，鸡蛋 1 个；中午 12 点：米饭 50 克，青菜 1 份，黑鱼 40 克；下午 3 点：南瓜饼 4 个；晚上 6 点：菜肉馄饨 1 份；晚上 9 点：牛奶 1 袋。

专家提示

在家生活的宝宝一定要注意饮食的定时定量，不能一天到晚嘴不停地随意吃零食，而到正餐时却往往不肯正经吃饭，长期下去对宝宝的营养状况和生长发育都会造成不良影响。

宝宝不能过度补养

宝宝正处于成长发育阶段，许多父母都比较注意宝宝的健康状况，担心宝宝营养不良，于是给宝宝补钙、补锌等，但过度补养对宝宝不但没有好处，反而害处多多。

1 补参害处多 “少不食参”，人参和含参食品健康宝宝不宜服用。服用后会削弱免疫力和抗病能力，容易感染疾病。健康宝宝长期补参会导致早熟。服参过多对心脏也有害，可导致心收缩力减弱，血压、血糖降低，严重者危及生命。

2 补鱼油类过多易致高血钙症 鱼油富含维生素D、维生素A。维生素D摄入过量，宝宝机体钙吸收增加会导致高血钙症，表现为表情淡漠、皮肤干燥、呕吐、多饮多尿、体重减轻等。

3 补钙过多易致低血压 科学研究表明，宝宝补钙过量会造成低血压，并使他们日后有患心脏病的危险。疑有佝偻病或缺钙的宝宝，应在医生指导下合理补钙。

4 补锌过量易致锌中毒 宝宝缺锌表现为食欲不振、营养不良。补锌过量造成锌中毒，常表现为食欲减退、上腹疼痛、精神委靡，严重者造成急性肾功能衰竭。因此，宝宝补锌一定要在医生检查指导下，确定科学的服用剂量。

5 多吃鸡蛋易致维生素K缺乏症 宝宝每天吃1～2个鸡蛋即可。过多吃蛋会增加宝宝胃肠负担，引起消化不良性腹泻，还可引起烦躁不安、面色苍白、面部皮疹、毛发脱落等维生素K缺乏症状。

6 多吃碳水化合物易致“宝宝嗜糖精神烦躁症” 宝宝每日以摄入15～20克碳水化合物为宜。过量食用表现为爱哭闹、易冲动、睡眠差、注意力不集中、抵抗力下降；此外，还可引起腹泻、厌食、呕吐、糖尿病、肥胖症等。

葡萄糖不等于白糖

有不少父母疼爱宝宝，把口服葡萄糖作为滋补品，长期代替白糖给宝宝吃，牛奶、开水里都放葡萄糖。其实这种做法是不可取的。

这是因为首先口服葡萄糖吃起来甜中带微苦，并有一点药味，还不如白糖和冰糖好吃，多吃几天宝宝就会感到厌烦，影响食欲。其次，食用白糖，先要在胃内经过消化酶的分解作用转化为葡萄糖才能被吸收，而食用葡萄糖则可免去转化的过程，直接就可由小肠吸收。但是，如果长期以葡萄糖代替白糖，就会造成胃肠消化酶分泌功能下降，消化功能减退，影响除葡萄糖以外的其他营养素的吸收，导致宝宝贫血，维生素、各种微量元素缺乏，抵抗力降低等。

可见，葡萄糖容易消化吸收，对于消化差的病人尤其是低血糖患者可以及时补充糖分，但作为常用食品，不如白糖、红糖或冰糖，如长期用来代替食糖反而对健康不利。

营养配餐 本阶段宝宝饮食推荐

木瓜牛奶羹

■ **原　料**

木瓜 1/4 个，牛奶适量。

■ **做　法**

● 木瓜洗净，去皮，切块，放入榨汁机中打成泥，牛奶煮沸，备用；将木瓜泥与牛奶混合调匀，即可供宝宝食用。

健康小提示 适合 2.5 岁以上的宝宝食用。木瓜和牛奶富含蛋白质、各种维生素及矿物质，木瓜中的酶类有助于促进宝宝的消化吸收。

南瓜肉包子

■ **原　料**

瘦肉 70 克，南瓜 150 克，面粉 120 克，发酵粉 5 克，植物油、葱末、姜末、生抽、香油各少许。

■ 做 法

● 瘦肉洗净，剁成肉末；南瓜去皮和瓤，切成粒，加入肉末、葱末、姜末、香油、生抽搅拌调匀，作馅料；将发酵粉放入面粉中，用温水和成面团，醒约5分钟，搓揉成长条，切成等量的小块，用手压平后，擀成包子皮，包入馅料，制成包子，将箅子上均匀涂抹一层薄油，摆上包子，上锅蒸熟即成，晾至温热后供宝宝食用。

健康小提示 适合2.5岁以上的宝宝食用。南瓜易消化吸收，搭配瘦肉制成包子，可增进宝宝食欲，很多宝宝都很喜爱。

苹果沙拉

■ 原 料

苹果1个，葡萄干、优酪乳各少许。

■ 做 法

● 苹果洗净，去除皮和核，切成小块；葡萄干洗净；将苹果块和葡萄干一起放入碗中，浇上优酪乳拌匀，即可供宝宝食用。

健康小提示 适合2.5岁以上的宝宝食用。水果中富含维生素C和锌，可增强宝宝智力发育，特别适合宝宝午休后食用。

蒜泥茄子

■ 原 料

长茄子1根，生抽1滴，葱末、蒜泥、盐、醋、香油各少许。

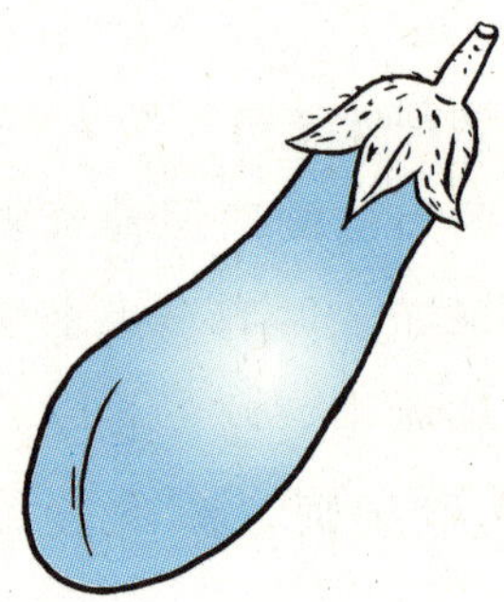

■ 做 法

● 长茄子洗净，去蒂，用刀切成长条，放入盘中上锅蒸熟；取一只小碗，放入蒜泥、葱末，加入盐、醋、生抽，浇在蒸熟的茄子上，拌匀即成，搭配主食供宝宝食用。

健康小提示 适合3岁的宝宝食用。大蒜可杀菌，搭配茄子一同食用，味道可口，有助于提高宝宝食欲，具有开胃的功效。

鲜奶八宝粥

原 料

红豆、莲子、桂圆干、芸豆各8克，红枣（去核）4枚，糯米、黑米、薏米各10克，牛奶100毫升，冰糖少许。

做 法

● 预先将红豆、绿豆、芸豆用清水浸泡4～6小时，莲子、桂圆干、红枣浸泡2小时，糯米、黑米、薏米混合洗净，用温水浸泡1小时；将泡好的食材一同放入锅中，加适量清水，煮沸后，加入牛奶，转小火继续熬煮至豆熟米烂，加入冰糖调味，晾至适口后给宝宝食用。

健康小提示 适合3岁的宝宝食用。此粥奶香四溢，营养丰富，宝宝喜欢食用。

香蕉三明治

原 料

香蕉1根，面包片4片，果酱少许。

做 法

● 香蕉去皮，切片；将两片面包片之间上涂抹果酱，再夹入香蕉片，即可给宝宝食用。

健康小提示 适合3岁的宝宝食用。香蕉可润滑肠道，可将三明治作为早晨食用，可锻炼宝宝清晨排便的习惯。

香茶芝麻糖

原 料

茶叶10克，白糖80克，蜂蜜50克，芝麻60克。

做 法

● 芝麻洗净，沥干水分，放入锅中，以小火炒香备用；将茶叶放入杯中，以沸水冲泡，取汁倒入锅中；加入白糖、蜂蜜，以小火熬至能拉成丝，撒入芝麻拌匀，起锅，将芝麻糖放入模型中压成块状，再切成薄片或细条即可。

健康小提示 此道佳肴香甜可口，营养均衡，可作点心食用，既可保护宝宝牙齿，又能使宝宝戒掉吃零食的习惯。

碎肉汤面

原　料

牛腩肉 25 克，油菜 3 棵，番茄 1 个，细挂面 35 克，植物油、盐、姜末各少许。

做　法

● 牛腩肉洗净，切块，放入沸水中焯煮片刻，去除浮沫，捞出，切碎；油菜洗净，切碎；番茄用水浸泡 20 分钟，洗净，去蒂，切碎；锅内倒少许植物油，烧热后，倒入番茄碎，翻炒片刻，加适量清水，煮沸，将细挂面掰成两段，放入锅中，再放入牛腩碎肉、姜末调匀，煮至面熟，放入油菜碎、加盐调味，搅拌均匀，再煮片刻即成，晾至温热后给宝宝食用。

健康小提示 适合 3 岁的宝宝食用。碎肉汤面味道鲜美，易于消化，而且能强身健体，适合宝宝食用。

苦瓜煎蛋

原　料

苦瓜 1/2 根，鸡蛋 2 个，植物油、盐各少许。

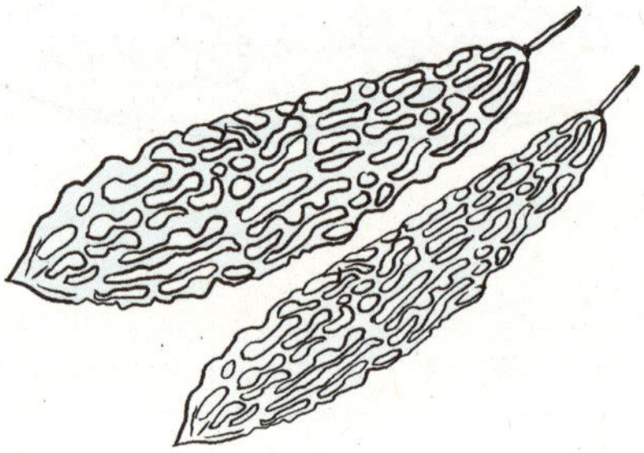

做　法

● 苦瓜洗净，切段，锅中加适量水，调入少许盐，煮沸后，放入苦瓜焯煮片刻，捞出，过冷水，取出切碎；鸡蛋洗净，磕入碗中，打散后，加入苦瓜碎、一点水，混合调匀；锅内加适量植物油，烧至八成热，倒入混合蛋液，一面煎一面用锅铲压一压，一面煎好后，翻过来再煎，两面煎黄后，盛入漏勺中，慢慢滤去残油，放入盘中即可，晾至适口后，与主食搭配食用。

健康小提示 适合3岁的宝宝食用。苦瓜可去湿，且营养丰富，特别适宜宝宝夏季食用，但其味苦，烹调时可用盐水焯煮的方法去除。此外，宝宝食用苦瓜时，搭配的主食汤菜应尽量相似，避免食用甜味菜汤，以免宝宝拒绝食用。

一日营养餐

上午	08：00	木瓜牛奶羹50克，香蕉三明治1个，鱼肝油1粒
	12：00	蒜泥茄子40克，软饭1碗，蔬菜汤1小碗
下午	15：00	苹果沙拉80克，香茶芝麻糖2块
	18：00	稀白粥1碗，南瓜肉包子3个
晚上	22：00	鲜牛奶200毫升，全麦面包1片

另：每两餐之间，给宝宝喂少量白开水，避免宝宝口渴。晚饭后需漱口，睡前刷牙。

日常养护，轻松做“辣妈”

全语言教育提升宝宝语言智能

所谓的全语言教育方法，就是将生活中的一切环境都作为语言教育的环境来进行语言教育。由于宝宝还小，父母可以利用生活中的一切资源，利用与宝宝在一起的点滴时间跟他们说话，或利用映入眼帘的文字符号等和他们对话、与他们进行语言交流。

1 口头交流 当父母喂宝宝吃饭、为他提供生活照料的时候，或是带着宝宝外出时，都是和宝宝进行口头言语交流的绝佳机会。我们可以将此时此景有机地结合起来，跟宝宝说话。比如在削水果给宝宝吃的时候，就可以告诉他水果的相应名称或其他关联水果的名称。特别是带着宝宝外出时，沿途所见所闻，均可作为与宝宝谈话的内容。

语言训练

❷ 睡前为宝宝读故事 声音对于宝宝来说十分重要，因为他们对书面语言尚不熟悉。因此“听觉阅读”十分有利于宝宝语言智能的发展。可以每天在宝宝入睡前为他们朗读故事。父母的朗读必须咬字清晰，语调抑扬顿挫，富有感染力，朗读不必完全照搬书中的文字，可根据故事情节增添一些形容词或象声词，培养宝宝的倾听能力。

❸ 引导宝宝看图书画面 父母可用手指随故事情节在画面上移动，也可提出一些观察的问题，如：他又换了一件什么衣服、住在什么地方、手里拿着什么等文字语言以外的内容。

❹ 引导宝宝完整复述 讲完一个故事，应与宝宝一起交谈，让宝宝可以将主要内容复述，以便宝宝理解故事情节，增强口头言语的表述水平。当宝宝在说的时候，父母必须注意倾听。

综上所述，让宝宝在实际生活中去交流、去体验，宝宝的语言智能才能得到真正的发展。

如何安抚宝宝的不满情绪

本阶段的宝宝，遇到稍有不如意的事情时就会发脾气，不是跺脚就是地上打滚，或者手脚乱动，还会扯着嗓子大哭。这是因为这个年龄阶段的宝宝已经有了他们自己的要求和个性，当他们的要求得不到满足时就会感到愤怒，通过发脾气来发泄自己内心的不满。

宝宝总有些不顺心的事，如太疲倦了，自己的要求得不到满足，

或者患有疾病、身体不舒服等，偶尔发发脾气，对于感情冲动的宝宝来说，这是极其自然的表现方法。问题是父母在宝宝发脾气时如何对待。如果父母把宝宝的这种表现看成是对自己提要求，没等宝宝发作便满足了要求，或是在很多人面前宝宝这样闹，大人因怕丢面子而轻易地满足了他的要求。这样，宝宝就会感到只要自己大发脾气就会什么事都能如愿以偿。所以，遇上一件小事，宝宝也要躺倒打滚。因此，在宝宝因某件不合理的事情未得到满足而发脾气的时候，可以采取一概不理睬的态度，只当没看见，不要跟宝宝说话，讲道理也是没有用的。因为宝宝这时什么道理都听不进去。尤其不要在这当口上打宝宝。若是你对宝宝大吼道："不许哭，再不识相一点，当心打你的屁股！"那就等于是火上烧油。要让宝宝明白想通过发脾气这一手段来达到什么目的是不可能的。如果你这样做的话，很多宝宝在发泄一阵之后，看看没有人理睬他，也会自觉没趣，脾气也就自然渐渐地平息下来了。

但当有宝宝因生病、身体不舒服而发脾气时，应对宝宝多关心、体贴一些，但也不能无原则地对宝宝百依百顺，无原则地迁就宝宝。

如何为宝宝选择幼儿园

良好的学前教育是宝宝身心发展、学习兴趣和能力培养的前提。为宝宝选择适合他的幼儿园是让宝宝接受良好教育的关键，如果父母没有为宝宝选对幼儿园，对他将来的发展将产生一定的负面影响。父母应该如何为宝宝选择幼儿园呢？

1 地区选择 一般来说，为宝宝选择的幼儿园应该在离家较近的区域内，这能方便父母接送，与老师经常交流。而且离家近对宝宝来说也多一分安全感、亲近感。但如果学校有接送宝宝的专车，即使离家不太近也问题不大。

2 收费情况 各类幼儿园的收费标准因其办学体制、教学设施不同而有所差异，父母应选择适合自己经济承受力的幼儿园。根据幼儿园办学体制、教学设施等情况差异，每月每个宝宝的费用为1500～4000元不等。

3 教学环境 幼儿园的教学环境也是宝宝平日生活的环境，因此，园舍是否清洁、宽敞，是否有足够的教具、玩具和足够的室内外活动空间都很重要。

4 教学质量 父母送宝宝上幼儿园不仅仅是希望有人来照料他的生活，更重要的是让宝宝接受早期教育。因此教育质量的好坏是最重要的衡量点。

5 办园体制 目前幼儿园所的体制主要分公办和私立。公办园的设备、教师的素质等方面大都符合国家教委对幼儿园所的要求，同时公办园也分为不同的级别。私立园有经济型与豪华型，其中也不乏一些硬件设施齐全、办学有特色的幼儿园。父母可根据自身情况选择。

第七章

异常排解，好妈妈胜过好医生

幼小的宝宝经常会出现这样或那样不适，有时甚至会生病，这让年轻的爸爸妈妈们非常担忧，时不时就带宝宝上医院，花了钱不说，有时宝宝也受折磨。其实，宝宝有不适不一定非要上医院，也可以通过家庭调理、食疗给予治疗，只要对症，也许会比药物更有效，而且也比较及时。相信只要用科学的方法，好妈妈定能胜过好医生。

补营养，宝宝缺什么补什么

宝宝要断奶了，一些常见问题也会接踵而至，如缺钙、缺铁、缺锌、厌食、肥胖、睡眠不好、出牙不适等等，这不仅让宝宝感觉非常难受，而且对宝宝生长发育也有极大的影响。父母一味着急是没有用的，关键在于对症调理，从饮食、生活等方面着手，利用科学方法，积极治疗，一段时间后，宝宝就能康复起来。

缺　钙

一直以来，缺钙都是宝宝生长发育中常见的问题之一。其实，补钙的关键在于吸收。一般来说，母乳中的钙吸收率是最高的，高达80%，所以母乳喂养最佳。妈妈应该注意补钙，尤其在哺乳期间每日应保证摄入1200毫克钙，这样才能使宝宝摄取到充足的钙质。其次，牛奶中钙的吸收率也较高，可达到60%，所以只要宝宝没有乳糖过敏症状，断奶后便可给宝宝添加牛奶，以保证补充充足的钙质。

给宝宝补钙的方式大体可有两种，一是食物调养，二是补充辅助钙剂。最常用、最有效的方法就是增加奶制品的摄入量。如果宝宝喜欢喝奶，可每天早晚搭配一杯牛奶，中午午休后喝一杯酸奶，这样不仅有助于补钙，而且还可增加胃肠蠕动促进食物的消化。

但并不是每个宝宝都喜欢喝奶，所以妈妈还可运用食疗的方法为宝宝补钙。一般富含钙质的食材有：牡蛎、紫菜、大白菜、花椰菜、大头菜、青萝卜、甘蓝、小白

菜等，但需注意搭配。

【调养食疗方】

虾皮西葫芦饼

（10 个月以上适用）

■ 原　料

虾皮 500 克，西葫芦 1 个，面粉、牛奶各适量，植物油少许。

■ 做　法

● 将虾皮用油炒熟，放入粉碎机中打碎，取出后，加少量清水调成虾酱；西葫芦去皮、擦丝，加入少许面粉、牛奶、虾酱调成糊状；将平锅置于火上，倒入少许植物油，将调好的糊摊成软饼即成。晾至温热后给宝宝食用。剩余虾酱还可拌粥、拌饭、调汤。

■ 食疗功效

虾皮富含钙质，常给宝宝吃，有助于补钙。

骨头汤

（8 个月以上适用）

■ 原　料

猪棒骨 1 根，葱，姜，料酒、醋，盐各少许。

■ 做　法

● 将买来的大棒骨洗净，敲裂或敲断，凉水下锅，放入骨头，烧开后，撇去浮沫，加葱、姜、料酒和少许醋，用小火炖煮，时间可长一些，炖好后加盐调味即可。让宝宝喝汤，吃骨髓。

■ 食疗功效

动物骨骼中富含钙质，特别是骨髓，可让宝宝吃一些，有助于补钙。

麻酱菜泥

（6 个月以上适用）

■ 原　料

油菜 30 克，芝麻酱适量。

■ 做　法

● 油菜洗净后放入沸水中焯熟，捞出剁碎，拌入适量芝麻酱即可。

■ 食疗功效

油菜营养丰富，钙含量也非常高，搭配麻酱做成的菜泥，不仅味道鲜美，可增进宝宝食欲，而且易吸收，有助于补钙。

麻酱米粉

（6 个月以上适用）

■ **原　料**

芝麻酱、米粉各适量。

■ **做　法**

● 米粉是宝宝常吃的一种辅食，冲调好后加入适量芝麻酱，给宝宝换口味的同时营养也增多了。

■ **食疗功效**

米粉是宝宝爱吃的食物，搭配富含钙质的芝麻酱，可增进宝宝食欲，有助于补钙。

【小妙招】

在用食物给宝宝补钙时，一些小妙招也有助于宝宝对钙的吸收。

（1）熬骨头汤勿忘加醋，这样可以帮助钙的吸收。

（2）临睡前服用钙剂，钙质容易被吸收。宝宝睡眠时骨骼成长较快，而且对钙质的吸收较好。

（3）烹调菠菜、茭白、韭菜等含草酸较多的蔬菜，可用沸水焯煮片刻，溶解草酸，即可与含钙的食物一同烹调，避免降低钙的吸收。

专家提示

补钙不是越多越好，过量则有害，所以补钙一定要在监测骨钙的基础上补才安全。

缺　铁

缺铁是一个全球性问题，据调查，全球大约有 37 亿人缺铁，其中发展中国家人群较严重，40%～50%的 5 岁以下儿童都患有缺铁症状。缺铁会导致缺铁性贫血，患儿出现疲乏无力，面色苍白，皮肤干燥、角化，毛发无光泽，指甲会出现条纹隆起，易骨折；长期贫血的宝宝，还易出现“异食癖”，精神不稳定，易怒、易动、兴奋、烦躁，甚至出现智力障碍。

一般来说，宝宝出生后体内储存由母体获得的铁质，可供宝宝生长发育3～4个月，因此0～6个月的宝宝每日需摄取铁较少，约0.3毫克；从6个月以后，宝宝体内的铁质会逐渐消耗殆尽，此时可增加剂量，6～12个月的宝宝每日需摄取10毫克的铁，1～3岁的宝宝每日需摄取12毫克的铁，以后摄取量会逐渐稳定。

注意给宝宝补铁

想要补铁首先应从吃上下工夫，注意饮食搭配，常给宝宝吃些富含铁的食物，如：动物内脏（肝、心、肾等）、蛋黄、瘦肉、虾、海带、紫菜、黑木耳、南瓜子、芝麻、黄豆、绿叶蔬菜等。食材选好后，还应注意吸收。现代医学研究证明，只有二价铁离子才能被人体吸收。在酸性环境下，三价铁易转变为易溶于水的二价铁。所以为了促进铁质的吸收，在吃含铁的食物时，还应吃一些酸性的食物，如番茄、酸黄瓜、酸菜等。此外，人吸收铁时，需要铜、钴、维生素C的配合，所以除搭配吃一些酸性食物外，还可吃一些富含维生素C的水果，如猕猴桃、柑橘、橙子、番茄等。

但值得注意的是，补铁莫过量，过量同样对身体有害。铁可能直接腐蚀胃肠黏膜，以致出现呕吐、腹泻、黑便、腹痛和胃肠炎等疾病。而且过量的铁还容易使身体代谢失去平衡，使机体免疫功能降低。所以，建议补铁前先去医院做一次检查，确定后再给宝宝补铁。

【调养食疗方】

猪肝瘦肉粥

（6 个月以上适用）

■ 原　料

鲜猪肝、鲜瘦猪肉、大米各 50 克，油 15 毫升，盐少许。

■ 做　法

● 将猪肝、瘦肉洗净，混合剁成泥，加油、盐适量拌匀；将大米洗净，放入锅中，加清水适量，熬煮至粥将熟时加入猪肝瘦肉泥，再煮至肉熟即可。每日 1 剂，分服 2 次。

■ 食疗功效

猪肝、瘦肉中富含铁，可明目强身，有助于预防缺铁性贫血。

鸡肝芝麻粥

（7 个月以上适用）

■ 原　料

鸡肝 15 克，大米 100 克，鸡汤适量，酱油、熟芝麻各少许。

■ 做　法

● 大米洗净，浸泡 30 分钟，捞出；将鸡肝放入水中煮，除去血污后再换水煮 10 分钟后捞起，放入碗内研碎；将大米放入锅中，加适量清水熬煮成粥；另起一锅，取适量鸡汤放入锅中，加入研碎的鸡肝，煮成糊状，倒入煮好的稀粥中，再放少许酱油和熟芝麻，搅匀即成。

■ 食疗功效

此粥含有丰富的蛋白质、钙、铁、锌及维生素 A、维生素 B_1、维生素 B_2 和烟酸等多种营养素，有助于宝宝补铁。

鸭血羹

（8 个月以上适用）

■ 原　料

鸭血 1 小块，高汤、水淀粉各适量。

■ 做　法

● 鸭血切小块，沸水焯后，捞出；锅内放入高汤煮沸，加入鸭血块，熬煮约 15 分钟，嫩烂后用水淀粉勾芡即成。

■ 食疗功效

鸭血富含容易被人体吸收的血红素铁，具有良好的补铁护肝作用，还可预防缺铁性贫血。

木耳红枣酱

（8个月以上适用）

■ 原　料

水发黑木耳20克，红枣（干品）8枚，红糖5克。

■ 做　法

● 黑木耳择洗干净；红枣洗净，剔除枣核。锅内放清水，煮开后加入红枣和木耳，再改用文火煮至酥软，然后加入红糖调味即可。

■ 食疗功效

黑木耳中富含铁，红枣既可补气又养血，搭配食用可补铁升血，有助于预防缺铁性贫血。

实际上，补铁并不是宝宝一个人的事，要想宝宝不缺铁，妈妈应该与宝宝一同补铁，尤其是怀孕期与哺乳期，这样宝宝在未断奶前就可以从母乳摄取铁。妈妈还可掌握一些补铁的小妙招，促进宝宝对铁的吸收。

【小妙招】

从6个月起，给宝宝添加含铁的强化食品。如强化铁奶粉、强化铁米粉等，一般超市都有销售，而且制作也较简单。

专家提示

吃含铁的食物后，不要饮用乳制品，避免牛奶中的钙、磷阻碍对铁的吸收。此外，不要给宝宝过早地饮茶，茶会抑制铁的吸收，而且易使宝宝中枢神经过于兴奋。

缺　锌

锌是人体生长发育、生殖遗传、免疫、内分泌等重要生理过程中必不可少的物质。锌可加速宝宝的生长发育，维持大脑的正常发育，增强机体免疫力，对维生素A的代谢及宝宝的视力发育具有重要作用。

宝宝缺锌易出现厌食、头发黄、指甲白点、异食癖、口腔溃疡等症状，而且免疫力低下，容易患上感冒、发热、呕吐、腹泻等疾病，生病后不容易康复。严重缺锌的宝宝凝血功能差，如瘀伤、烫伤、割伤、摔伤时，伤口凝血慢，不易愈合。

其实，人体所需锌并不多。一般4个月以内的婴儿每日需锌3毫克，6～12个月每日需要锌5毫克，1～3岁每日需要锌10毫克。15岁后与成人相同，每日需要锌15毫克。父母只要注意给宝宝适当吃鱼、瘦肉、动物肝脏、鸡蛋等，养成好的饮食习惯，不挑食，不偏食，一般不会缺锌。因此，有轻微缺锌症状的宝宝可以通过食疗给予补充。

日常生活中的含锌的食物较多，如猪瘦肉、羊肉、动物肝脏、蟹肉、虾皮、鸡肉、蛋黄、带鱼、黄鱼、紫菜、香菜、白萝卜、胡萝卜、口蘑、红枣、黄豆、苹果、香蕉、乌梅、山楂、芹菜、大白菜、玉米、小麦、小米等。食物中牡蛎、鲱鱼含锌量最高，每千克含锌量超过100毫克；其次是肉、肝、蛋类、蟹、花生、核桃、茶叶、杏仁、芝麻，每100克含锌20～50毫克；麦类、鱼类、胡萝卜、土豆，每100克含锌6～20毫克。这些食物含锌量较高，可以作为补锌食用。

补锌

1岁以内的宝宝还可从母乳中摄取锌。母乳中的锌含量较高，而且吸收率也较好，可达62%，因此有条件的妈妈至少要哺乳3个月。一般肉类食物中含锌量较高，且容易被人体吸收。宝宝可以吃肉类辅食后，应常给宝宝烹调一些。但需注意，富含锌的肉类食物不要与含膳食纤维较多的食物同吃，因为植物性食物所含的植酸和纤维素可与锌结合成不溶于水的化合物，从而妨碍人体对锌的吸收。

此外，由于锌的有效剂量与中毒剂量相差甚小，故使用不当很容易导致过量，使体内微量元素平衡失调，甚至出现加重缺铁、贫血、缺铜等一系列病症。所以，当宝宝出现缺锌症状时，不要一味补锌，导致整个饮食结构方向出现偏差。

在用食疗给宝宝补锌时，建议经常与营养医师交流，并给宝宝做定期监测，避免宝宝锌过量。

【调养食疗方】

五香鸭肝

（6个月以上适用）

原 料

鸭肝2块，葱段、姜片、大料、白糖各适量。

做 法

● 鸭肝洗净后，放入沸水锅中焯一下，去掉污血和腥味；锅内放入葱段、生姜片、大料，再加适量水煮沸，放入鸭肝、糖，用小火焖15分钟；关火后，鸭肝浸于卤汤中约20分钟即可，可捣烂给宝宝食用。

食疗功效

鸭肝内蛋白质、铁及维生素 B_1、维生素 B_2 的含量丰富，有很好的防贫血功效，同时，还有助于补锌。

胡萝卜番茄汤

（6个月以上适用）

原 料

胡萝卜、番茄、鸡蛋、葱、花生油、盐、味精各适量。

做 法

● 胡萝卜、番茄去皮切厚片。热锅下油，倒入胡萝卜翻炒几次，注入清汤，中火烧开。待胡萝卜熟时，放入番茄，加上各味调料，把鸡蛋打散倒入，撒上葱花即可。

食疗功效

胡萝卜中含有丰富的胡萝卜素、锌、铁等营养素，是补锌补益的佳品，搭配番茄，可促进对锌的吸收，有助于补锌。

乌梅汤

（6个月以上适用）

■ 原 料

乌梅8枚。

■ 做 法

● 乌梅用刀切碎，将碎乌梅连核一起放容器中加2碗清水浸泡30分钟。

■ 食疗功效

乌梅味酸性温，除了能开胃消食外，还具有收敛生津的作用，对腹泻的宝宝有很好的收敛止泻作用。此外，还有利于宝宝补锌。

西蓝花拌肝泥

（6个月以上适用）

■ 原 料

西蓝花、胡萝卜、鸡肝各适量，盐、姜、香油各少许。

■ 做 法

● 将西蓝花、胡萝卜洗净，用水焯熟后切成小块；鸡肝用盐水和姜末一同煮熟，用匙子压成泥；将肝泥与西蓝花、胡萝卜混合，淋上少许香油、盐拌匀即成。

■ 食疗功效

西蓝花中矿物质成分比其他蔬菜更全面，钙、磷、铁、钾、锌、锰等含量都很丰富。

【小妙招】

（1）肉类搭配粗粮，促进锌吸收：肉类中含锌较多，粗粮中富含氨基酸，锌在氨基酸的作用下，更容易被溶解、吸收。

（2）适量给宝宝喝一些淡茶：茶叶中含锌，而且可解油腻，当宝宝摄入肉类食物后，可以给宝宝喝一些淡茶，有助于去油脂，也能促进对锌的吸收。

易 惊

宝宝的神经发育尚不完善，有时外界突然的响声、嘈杂的环境、陌生的来客，都会导致宝宝受到惊吓。尤其在宝宝似睡非睡的状态下，更容易引起。宝宝受惊后主要会有以下表现：

（1）如果宝宝在睡觉时，被什么声音吓醒，会全身发抖、突然大哭起来，边哭边将小手扣紧，有时手心会有蹦蹦跳跳的反射，有时可见脑袋上的青筋暴露或者鼻子、眼睛中间的位置发青。

(2) 如果白天宝宝玩耍时，突然被陌生人打扰，或环境较嘈杂，夜晚会出现睡不安稳，眼睑半闭半睁、眼球晃动频繁，稍微有一点动静就会被惊醒，且大哭起来。

宝宝受惊后，最需要的就是亲人的关怀，特别是妈妈的。所以妈妈除了安抚外，平常要抽出一段时间陪伴宝宝玩耍，可以多做一些亲子活动，让宝宝体会到家的安全感。此外还可搭配一些补心安神的食材，调补宝宝的身体，帮助宝宝睡好觉。

日常生活中随手可见的安神食材有：小米、牛奶、百合、灵芝、红枣、猪心、酸枣仁、茯苓、莴苣汁、西米、鹌鹑蛋、牡蛎、桑葚、莲子、核桃、芝麻、银耳、枸杞子等。妈妈可根据宝宝的不同月龄，适当给宝宝添加。

建议：一般 6 个月内的宝宝，以汤水为主，如柠檬水、酸枣仁汤、小米粥等。6 个月以上的宝宝就可以加一些泥糊状或块状的食物了，如绿豆莲子粥、猪血汤、百合龙眼粥、藕汤、虾泥等。

【调养食疗方】

酸枣茯苓水

(出生后即可饮用)

■ 原　料

酸枣仁、茯苓各10克。

■ 做　法

● 将酸枣仁与茯苓放入煲中，加适量清水，煎煮10分钟，代水饮，饭后15分钟温服，每日1剂。

■ 食疗功效

酸枣仁与茯苓性平，能补血养肝、益气安神，代水饮用，可逐渐稳定宝宝情绪，而且口味酸甜，易被宝宝接受。

山药桂圆粥

(8个月以上适用)

■ 原　料

大米40克，桂圆3颗，山药100克。

■ 做　法

● 大米洗净，用温水浸泡20分钟，捞出；山药去皮，洗净，切碎；将桂圆、大米、山药一同放入煲中，加适量清水，煮沸转小火，熬煮成烂粥即成。每日1剂，分2次吃完。

■ 食疗功效

山药桂圆粥清甜滋润，可养血安神，有助于缓解宝宝受惊问题。

杏仁糯米粥

(8个月以上适用)

■ 原　料

甜杏仁10克，糯米60克，冰糖适量。

■ 做　法

● 将甜杏仁洗净，研碎；糯米洗净，用温水浸泡20分钟，放入锅中，加适量清水，煮沸，加入研碎的甜杏仁，同煮成粥，即可给宝宝食用。每日1剂，连用3～5日。

■ 食疗功效

甜杏仁味甘甜，具有清心安神、开胃润燥的功效，可稳定宝宝情绪，缓解受惊。

【注意事项】

(1) 宝宝睡觉时，尽量保证屋内安静；环境嘈杂时，妈妈要在身边陪伴宝宝，经常轻拍抚摸宝宝，使宝宝能安心睡觉。

(2) 月龄较小的宝宝不宜常带去陌生人家中做客，即使要去，也要控制时间，拜访时间越短越好。

(3) 宝宝受惊后，妈妈要保持镇定，避免宝宝再次受影响。

肥　胖

随着现代生活水平的提高，越来越多的家庭在不经意间养出了“小胖墩”。虽说胖乎乎的宝宝看起来身体强壮，但事实证明并非如此。一般婴幼儿期就开始有肥胖症状的宝宝，成年后患高血压、动脉粥样硬化、冠心病、糖尿病等疾病的比例比正常孩子高。而且有数据表明，婴幼儿时期体重超标 10%，手眼协调能力和肢体协调能力将下降 14.7%。这就是说，肥胖不仅对身体的影响很大，对智力和精细动作的发育影响也很大。

那么，是什么原因导致宝宝出现肥胖问题的呢？主要原因来自于父母的喂养方式与饮食习惯。

一般肥胖的宝宝大多食欲较好，爱吃甜食，有些妈妈认为只要宝宝肯吃，就要给宝宝添加，于是宝宝从食物中摄入的能量远超过消耗量，使过多脂肪堆积体内，引起肥胖；还有就是“垃圾”零食，有些宝宝平日里养成了挑食、偏食的习惯，但见了零食就不停地吃，将饮料、薯条、饼干、巧克力当做了主食，殊不知这些食物热量高，脂肪含量也高，不良习惯终究演变成一个小胖墩。

其次，就是父母喂养方式不当造成。有些父母不喜欢宝宝总剩饭菜，强迫宝宝将剩下的全部吃完，不知不觉中就扩大了宝宝的胃容量，也就引起了肥胖问题。

因此，要想改善肥胖，只是单纯依靠控制饮食是不行的，还需要从改变喂养习惯入手，纠正孩子的不良饮食方式，科学合理膳食。

(1) 根据宝宝的发育状况，逐步添加辅食，如果宝宝不愿意吃，也不要强迫。

(2) 辅食的量要有控制，不要宝宝爱吃就多吃。

(3) 对于食量好的宝宝，可采取少食多餐的进餐方式，使宝宝全天的总热量不要超过总消耗量。

(4) 从小培养宝宝细嚼慢咽的饮食方式，经过咀嚼的食物易消化，而且容易产生饱腹感，不会吃多。

(5) 不要给宝宝购买高热量、高脂肪的零食，培养宝宝多喝白开水的习惯，尽量减少宝宝吃甜食的机会。

(6) 多给宝宝吃一些富含维生素、膳食纤维、水分多的蔬菜、水果，可促进胃肠蠕动，平衡饮食结构。必要时，可以去看专业的营养医师，给出适合孩子需要的营养摄入指标和减肥食谱。

(7) 注意运动，常与宝宝做游戏，多去户外晒太阳，这样既可锻炼体能，缓解肥胖问题，还对宝宝骨骼发育有好处。

专家提示

宝宝还小，不宜以大人的方式减肥，但可以通过食疗逐渐使宝宝“苗条”起来。

【调养食疗方】

冬瓜粥

（8个月以上适用）

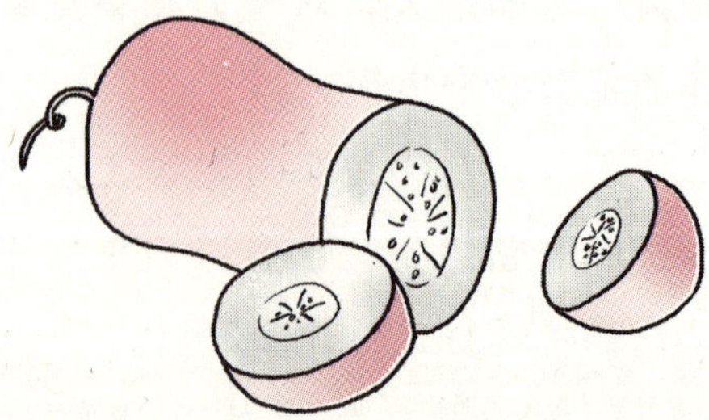

■ **原　料**

冬瓜150克，大米50克。

■ **做　法**

● 冬瓜去瓤和皮，洗净，切成薄片；大米淘洗干净，用清水浸泡30

分钟；将冬瓜片和大米一同放入沙锅中，加适量水，熬煮成粥即成，晾至温热后给宝宝食用。

■ **食疗功效**

冬瓜中水分较多，热量较低，是肥胖症宝宝的最佳食物。

纯豆浆
（6 个月以上适用）

■ **原　料**

黄豆 60 克，白糖少许。

■ **做　法**

● 用水浸泡黄豆 4～6 小时，捞出，洗净，倒入豆浆机中，加水至上下水位线之间，打成豆浆，晾温，加少许糖调味即成。不可长期饮用，1 周饮用 2～3 次即可。

■ **食疗功效**

豆浆属高蛋白、低脂肪食物，可加快身体的新陈代谢，减少体内油脂，缓解肥胖。

芹菜百合汤
（8 个月以上适用）

■ **原　料**

芹菜 200 克，百合 80 克。

■ **做　法**

● 将芹菜抽丝，洗净，斜切成条状；百合用温水泡发，一同放入榨汁机中打碎，倒入奶锅中，加适量清水，小火熬煮 15 分钟，即可给宝宝食用。

■ **食疗功效**

芹菜富含膳食纤维，可促进胃肠蠕动，帮助消化，搭配百合可清心润肺、清热排毒，缓解肥胖。

厌　食

很多父母经常会问：“宝宝食欲不振，是厌食了吗?”其实，没必要。真正的厌食是指孩子长时间食欲不振，甚至拒吃，而且这种情形一般持续两个月以上。

一般宝宝在身体健康的情况下，如果平时饮食都很正常，突然出现食欲不好，不爱吃饭，有可能是疾病引起，如腹泻、感冒、口腔溃疡、咽喉肿痛等。如果是这样，只要及时将疾病治好，宝宝就会恢复正常。

因此，当宝宝发生食欲不振时，父母首先要做的就是查明原因，对症治疗才有效。除疾病外，一般引起宝宝厌食的原因有以下几方面：

❶ 错误的喂养方式 有些父母总是担心给宝宝的营养不足，因此每顿都让宝宝吃很多，宝宝不愿意吃，就采取诱骗、打骂、多给零食等催逼方法，企图让孩子多吃，结果常适得其反，终究酿成宝宝厌食。宝宝胃容量小，如果长期给宝宝吃过多的食物，宝宝胃就得不到很好的休息，容易造成伤食，而且父母的催逼更容易引起宝宝的厌烦情绪，使之演变成厌食。

❷ 气温高、湿度大 气温高、湿度大的夏天，或者热带城市，因为大量流汗会导致锌流失严重，会严重影响孩子的胃肠功能，使消化功能下降，引起厌食。

❸ 情绪不稳定 情绪等神经因素对于宝宝的食欲影响也很大。当父母经常吵架，家庭氛围不和时，宝宝易出现呕吐、睡眠不安、腹泻、厌食等。当宝宝受到挫折，或达不到父母的要求受到责备时，就容易影响宝宝的情绪，使之食欲下降，久而久之就成了厌食。

当宝宝出现厌食后，父母首先要带宝宝去医院做体格检查及必要的化验，排查是否因疾病引起。如果是，要及时配合医生治疗；如果不是，就要从日常生活中寻找细节问题，确定病因，尽早进行调养。

一般可通过食疗进行调养。妈妈可多做一些可口的食物给宝宝吃，花样可以丰富一些，可少食多餐，尽量避免生吃瓜果，损伤宝宝脾胃，忌食零食、冷饮与肥腻、辛辣食物。可通过蔬菜汁、水果泥来增加宝宝食欲，如山楂汁、胡萝卜汁、苹果泥、香蕉泥等。

【调养食疗方】

菠萝苹果汁
（6 个月以上适用）

■ 原　料

菠萝 1/6 个，苹果 1 个，凉开水 200 毫升。

■ 做　法

● 将菠萝、苹果去皮切丁，加水放入果汁机搅拌均匀，即可饮用。

■ 食疗功效

促进消化，补充维生素 C，缓解宝宝厌食。

梨　粥
（6 个月以上适用）

■ 原　料

雪梨 2 个，粳米 90 克。

■ 做　法

● 粳米淘洗干净；梨洗净，去核，连皮切碎，放入锅中，加水适量，煮沸后，用小火煎煮 30 分钟，加入粳米，继续熬煮成粥，待晾至温热后给宝宝喂食。

■ 食疗功效

梨粥可开胃健脾，促进消化吸收，缓解宝宝厌食。

专家提示

喂养厌食的宝宝是一件困难的事，所以妈妈们要有耐心，多想办法，多引导，激发宝宝对食物的兴趣，逐步让宝宝爱上吃饭。

铅中毒

铅是一种有毒的重金属，在我们日常生活中比较常见，比如铅笔、汽车带过的尘土、电池、铅合金制品、保险丝等。随着现代工业、交通的发达，铅污染日趋严重，已成为影响人们健康的一大公害，造成慢性铅中毒的主要原因就是环境污染。

铅中毒的危害极大，会对神经系统、血液系统、心血管系统、骨骼系统等方面造成终身性的损害。铅中毒的宝宝智力低下，学习困难，常伴有弱视、嗅觉、味觉等障碍。如果血液中含铅量大，还会导致贫血、心血管病、心脏功能紊乱等疾病。但是铅中毒不会很快发作，是长期积累的结果，是看不见的，等发现宝宝中毒已经影响发育了。

因此，为了防治铅中毒，父母一定要引起关注。首先，可以通过食疗，为宝宝制作排铅套餐，帮助宝宝排出毒素。

【调养食疗方】

胡萝卜牛奶
（8个月以上食用）

原　料

胡萝卜50克，牛奶200毫升。

做　法

● 胡萝卜去皮洗净，煮熟后取出，压烂，加入牛奶调成糊状，给宝宝食用。

食疗功效

胡萝卜中富含铁，牛奶富含蛋白质，蛋白质和铁可取代铅与组织中的有机物结合，加速铅代谢。

双耳羹
（8个月以上食用）

原　料

木耳、银耳各10克，红枣3枚，莲子5枚，冰糖适量。

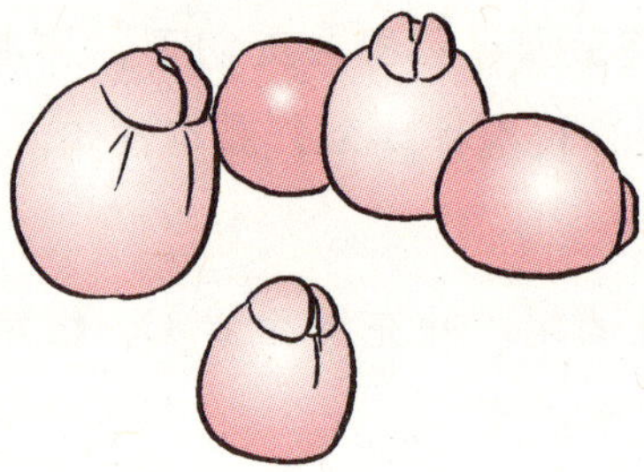

做　法

● 将木耳与银耳分别用清水浸泡2～3个小时，捞出，去除杂质部分，撕碎；红枣洗净，切碎；莲子去芯，温水浸泡30分钟，捞出洗净捣碎；将上述食材一同放入锅中，加适量清水，小火慢熬，至木耳、银耳软黏，加入冰糖，拌匀即成。

食疗功效

木耳可补气血、润肺、止血，其中的胶质可把残留在人体消化系统内的灰尘、杂质吸附，集中起来排出体外，从而起到清胃洗肠的作用。

橘汁
（6个月以上食用）

■ **原　料**

新鲜橘子1个。

■ **做　法**

● 将橘子去除皮和络，放入榨汁机中，加适量温开水，搅打成汁滤出，即可给宝宝饮用。每天饮用150毫升。

■ **食疗功效**

橘子富含维生素C，维生素C与铅结合生成难溶于水的物质，随粪便排出体外。

甘草绿豆汤
（6个月以上食用）

■ **原　料**

甘草10克，绿豆50克。

■ **做　法**

● 将甘草装入干净的纱布包中，与绿豆一起煮汤，煮至绿豆酥烂，晾温后即可给宝宝食用。

■ **食疗功效**

绿豆具有很好的解毒功效，搭配甘草可补脾益气、清热解毒、祛痰止咳，排出宝宝身体中的毒素。

出牙不适

宝宝要出牙了，妈妈的烦恼也随之产生。出牙的难受，让宝宝整天都哭闹、哼唧、呕吐，什么都不好好吃，弄得六神无主、惊慌失措、疲惫不堪的。有些妈妈不知道宝宝到底怎么了，宝宝出牙时，由于硬硬的牙齿要突破皮肤黏膜、毛细血管和肌肉组织长出来，一个要长，一个不让长，抵抗力弱的宝宝当然就会表现出各种各样的症状了。

出牙了

其实，出牙期宝宝喜欢用口唇接触、感知世界，见到什么都想咬。此时可以给宝宝点儿磨牙食物，比如黄瓜条、熟胡萝卜条、硬的红枣、粗粮饼子等，不但可以刺激宝宝的味觉，还可以磨薄阻挡出牙的口腔黏膜和肌肉组织，帮助快速出牙，对宝宝的大脑发育也非常有好处。

当然，对于反应较强烈，如出现腹泻、呕吐的宝宝，也可通过食疗的办法缓解。一方面可以缓解病症，另一方面也可调养脾胃，增强机体的免疫力，降低宝宝生病的概率。

【调养食疗方】

小米粥油

（6个月以上适用）

■ **原　料**

小米20克。

■ **做　法**

● 将小米洗净，放入沙锅中，煮沸，小火熬煮至米熟烂即成，晾凉后，取上层粥油汤，给宝宝食用。

■ **食疗功效**

小米可健脾和胃，粥油易被消化，晾凉的小米粥可缓解宝宝牙龈充血，调养出牙不适。

大蒜粥

（6个月以上适用）

■ **原　料**

大蒜3瓣，大米40克。

■ **做　法**

● 大米洗净；大蒜去皮，洗净，拍碎，与大米一同放入锅中，加入适量清水煮沸，小火熬煮成粥，晾温后即可给宝宝食用。

■ **食疗功效**

大蒜可温中消食、暖脾杀菌，增强机体免疫力，搭配大米同煮成粥，可去除辣味，调理宝宝出牙不适。

香菇粥

（8个月以上适用）

■ **原　料**

香菇2朵，大米60克。

■ **做　法**

● 将香菇泡发后，洗净，切碎；大米洗净，与香菇碎一同放入锅中，加适量清水，煮沸，小火熬煮成粥，晾温后即可给宝宝食用。

■ 食疗功效

香菇内含维生素D，有助于骨骼和牙齿的生长，能减轻肠胃负担，还可增强机体免疫力，减少患其他疾病的概率。

接种疫苗

接种疫苗是每个宝宝出生后定期要做的事。一般新生宝宝从出生起直至12岁都应在不同计划内接种疫苗，目的就是为了让宝宝身体能产生抗体，抵御疾病。因此，父母首先要了解接种疫苗的相关知识。

了解之后，妈妈要在规定的时间，选择宝宝身体状况好的时间，让宝宝接种疫苗。这一点很关键，只要孩子有任何不适，比如腹泻、呕吐、发热等免疫低下的症状，都不应该注射。其实，疫苗也是一种病毒，如果在宝宝生病时，接种疫苗很有可能引起其他并发症，所以无论如何，都不应在宝宝生病或身体不舒服时，带宝宝去接种。

打预防针会疼，这个父母自然知道，但宝宝却还浑然不知，所以为了避免宝宝对此产生厌烦、害怕的情绪，妈妈应该在接种前，多与宝宝做一些扮演角色的游戏，让宝宝学会坚强，从容应对打针。

此外，在接种前妈妈还应该了解一些特殊的规定，如接种脊灰糖丸（脊髓灰质炎减毒活疫苗糖丸）前半小时内不能吃奶、喝热水等，这样才不至于产生不利影响。

一般接种时，医生会询问宝宝的各项情况，此时妈妈要如实回答，切勿遗漏。如果宝宝达不到接种的标准，妈妈也不要强求，可以另选时间，避免发生意外。

接种后，妈妈要带宝宝在医院或防疫站观察15～30分钟，避免发生异常。回家后，注射疫苗当天不要洗澡；疫苗都有抗原，要预防宝宝发热，给宝宝多喝白开水；一些加入吸附剂的疫苗容易出现红肿、发热、疼痛等症状。妈妈可用热毛巾对红肿的地方进行热敷，减缓红肿症状。

打预防针后，要注意饮食调养。饮食应以流质、半流质为主，打预防针后3天应该多喝些米粥，如有些胃口还可以吃些清淡的东西。如果宝宝有发热症状，要吃一些水果，以及清热的食物，如西瓜、梨、苹果、番茄、葡萄、草莓等。忌吃燥热和滋补性的食物，如鱼、虾、螃蟹、牛肉、羊肉等。

【调养食疗方】

小白菜香菇粥

（8个月以上适用）

原　料

香菇2朵，小米60克，小白菜1棵，火腿丁、盐各少许。

做　法

● 将小米洗净；香菇泡发，洗净切碎；小白菜洗净，切碎；将小米、香菇放入沙锅中，加适量清水，煮沸，放入小白菜、火腿丁熬煮成粥，加入少许盐调味即可，晾温后，取适量给宝宝食用。

食疗功效

香菇搭配小米、小白菜，可健脾益气、益胃和中、解毒安神，有助于提高免疫力，减少宝宝生病的概率。

三角面片

（8个月以上适用）

原　料

馄饨皮5张，青菜2棵，高汤适量。

做　法

● 青菜洗净，切碎；将馄饨皮拦腰切成两半后，再切一刀成小三角形；锅中加入高汤，煮沸后，下入三角面皮，煮沸后放入青菜碎，调匀，转小火慢煮15分钟即成，适口后给宝宝喂食。

食疗功效

三角面片口味清淡，容易被消化，适合宝宝接种疫苗后3天间食用，可调养脾胃，增加宝宝食欲。

【疫苗伤口护理】

伤口有瘙痒、疱疹时，可涂抹1%的龙胆紫药水；如出现继发性细菌感染时，可用四环素软膏局部涂抹；如宝宝有发热，可用金银花与甘草搭配水煎，连服3天；皮肤抓破处可用青黛散外敷，保护好宝宝娇嫩的皮肤。

睡眠异常

正常情况下，宝宝睡眠的时间较长，睡眠质量也比成人好得多，但一些心火肝热的宝宝就容易有睡眠问题。主要表现为：

(1) 入睡困难，需要哄很长时间才能安然入睡。入睡后易出汗，后半夜则睡不宁，频频转换睡姿和位置，有的宝宝还会迷迷糊糊坐起来，换个位置躺下再睡；有的还会做梦，或被梦境惊吓而醒，醒后大哭。

宝宝睡眠异常

(2) 心火肝热的宝宝舌苔、嘴唇偏红，脾气急躁，而且特别怕热，白天会晾着肚子睡觉，夜晚容易蹬被。

中医学认为，肝火旺盛时，夜间难以入睡，时间越晚精神越好，而越不睡觉宝宝越虚弱，肝火越旺盛；而另一方面，肝火旺盛时，需要肾水去补，这样就加重了肾的负担，阻碍胃肠消化，营养也就难以被身体吸收，长此以往，易形成恶性循环，宝宝也会随着气血虚亏。

因此，当宝宝出现睡眠问题时，妈妈可以根据孩子的体质，采用清心平肝的办法来进行调理。

(1) 吃一些清心、降火、安神的食物，如柿子、苦杏仁、苦瓜、百合、菊花、薄荷、柠檬、芥蓝、甘蓝菜等。这些食物富含维生素、矿物质，特别是钙、镁的含量高，可补虚、止咳、利肠、除热，缓解宝宝心火肝热的症状。

(2) 睡觉不过点，养成按时睡

觉习惯。妈妈可以在每晚宝宝睡觉的时间，将宝宝抱入灯光较暗的房间，哄宝宝睡觉，使之形成条件反射，逐渐养成习惯。

(3) 不要给宝宝吃太多滋补、易上火的食物，如橘子、芒果、荔枝、辣椒、茄子、羊肉、肥肉等。宝宝本身肝火较旺，如果过多吃这些食物，更容易导致肝火旺盛，影响睡眠。

(4) 不要给宝宝吃得过饱。中医学认为“胃不和则寝不安”，到了晚上脾胃也需要休息，如果吃得过饱，会加重脾胃的负担，扰动脾胃的阳气，从而影响睡眠。宝宝临睡前最好不要吃东西，晚餐宜吃七八分饱就可以了。

此外，也可通过食疗为宝宝清肝、解热、安神，解决睡眠问题。

【调养食疗方】

罗汉果茶

（4 个月以上适用）

■ **原　料**

罗汉果 1 颗。

■ **做　法**

● 将罗汉果放入茶杯中，冲入沸水，加盖闷约 10 分钟，滤出茶汤，晾凉，给宝宝饮用。每日 1 剂，连用 3～5 天。

■ **食疗功效**

罗汉果清热润喉，味道甘甜，可连续给宝宝喝几日，有助于改善平肝火，解决睡眠问题。

百合绿豆汤

（8 个月以上适用）

■ **原　料**

百合 30 克，绿豆 60 克，冰糖适量。

■ **做　法**

● 将百合与绿豆分别用清水泡发，捞出洗净，放入豆浆机中，加水至上下水位线，打成汁后，滤出汤汁，加入冰糖拌匀，晾温后便可给宝宝食用。

■ **食疗功效**

绿豆搭配百合制成汤汁，可清热解毒、清心润肺、滋补肾水，有助于改善睡眠。

马蹄白萝卜粥
（8 个月以上适用）

■ 原　料

大米 60 克，荸荠 1 个，白萝卜 100 克。

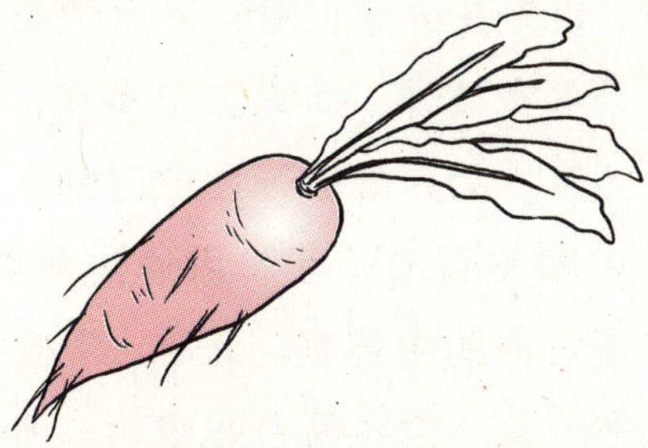

■ 做　法

● 大米洗净；马蹄去皮，洗净，切块；白萝卜去皮，洗净，切块；将马蹄与白萝卜放入榨汁机中打碎，倒入锅中，加入大米，加适量清水，煮沸后，转小火熬煮成烂粥即成，晾温后即可给宝宝食用。

■ 食疗功效

马蹄具有清热化痰、开胃消食、生津润燥的功效，搭配白萝卜可健脾开胃，促进食物消化，平肝祛火，调养宝宝睡眠问题。

【小妙招】

宝宝夜啼时，可以用一小撮绿茶放口内嚼碎，用布包好，每晚睡前敷于宝宝肚脐，次日晨起揭下，连用 3 天。

疗疾病，宝宝常见病食疗法

大多数父母在遇到宝宝生病时，首先想到的就是去医院打针、吃药，这一点并没有错。但俗话说得好：“是药三分毒。”“食物是最好的药方。”妈妈们不妨尝试一下，用食疗治愈宝宝的病痛，相信只要选对食材，搭配合理，不仅可调养病症，同时也可以让疾病在吃中“消失”，这岂不是一举两得的事。

感冒

感冒是宝宝最容易发生的一种常见病，尤其在换季、天气骤变、宝宝抵抗力差时容易发生。要治疗感冒一定要分清风寒还是风热，症状不一样，食疗的方法也大相径庭。

风热感冒

风热感冒一般由于上火引起，宝宝风热感冒时，通常在感冒之前就出现喉咙痛，感冒时，咳嗽带痰，痰液呈黄色或带黑色，伴有黄色浓涕，舌苔带有黄色，也有可能是白色，舌体通常比较红；便秘、身热、口渴。宝宝生命活力旺盛，内火较大，加之脾胃发育不完善，消化不良时，很容易引起内热症状，这也就是中医说的“内热外感”。所以一般风热感冒中医生使用的都是清热解毒、定惊安神的温和药剂。

风寒感冒

风寒感冒多由受凉引起，发作时，舌无苔或薄白苔，流白色或稍微带点黄清涕；如果宝宝鼻塞，喝点热开水后，就会开始流清涕。宝宝风寒感冒时，可以用清热解毒、定惊安神的中药剂。此时，宝宝脾胃寒气重，很容易引起腹泻，所以还应给宝宝搭配一些温中健脾的食疗餐，辅助治疗，使身体逐渐康复。

无论是风寒感冒，还是风热感冒，喂药时，千万不可中药、西药一起吃，两种不同的药一起吃，互相影响效果，不仅达不到治疗的目的，还容易引起宝宝不舒服。一般来说，中药基本都是苦的，很不好喂，所以最好选择粉末状的中药剂，调成糊给宝宝喂下，然后赶紧喝点水，压下去。一般宝宝都不会吐出来，药效也能得到充分发挥。如果宝宝不愿吃也应该另寻其他治疗方法，毕竟吃药是有剂量要求的，吃一点吐一点是不会起效的。

建议小感冒不吃药。可以在饮食和护理上多下工夫，多给宝宝喝水，饮食清淡，注意保暖就可以了。但如果经过检查确诊是支原体病毒引起的感冒，还是要遵医嘱配合抗生素类西药进行治疗的。

【调养食疗方】

小米红枣粥
（6个月以上适用）

■ **原　料**

小米80克，红枣3～4枚。

■ **做　法**

● 小米洗净，用温水浸泡15分钟，滤去水分；红枣用温水浸泡至软，去除皮和核，切碎；将小米与红枣碎同煮成稀粥，取小米粥油与枣泥喂食宝宝。

■ **食疗功效**

红枣健脾养胃，搭配小米粥油对病后宝宝身体恢复极有好处，适合感冒后宝宝食用，可保护宝宝胃黏膜，增强食欲。

大蒜胡萝卜粥
（8个月以上适用）

■ **原　料**

大米40克，大蒜3瓣，胡萝卜、小白菜叶各适量。

■ **做　法**

● 大米淘洗干净；大蒜洗净，捣烂；胡萝卜洗净，切丝；小白菜叶洗净，剁碎；将大米和大蒜一同放入锅中，加适量清水，熬煮15分钟，放入胡萝卜、小白菜，继续熬煮成稀粥即成。趁热喝汤，吃大蒜。

■ **食疗功效**

大蒜具有杀菌作用，煮熟后辛热、糯甜，特别适合宝宝感冒期间食用。

白果莲子粥
（10个月以上适用）

原 料

糯米80克，白果2～3枚，莲子3～5枚，冰糖少许。

做 法

● 糯米淘洗干净，用水浸泡15分钟；白果洗净，捣烂；莲子洗净，用温水浸泡30分钟，捣碎；将上述食材一同倒入煲中，加适量清水，以大火煮沸，转小火熬煮成稀粥即成。

食疗功效

白果莲子粥可滋阴润肺，止咳化痰，适合鼻塞痰多时食用。

【护理方法】

(1) 艾叶煮水洗澡法：在中药房买来艾叶，水煎，捞出残渣，配好水温即可洗澡，适合风寒感冒的宝宝使用，但要把握使用的量，药浓度过高易引起过敏性皮疹。

通常预防感冒的量为：0～6个月的宝宝，每次10～20克，每日1次；6～12个月的宝宝，每次20～30克，每日1次；1岁以上的宝宝，每次30克，每日1次，每周2～3次。

感冒治疗的量为：0～6个月的宝宝，每次20～30克，每日1次；6～12个月的宝宝，每次30～50克，每日1次；1岁以上的宝宝，每次50克，每日1～2次。严重寒气入侵的需要连续洗3次。

(2) 帮助宝宝通气化痰：由于宝宝年龄小，并不懂得如何将痰液咳出，鼻塞严重时，还会出现拒食症状。因此，妈妈一定要帮助宝宝通气化痰。

一般来说，感冒会持续5～7天。如果宝宝感冒药吃了快1周，仍旧流黄涕、咳嗽，嗓子里有痰，但精神、吃饭、睡觉都逐渐正常起来，很可能宝宝感冒已经好了，只是因为前期感冒流鼻涕引起鼻黏膜充血，诱发了季节性鼻炎。此时，妈妈们先不要去医院打针，可以给宝宝吃点化痰的小中药，或去药店买滴鼻液用水稀释后（水和滴鼻液的比例是1∶1），在清洁宝宝鼻腔后连续给宝宝滴1～2滴，症状即可缓解。

宝宝痰多时，可以将雪梨捣烂，熬成雪梨汤，或购买秋梨膏、罗汉果等食品，都可缓解症状。

(3) 注意按时用药：医院开出的药，要保证 6 个小时喂一次，药效能充分发挥。时间过短，宝宝体内的药还没等发挥作用，就加大了剂量，增加肾脏负担；时间过长，病毒会反复，易产生抗药性，对宝宝的康复很不好，所以妈妈一定要按时喂，不可偷懒。

发 热

发热常与感冒一同发生，多由于上呼吸道感染、胃肠或泌尿系统感染、肺炎、不明发热等原因引起。发作时，宝宝体温升高、哭闹不休，高热时容易引起惊厥症状。所以，宝宝发热时，首先要做的就是给宝宝降温退热，建议家中应常备退热药或栓剂，栓剂退热快，而且不伤宝宝脾胃。

一般先不要着急上医院，避免产生交叉感染，可依据下列方法做初步处理。

确定体温

一般宝宝体表温度较高，发热时温度升高快。为避免误测高温虚惊一场，首先要确定体温。可将体温表甩到 35℃以下，然后夹在宝宝的腋窝处，等 10 分钟以上。宝宝体温低于 37℃属于正常体温，37～38℃为低热，超过了 38℃也别慌，宝宝耐受程度与成人不同，有时高达 39℃，还表现得挺有精神。此时爸爸妈妈要保持镇定，从容应对，且不可慌乱。

及时补水

宝宝发热时，身体不会出汗，所以只要宝宝精神好，一定要给宝宝多喝些水，如温开水、果汁、运动饮料等，宝宝可以通过排尿、排汗，使身体温度逐渐下降。含有糖分的果汁，还可为宝宝补充体能，对抗疾病。

预防高温惊厥

高温会引起惊厥，惊厥对宝宝

大脑伤害很大。建议宝宝6个月后，家中常备些退热贴，一旦发热超过38℃即可在脑前、脑后各贴一片，这样有利于保护脑细胞不受高热的损害。如果没有准备，也可以用湿毛巾敷脑门，进行退热。体温过高的宝宝需马上进行温水浴，在水里浸泡时间稍长一点，并用热毛巾在宝宝的脖子两侧、夹肢窝、腹股沟多擦几次，直至皮肤发红为止。洗过之后每隔15分钟测一次体温，如果温度还是过高，可以再进行一次。

按照以上方法，一般宝宝的体温可以得到有效的控制。一般宝宝发热的时间为2～3天，有时会有反复，但只要不引发高温惊厥，父母有足够的时间观察、辅助治疗或去医院就诊，但需注意不要延误病情。

专家提示

酒精刺激性大，且易引起酒精中毒，婴儿不建议用酒精擦身退热法。

此外，由于发热与感冒并发，所以在宝宝发热期间，也可通过食疗调养的方法为宝宝缓解病情，但要注意分清风寒与风热。

【调养食疗方】

风寒发热

生姜红糖水
（6个月以上适用）

原　料

姜3～4片，白开水半碗，红糖适量。

做　法

● 把姜片放入碗中，加入白开水，再入红糖，加盖闷约10分钟，调匀即成，晾至温热（不烫手），即可给宝宝饮用。一日2次，连服2天。

食疗功效

生姜性温味辣，可除风邪寒热，消

肿通窍，开胃健脾，搭配红糖还可活血、暖胃，更有利于宝宝发汗、退热。

红糖姜水冲鸡蛋

（7个月以上适用）

原　料

鸡蛋1个，生姜丝、红糖各10克，沸水适量。

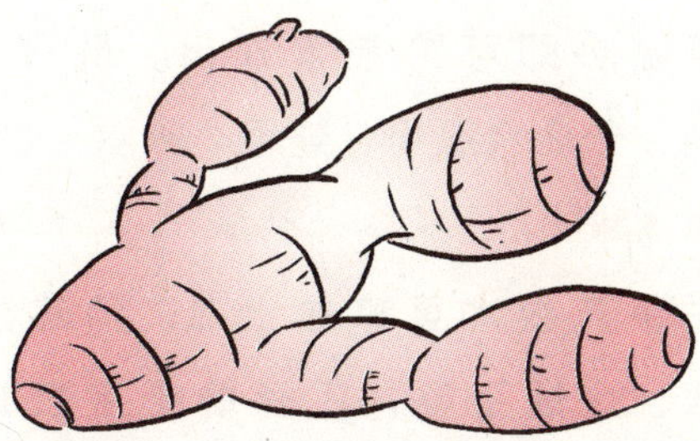

做　法

● 将鸡蛋黄磕入碗中，用木筷奋力搅拌，直至搅出均匀细密的泡沫，再放入切好的姜丝，用沸水冲熟，要一次冲足，切不可断续添加，同时继续轻轻搅动，碗内绽放出嫩黄的蛋花，搅匀后，放入少许红糖调匀，晾至温热即可给宝宝服用。一日2次，连服2日。

食疗功效

鸡蛋可养心润燥，含有蛋白质、脂肪、卵黄素、卵磷脂、维生素等营养成分，搭配生姜、红糖，可祛寒杀菌，发汗解表，温肺止咳，有助于宝宝退热。

淡豆豉葱白煲豆腐

（8个月以上适用）

原　料

淡豆豉、葱白各10克，生姜2片，豆腐150克。

做　法

● 豆腐洗净，切成小块，放入油锅中略煎一下，然后放入淡豆豉，加入清水约1碗半，煎取为80毫升（约大半碗水量）加入葱白、生姜，大火煮沸即可。捞出淡豆豉、生姜、葱白弃之，趁热给宝宝吃下汤和豆腐，盖上被子发汗。每日1次，连服1～3日。

食疗功效

淡豆豉葱白煲豆腐是珠三角一带民间常用治疗外感风寒的偏方，可解表发汗，清热透疹，宽中除烦，可迅速为宝宝退热。

专家提示

服用此汤后，被子不要给宝宝盖得过严、过厚，不要弄得大汗淋漓，否则影响疗效。宝宝发汗后，要换下湿衣，穿上干净清洁的衣服，避免病情反复。

风热发热

淡盐水

（6个月以上适用）

■ 原　料

食用盐2克，白开水150毫升。

■ 做　法

● 将食用盐放入杯中，冲入白开水，搅匀，晾至温热，即可给宝宝饮用。每日1～2次，连服3日。

■ 食疗功效

淡盐水具有降火益肾、去除内热的功效，有助于风热发热的宝宝退烧，还能为宝宝补充水分，避免宝宝脱水。

白茅芦根水

（6个月以上适用）

■ 原　料

白茅根10克，芦根8克，冰糖适量。

■ 做　法

● 将白茅根、芦根一同放入沙锅中，加两碗水（约500毫升），水煎至1碗，滤出，加入冰糖调匀，凉至温热即可给宝宝饮用。每日1剂，分2次服用，连服3天。

■ 食疗功效

白茅芦根水可凉血止血、清热生津、除烦止呕，还有助于宝宝排尿，使宝宝恢复正常。

【护理方法】

宝宝退热后，一定要注意护理，应避免宝宝病情反复。

（1）换洗衣、被。宝宝发热时，穿得衣服要及时清洗干净晾干，最好在阳光下暴晒一下，可杀灭有害菌。

（2）保持室内空气流通，室温宜保持在24～26℃，夏季炎热时，可调低一点。

(3) 保证正常作息时间，穿宽松衣物，可给宝宝睡水枕、洗温水澡，可以多泡一会儿，促进血液循环，调节体温。

咳嗽

宝宝咳嗽常与感冒、发热并发，且持续时间较长，有时感冒、发热好了，宝宝仍会咳嗽。咳嗽的产生，是由于当异物、刺激性气体、呼吸道内分泌物等刺激呼吸道黏膜里的感受器时，冲动通过传入神经纤维传到延髓咳嗽中枢，引起咳嗽。宝宝咳嗽多以风热、风寒、肺脾气虚等类型较常见。

治疗咳嗽最好的方法就是食疗，但需注意分清症状，选对食材，否则不会起到食疗的作用。

风寒咳嗽多由宝宝受寒引起，表现症状为舌苔发白，痰稀、白黏，咳嗽前一般会打喷嚏、鼻塞、流鼻涕，食疗方向应该趋向温热、化痰、止咳的食物，如红糖姜水、蒸大蒜水、烤橘子等。风寒咳嗽期间，不要给宝宝吃寒凉食物，易引起腹泻，而且影响食疗效果。不可吃的寒凉食物有：雪梨、百合、薄荷、西瓜、绿豆、石榴、柚子、海带、紫菜、金银花水、菊花水等。

风热咳嗽一般是肺热引起的，表现症状为舌苔红、黄，咳嗽出来的痰是黄稠的，而且不易咳出，并有咽痛。食疗方应趋向清肺、止痰、止咳的食物，如罗汉果、冰糖雪梨、秋梨膏、枇杷、荸荠、煮白萝卜水等。不可食用上火温补的食物，以免加重病情，如生姜、葱白、牛肉、羊肉、荔枝、龙眼、松子、红枣、烧带鱼等。

【调养食疗方】

风寒咳嗽

生姜红糖大蒜水
（6个月以上适用）

■ **原　料**

生姜2片，大蒜2～3瓣，红糖20克。

■ **做　法**

● 将生姜切成细丝，大蒜捣碎，与红糖一同放入锅中，加入适量温开水，小火煮10分钟，把蒜头的辣味煮掉，滤出汤汁，稍加稀释，趁热给宝宝饮下。喝过后，需注意保暖；每日早晚各1次，连服3天。

■ **食疗功效**

生姜可祛寒湿、通血脉，大蒜可杀灭身体有害病菌，搭配红糖制成汤剂，有助于治疗风寒咳嗽。

麻油姜末炒鸡蛋
（8个月以上适用）

■ **原　料**

鸡蛋1个，麻油1勺，姜末少许。

■ **做　法**

● 鸡蛋洗净，磕开，取出蛋黄，打散；将一小勺麻油放入炒锅内，油热后放入姜末，稍在油中过一下，加入鸡蛋液炒匀即成。每晚临睡前吃1次，连服3～5天。

■ **食疗功效**

鸡蛋营养丰富，搭配生姜、麻油，可温中补气、益气润燥，对风寒咳嗽治疗效果较好。

风热咳嗽

川贝冰糖雪梨
（8个月以上适用）

■ **原　料**

雪梨1个，冰糖25克，川贝少许。

■ **做　法**

● 雪梨洗净，去皮，去蒂，挖出雪梨心，切块；将川贝、冰糖、雪梨一同放入锅中，煮沸后，小火熬炖45分钟，捞出川贝，捣烂梨块，晾温给宝宝食用。

■ **食疗功效**

雪梨可生津止渴、润肺祛燥，搭配冰糖、川贝，可止咳化痰，治疗风热咳嗽。

贝母粥

（8 个月以上适用）

■ **原 料**

大米 40 克，冰糖 10 克，川贝母少许。

■ **做 法**

● 将川贝母研成细末；大米洗净，放入锅中，加适量清水煮沸，加入川贝母粉、冰糖，再用小火烧煮片刻即成。

■ **食疗功效**

贝母可润肺养胃、化痰止咳，与冰糖搭配入粥更容易被宝宝消化吸收，对治疗风热咳嗽效果较好。

腹 泻

宝宝腹泻是消化系统疾病中的常见症状，一般可分为感染性腹泻和生理性腹泻两种。感染性腹泻多由于细菌引起；生理性腹泻发病的原因较多，如宝宝脾胃不和、受凉等都会引起腹泻。表现为改变原来排便习惯，排便次数明显增多，粪便稀薄或含有脓血。腹泻好发于 6 个月至 2 岁之间的婴幼儿，多发在夏秋季节。长期腹泻易导致宝宝营养不良，反复感染，甚至影响宝宝的正常发育。

当宝宝发生腹泻后，可以想一想孩子最近吃什么了，是否肚子受凉了，是什么原因引起的。如果查不出来，可以把宝宝的大便装在玻璃瓶里，拿到医院去化验一下，这样可以避免交叉感染。确定病因后有针对性地用药和护理。一般发生腹泻后，不会马上就好，要有一个逐渐好转的过程，最快恢复过程也需要 1～3 天，建议父母们要有心理准备。

经常腹泻的宝宝，除了药物治疗外，还可通过食疗搭配中医艾灸、按摩等方法来缓解病症。需注意的是，烹饪膳食以软、烂、温、淡为主，同时注意多喝水，防止宝宝脱水。

【调养食疗方】

紫皮大蒜粥

（4个月以上适用）

原　料

紫皮大蒜2～4瓣，大米80克。

做　法

● 大蒜去皮，洗净，切片；大米洗净，放入锅中，加适量清水，放入大蒜同煮成粥，晾至温热后给宝宝食用。

食疗功效

大蒜中含有蛋白质、脂肪、碳水化合物、维生素和矿物质等多种营养成分，有强烈的杀菌作用，对葡萄球菌、链球菌等均有良好的杀灭作用，可治疗宝宝因细菌感染造成的腹泻。

焦米粥

（4个月以上适用）

原　料

大米、糯米各20克。

做　法

● 将大米、糯米放入铁锅里用小火炒至米稍稍焦黄，然后用这种焦黄的米煮粥，给宝宝服用。更小月龄的宝宝服用时，只喝米汤。

食疗功效

焦米粥有助于止泻，并能促进消化，可治疗细菌感染造成的腹泻。

胡萝卜水

（5个月以上适用）

原　料

新鲜胡萝卜250克。

做　法

● 将胡萝卜洗净，带皮切块，放入锅中煮烂，盛水给宝宝喝。

食疗功效

胡萝卜可调和脾胃，收敛水分，适用于脾虚引起的腹泻。

苹果泥

（4个月以上适用）

■ 原　料

苹果1个，白糖适量。

■ 做　法

● 将苹果洗净，去皮和核，切丁，放置于碗中，加入适量凉开水，撒上白糖拌匀，上笼蒸20～30分钟，取出后用小勺压成泥状，待凉后给宝宝喂食。

■ 食疗功效

苹果中富含果胶和鞣酸，可吸附体内毒素，收敛水分，有助于缓解宝宝腹泻症状。

【护理方法】

（1）艾灸治腹泻：从药店买回艾条，点燃后，在宝宝肚脐至小腹的部位，与皮肤相隔1寸的距离来回灸灸。一般1岁以内的宝宝灸5分钟，1～3岁的宝宝灸10分钟。腹泻严重者可一日灸3次，隔1～2天再灸一次。避免导致内热，引起宝宝上火。

（2）生姜按摩治腹泻：生姜可祛除寒气，如果宝宝因着凉或过食凉食引起腹泻，妈妈可将老姜捣烂出汁，敷于宝宝肚脐上，顺时针按揉3分钟，逆时针按揉3分钟，待宝宝打嗝或者放屁以后症状就会缓解。虽然当时不会马上见效，但多揉几次，对宝宝腹泻是很有帮助的。

专家提示

用艾条直接灸的话，父母一定要注意及时弹掉艾条上的烟灰，不能让烟灰掉落在宝宝娇嫩的皮肤上。最好在宝宝睡觉的时候灸，并注意不要让宝宝乱动，以防烫伤。

便　秘

便秘是婴幼儿时期常发的一种病症，多由于宝宝摄取食物中纤维素少而蛋白质成分较高引起。宝宝便秘后，常会感到头晕、头痛、焦躁不安、肚子膨胀、食欲减退、口酸口臭、眼屎和湿疹增多，对健康非常不利。有研究显示，经常便秘的宝宝对外界事物淡漠，有时会显得呆头呆脑。而且宝宝便秘时，每次排便都会啼哭不休，甚至发生肛裂，肛裂的发生会使宝宝对排便产生恐惧心理，造成恶性循环，从而加重便秘。

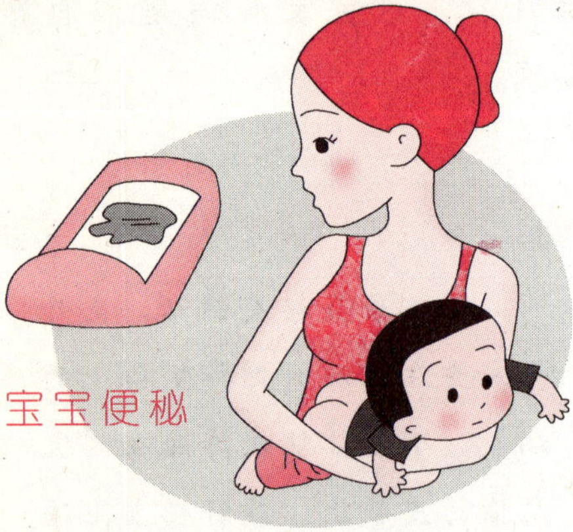

宝宝便秘

虽然现在有些药物可缓解便秘，但是药三分毒，长期依赖药物不是治疗便秘的最好方法。因此，面对宝宝便秘，首先就应从日常生活习惯与饮食方面加以调养。

饮食习惯

养成良好的饮食习惯，平时多吃新鲜蔬菜和水果，如芹菜、油菜、空心菜、白菜、胡萝卜、苹果、香蕉、梨等。饮食不要过于精细，适时给宝宝加一些粗粮，如荞麦、玉米、大麦等富含维生素的食物。忌食冷饮，少吃奶酪、精细粮食（如珍珠米、免淘米）等，饮食的品种和花样可以多一点，以平衡营养成分，还要注意每天给宝宝补充足量的水。

生活习惯

从 4 个月起，给宝宝添加辅食，并培养宝宝每日排便的生活习惯。一般婴儿从出生 60 天起因进食后肠蠕动加快，常会出现便意，故一般宜选择在进食后让宝宝排便，建立起大便的条件反射。忌暴饮暴食，养成按时吃饭、按时睡觉的好习惯，形成有规律的人体生物钟，这样可促进胃液分泌，促进食物的消化。容易挑食、偏食的宝宝，要尽量少给点心吃，可以等宝宝饿的时候再给宝宝喂断奶食物。

无论是食疗还是药疗治疗便秘，都不会很快就见效。便秘是一种习惯性病症，关键还在于调整并养成一种好的生活、饮食习惯。这个过程周期较长，所以父母要做好心理准备。

0～3 岁的宝宝便秘需要使用内外结合的方法，通过耐心的治疗才能根除，因此食疗是治疗便秘的最佳方法。

【调养食疗方】

杏仁露粥

（10 个月以上适用）

■ 原　料

杏仁露（成品）100 毫升，大米 80 克。

■ 做　法

● 大米淘洗干净，放入锅中，加适量清水，熬煮成烂粥，再加入杏仁露，继续熬煮片刻即成，晾至温热后给宝宝食用。每日早晚各 1 次。

■ 食疗功效

杏仁露中富含蛋白质、脂肪、碳水化合物、胡萝卜素、B 族维生素、维生素 C、维生素 P 以及钙、磷、铁等营养成分，可滋阴润肺、止咳平喘、润肠通便，对便秘有很好的调养作用。

松仁芝麻粥

（10 个月以上适用）

■ 原　料

松仁 10 克，芝麻 6 克，大米 10 克。

■ 做　法

● 大米淘洗干净，与松仁、芝麻同煮成粥，晾至温热后即可给宝宝食用。

■ 食疗功效

松仁可补肾益气、养血润肠、润肺止咳，芝麻可养发生津、润肠通便，搭配做成粥，可帮助宝宝通便，更有利于宝宝对营养的吸收。

自制酸奶

（10 个月以上适用）

■ 原　料

婴儿配方奶粉 500 克，发酵菌适量。

■ 做　法

● 将配方奶粉冲好，晾凉后加入发酵菌，调匀，放入酸奶机中发酵 8～10 小时，凝固至半固体状即拿出，放入冰箱中冷藏 30 分钟，待酸奶钝化后，即可给宝宝食用。每日 1 次。

■ 食疗功效

酸奶可润肠通便，开胃健脾，促进消化，可缓解宝宝便秘，长期食用对便秘有较好的治疗作用。

芝麻粥

（8个月以上适用）

■ 原　料

黑芝麻5克，大米30克。

■ 做　法

● 黑芝麻炒熟后研碎；大米淘洗干净后用热开水浸泡1小时，再加入适量开水煮至米酥汤稠，加入研碎的黑芝麻碎，续煮片刻即成。每日1次，连服3日。

■ 食疗功效

芝麻粥有润肺补肾、利肠通便的作用，可缓解便秘症状。

【护理方法】

抚触按摩治便秘：从宝宝3个月后，开始进行。抚触时，妈妈右手指尖向左侧放在宝宝下腹部，全手掌接触到宝宝的皮肤后，沿顺时针方向开始推向左上腹，再转向右上腹、右下腹终止。随后左右手并排跟进，沿同一轨道至右下腹处终止。重复3～4次。抚触力度可稍大一些，可见指尖前的皮肤出现褶皱，动作要慢。长期坚持可促进胃肠蠕动，使大便通畅，增强胃肠功能。

湿　疹

小儿湿疹是一种过敏性皮肤病，湿疹主要发生在宝宝的双颊、额部和下颌部，严重时胸部和上臂也会出现。湿疹初期，会出现针头大小的红色丘疹，继而会产生水疱、脓疱、渗液，能形成痂皮，痂皮脱落后或形成红斑，继而慢慢长出新的皮肤，会有少许薄痂或鳞屑片。

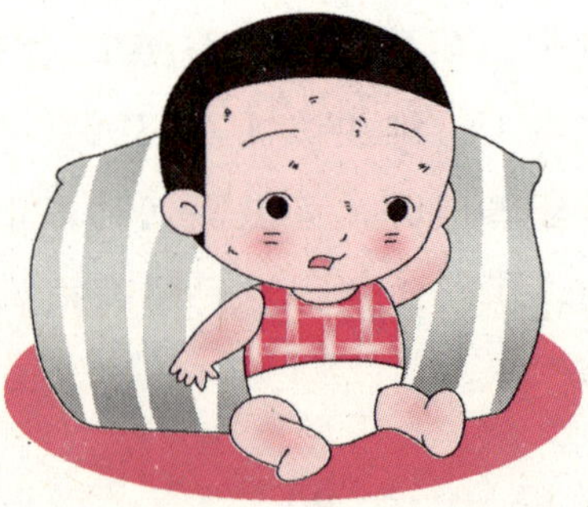

湿疹

宝宝患湿疹的原因是多方面的，即使去医院查也需要结合每个宝宝的情况具体分析，有时也难明确具体的源头。其实，父母也可根据宝宝的情况查找原因。一般有以下几种原因：

❶ 遗传因素　通常有遗传过敏性体质的宝宝，在喂养不当、消化不良时易引起湿疹。所以如果父母有一方是这样的体质，那么宝宝就容易因过敏而产生湿疹。如果父母都不是过敏性体质。妈妈就要仔细想一想怀孕、喂养期间，是否进食过湿毒性较强的食物，或者摄入过多含有人工添加剂的食物，导致宝宝出生后或母乳后产生湿疹。

❷ 喂养方式不当　一般宝宝从 4 个月起开始添加辅食，所以无论从食材、添加方式、喂养方法都各有不同。如果刚开始就给宝宝添加多种辅食，很可能使宝宝胃肠受到刺激，产生不适，引起过敏，从而导致湿疹。

❸ 环境因素　出生不久的宝宝，对外界的适应能力较弱，如因季节变化、花粉、皮毛纤维及化学挥发性物质等，不慎吸入体内，也会引起过敏。如果妈妈平常不注意，也会诱发湿疹。

经过一番仔细探究，湿疹发生的大体原因和方向就能确定。除了必要的用药外，要让宝宝尽量避开导致疾病的食物与环境，保证湿疹不会反复发作。治疗湿疹除专用药物外，还可运用中药食疗搭配治疗，这样既可使病情逐渐好转，还有利于脾胃功能的健康。

【调养食疗方】

马齿苋煎汁

（4 个月以上适用）

■ **原　料**

鲜马齿苋 25～50 克。

■ **做　法**

● 将鲜马齿苋洗净，放入沙锅中水煎成汁。刚出生的宝宝可外洗，每日 1 次；8 个月以上的宝宝可内服，每日 3 次，每次 10～30 毫升。

■ **食疗功效**

马齿苋具有清热解毒、散血消肿的功效，可缓解湿疹、痱子带来的不适感。

黄瓜皮煎汁
（4个月以上适用）

原　料

黄瓜皮25克。

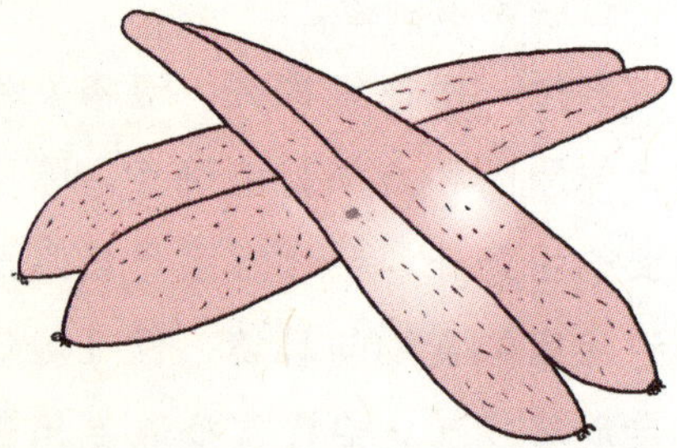

做　法

● 将黄瓜皮放入锅中，水煎至沸，滤出汤汁，加少许糖，拌匀即成，晾至温热即可给宝宝饮用。每日1剂，分3次服用。

食疗功效

黄瓜具有清热解毒、生津止渴的功效，可辅助治疗宝宝湿疹。

【护理方法】

（1）紫草治湿疹：紫草具有凉血活血、解毒透疹的功效，用于血热毒盛、斑疹紫黑、麻疹不透、疮疡、湿疹、水火烫伤。

制作方法：到中药房购买紫草，把香油煨熟后，取洁净搪瓷容器，放入熟油加入紫草，浸泡约2小时即可使用。每日1次，2～3天即可痊愈。

（2）苦瓜治湿疹：将苦瓜捣碎，用纱布包起来轻拍患部，每日3次，2～3天即可痊愈。苦瓜内含奎宁，具有清热解毒、祛湿止痒之功，可用于治疗热毒、痱子、湿疹、疖疮等病症。

口腔溃疡

口腔溃疡是宝宝易患的一种口腔黏膜疾病，发作后，口腔溃疡周围为红色，中心有黄绿色溃疡点，疼痛剧烈，流口水较多。患病宝宝常伴有口臭、口干、尿黄、大便干结。病情较轻的患儿会出现1～2处，严重者则可扩展到整个口腔，甚至引起发热及全身不适。

通常引起口腔溃疡的原因较多，一般有以下几点。

（1）小儿口腔黏膜薄而嫩，易被过热的食物烫伤、过硬食物擦伤或进食时咬伤，继而发生感染，导致口腔溃疡。

（2）宝宝营养不良，缺乏锌、铁、叶酸、维生素 B_{12} 等营养素，免疫力低下，增加复发性口腔溃疡发病的可能性。

（3）宝宝长期食用甘甜、辛热的食物，引起脾胃积热，从而诱发口腔溃疡。

治疗口腔溃疡应该重点补锌、铁、叶酸、维生素 B_{12} 等营养素。锌是帮助伤口快速愈合的；铁是制造血红素和肌血球素的主要物质，是促进 B 族维生素代谢的必要物质。叶酸有防止口腔黏膜溃疡、预防贫血的作用。可以选用的食材有：西瓜、绿豆、木耳、山楂、番茄、牛肉、猪肉、动物肝脏、坚果等。

【调养食疗方】

西瓜汁

（6 个月以上适用）

■ **原　料**

西瓜瓤 400 克。

■ **做　法**

● 西瓜瓤去净子，放入榨汁机中榨成汁，即可用小匙喂给宝宝。饮用时，可让宝宝将瓜汁含于口中，再咽下，反复数次。

■ **食疗功效**

西瓜性寒，具有清热解毒、生津止渴的功效，可缓解口腔溃疡的疼痛，并起到治疗作用。

鸡蛋绿豆水

（8 个月以上适用）

■ **原　料**

鸡蛋 1 个，绿豆适量。

■ 做　法

● 鸡蛋磕入碗中，搅拌均匀；绿豆用清水浸泡 20 分钟，捞出，放入锅中，加适量清水，煮沸（水变绿色即可，但绿豆未熟），捞出绿豆，冲入蛋液，成絮状后即成，晾至温热后给宝宝饮用。每日 2 次，连服 3 日。

■ 食疗功效

鸡蛋中含铁量较高，绿豆可清热解毒、祛暑利尿，两者搭配对口腔溃疡具有很好的治疗作用。

核桃壳水

（8 个月以上适用）

■ 原　料

核桃壳 10 个。

■ 做　法

● 将核桃壳放入沙锅中，用水煎熬 30 分钟，滤出汤汁，晾至温热（可以凉一些），用小匙喂给宝宝。每日 3 次，连服 3 日。

■ 食疗功效

核桃壳对口腔溃疡有较好的治疗作用，服用后可减轻宝宝疼痛感，逐渐缩小溃疡面，达到治愈的目的。

番茄鸡肉粥

（10 个月以上适用）

■ 原　料

鸡脯肉末 100 克，番茄 1/2 个，软饭 1 碗，高汤适量。

■ 做　法

● 番茄洗净后用开水烫一下，去皮切碎；将软饭、鸡脯肉末一同放入锅中，加入高汤，再兑入少许开水调匀，以小火煨煮至黏稠，加入番茄调匀，继续煨煮 5 分钟，待粥香外溢即成，晾温后取 3～4 匙喂给宝宝。

■ 食疗功效

番茄富含维生素 C，可有效防治出牙造成的口腔炎症，搭配鸡肉末做成粥，口味鲜香，营养丰富，且易消化。

【护理方法】

（1）睡前冲服全脂奶粉：选用全脂奶粉，每次一汤匙并加少许白糖，以开水冲服，每天2～3次，临睡前冲服效果最佳。通常服用 2 天后溃疡即可消失。

（2）口含西红柿汁：取西红柿汁含口中，每次含数分钟咽下，一日多次，也有一定的治疗效果。

（3）西瓜霜喷剂：可用西瓜霜喷剂喷敷口腔溃疡创面，一日 2 次，一般 2～3 天痊愈。

（4）敷贴芭蕉叶：采鲜芭蕉叶适量，将其用火烤热贴敷于口腔溃疡处，每日 2～3 次。

（5）含漱浓茶水：每餐后用浓茶水漱口，可清洁口腔，促使口腔溃疡面愈合。

用对药，妈妈重视安全用药

有宝宝的家庭都应该储备些退热类、维生素类以及消化道类的非处方药以备应急之用，用药两天后观察宝宝的身体情况是否有好转。如果发热、咳嗽持续，甚至更加严重，家长应毫不犹豫带宝宝前往医院就诊。

自行买药

据调查显示，社会上有超过1/3父母在宝宝生病时会选择自行为宝宝买药。宝宝感冒发热、消化不良是比较常见的疾病，家长可以帮宝宝选择退热药、感冒药、助消化药等药物。这里值得注意的是，如果宝宝服用药物无效，家长就要马上带宝宝前往医院就诊了。另一种情况是，成人药物宝宝慎用。在很多成人药品的说明书上，都有标出“小儿酌减”的说明，有不少家长觉得成人药物可以给小儿用，就自行把药物的量减到一半或者用1/3的分量给宝宝服用。需要特别提醒家长的是：成人药给宝宝服用是一种非常危险的行为。家长毕竟不知道宝宝所需药物的分量，药量不足或过多均会影响到宝宝的治疗效果，这个是很难把握的。使用成人药物，还要考虑到抗生素类药物对宝宝的健康造成的危害。家长们务必在儿科医生的指导下给宝宝正确用药。

输液退热

打吊针退热快、好得快似乎成为不少家长的共识。经常会听到在儿科门诊的家长建议：“医生，宝宝生病了，快给他打吊针退热。”很多儿科专家提倡的是让宝宝依靠自身的抵抗力对抗病毒。宝宝出现发热、感冒病症，不严重的情况下最好首选药物，尽量少打吊针。

一般情况下，如果宝宝刚出现了轻微发热的情况，先可以通过药物治疗，缓解身体不适，同时还要多喝水，保证充足的睡眠，宝宝自身的抵抗力增强以后，就可以有效地应对病菌的入侵了。发热实际上是身体的正常保护，宝宝只有遇到病毒感染时，其自身的抵抗力才会进一步增强。宝宝适当的发热，能够帮助宝宝调动身体里白细胞的抵抗力。通常情况下，由病毒感染引起发热、感冒、腹泻的宝宝，都需要四五天的康复期，家长不要过于心急。

遵从医嘱

俗话说“是药三分毒”，很多家长也在担心抗生素、激素的副作用会对宝宝造成影响。正确的做法是：不要使用抗生素药物治疗，医生开一星期的药，用药以后，孩子病情好转了，病症消退了，就应该自行停止用药。各种药物都有其注注意事项，剂量、疗程也会有严格的规范，具体药物，家长可以参看下面的药物表：

药物类型	代表药物	注意事项
止痛 退热药	百服宁 美林	止痛退热药服用不要太频繁：百服宁1次/4小时；美林1次/6小时。2～3天不退热，需到医院就诊 禁忌：蚕豆症宝宝服用百服宁易出现溶血危险
消化道病 用药	妈咪爱 思密达	部分药物需存放到冰箱中，如果温度过高，药效大打折扣，服用活性菌药物可用凉开水送服 部分止吐药物，需在饭前半小时服用
维生素类	维生素A 维生素E 维生素B_1 维生素B_6	维生素A、维生素E属于脂溶性维生素，最好跟食物一起服用，不一定每天补充 维生素B_1、维生素B_6属于水溶性维生素，服用时间没有限制，需每天补充
止咳糖浆	小儿止咳糖浆 蛇胆川贝露	咳嗽分为干咳和痰咳，不建议父母自行选择止咳药物给宝宝服用。药物说明书标上婴幼儿用的止咳药水较为安全，成人止咳药不适合宝宝
消炎药	阿莫西林 罗红霉素	服用抗生素需严格按照医生配置的剂量和时间服用 抗生素易造成肝、肾损害，但儿科类抗生素对肝肾损害较低
抗过敏药	开瑞坦 顺尔灵	有过敏体质、过敏性鼻炎的宝宝较为适合。如果是感冒后的咳嗽，同时也是过敏体质，可选择顺尔灵
滴鼻液 或喷雾剂	麻黄素滴鼻液	滴鼻液效果较好，需避免宝宝鼻后滴漏综合征 过敏性鼻炎可选择喷雾剂（含微量激素），局部用药，激素不会进入嘴里，利大于弊

药量精准

很多宝宝都会被家长用吃饭的勺子喂药，这样就无法精确计算药物的准确用量，容易引发药物不足或用量过多。例如每次需要服的量为1毫升，而喂给宝宝的有可能是2毫升，药量竟然翻了一倍。为了避免出现错误，家长最好配一个带有刻度的小量杯。另外，给宝宝喂药时常常会发生孩子又哭又闹的情况，家长们就不能把药准确地喂进去，还有一部分药会洒在衣服上，有的宝宝勉强将药吃进去，结果不一会儿又吐出来了。如果此时家长补喂一次，极可能发生喂药过量的危险。家长在喂药前，最好做好充分的准备，了解药的性味，味苦的就加一些糖，并让宝宝一次服下。

喂药方法

在宝宝不愿吃药的情况下，家长可能会比较性急，很多家长可能会采用捏着宝宝鼻子的方法灌药，这样喂药会造成药呛入宝宝气管的危险。正确方法是：首先孩子吃药时要选择半坐位姿态，轻轻把住四肢，固定住头部，以防喂药时呛着孩子或者误吸入气管。对于1岁之内的小婴儿使用小滴管喂药最适宜。喂药前围上围嘴，旁边预备好毛巾，将小滴管吸进药（可以混入少许白糖）后，伸进孩子的嘴里，滴管嘴放在一侧颊黏膜和牙龈之间将药少量挤进，待孩子吞咽后再继续喂下一口，吃完药后在喂上几口水，用毛巾擦干净嘴角，然后亲亲和夸奖孩子。

喂药时不要采取撬嘴，捏紧鼻孔，强行灌药，这样更容易造成孩子的恐惧感，孩子挣扎后很容易呛着孩子引起误吸。尤其是一些油类的药物更要慎重，防止呛后引起吸入性肺炎。

另外，6个月以内的宝宝，家长还可以采用滴管喂药。